软集合约简与决策

孔　芝　王立夫　马廉洁　著

科学出版社
北　京

内 容 简 介

软集合理论作为新兴的数学工具，充分解决了参数化工具不足的问题，能够利用更丰富的参数信息描述对象与集合之间的不确定性关系和运算操作。近几年，软集合理论得到了飞速的发展。本书针对软集合理论，从约简与决策两个方面进行研究。基于选择值法研究软集合正则参数约简问题和模糊软集合近似参数约简问题，提出约简方法，建立数学模型并利用智能优化算法求解。另外，从一个新的角度分析约简问题，基于分值法研究模糊软集合正则参数约简问题，提出约简方法，并对两种约简方法进行对比。针对决策问题，提出基于灰理论的模糊软集合决策方法、序列区间值模糊软集合及序列直觉模糊软集合的决策方法和具有不完备信息的决策方法。

本书可作为高等院校相关专业教师和研究生的参考书，也可供从事数据分析及数据建模的研究人员阅读。

图书在版编目(CIP)数据

软集合约简与决策/孔芝，王立夫，马廉洁著. —北京：科学出版社，2019.3
ISBN 978-7-03-060619-8

Ⅰ.①软… Ⅱ.①孔… ②王… ③马… Ⅲ.①数据处理－最优化算法
Ⅳ.①TP274

中国版本图书馆 CIP 数据核字(2019)第 035556 号

责任编辑：王 哲 / 责任校对：张凤琴
责任印制：吴兆东 / 封面设计：迷底书装

科 学 出 版 社 出版
北京东黄城根北街 16 号
邮政编码：100717
http://www.sciencep.com

北京九州迅驰传媒文化有限公司 印刷
科学出版社发行　各地新华书店经销
*

2019 年 3 月第 一 版　　开本：720×1000　1/16
2019 年 3 月第一次印刷　　印张：12 1/2　插页：2
字数：250 000

定价：86.00 元
(如有印装质量问题，我社负责调换)

前　　言

在移动互联网、物联网、云计算等新兴技术发展的支持下，社交媒体、电子商务、搜索引擎、GPS 导航、无处不在的传感器、互联网金融，乃至医学诊断、安全监控等不断产生的数据对人类社会的各个领域带来变革性影响，并且正在成为各行各业颠覆性创新的原动力和助推器。数据需要经过采集和集成、建立有效适当的分析模型，对潜藏在数据内部的规律和知识进行挖掘并加以识别，才能发挥真正的作用。在数据采集、数据传输及数据挖掘的过程中，会出现非常多的问题，例如，传感器采集信息时的噪声、信息的错读以及信息在储存和传输时造成的数据丢失，导致收集到的数据常常是不完备和不一致的。信息的不完全性、数据的随机性、测量工具的局限性等要求数据分析方法需要具有较高的鲁棒性，在分析不完备和不一致数据时也能得到可靠的结果。

现有的概率论、盲数理论、模糊集理论、粗糙集理论、区间数学理论等都是用来处理不确定性的数学工具，然而这些理论各自也存在缺陷：理论中用于确定参数的工具非常少，导致大量参数无法确定。产生这些缺陷的原因可总结为用于参数表达的理论不够充分。为克服这些缺陷，俄罗斯学者 Molodtsov 在 1999 年针对不确定性问题的处理，提出了一种新的数学工具，称为软集合。软集合的提出充分解决了参数化工具不足的问题，能够利用更丰富的参数信息描述对象与集合之间的不确定性关系和运算操作。近几年，软集合理论得到了飞速的发展，现已逐步扩展到模糊软集合、粗模糊软集合、区间模糊软集合、盲软集合、异或软集合、双射软集合等。这些软集合的拓展研究，丰富了软集合的计算性质和运算法则，加快了数据处理和数据决策的速度。除此之外，软集合针对参数约简和数据冗余问题处理也有丰富的成果，学者们将软集合理论与代数结构结合起来进行了研究，提出了软群、软子群的概念，并给出了软群的基本性质，为软集合研究注入了代数学的思想。模糊软集合理论作为软集合理论的重要分支，已经被应用于各个领域，尤其是在模式识别、数据挖掘、人工智能、医疗诊断、经济金融、风险预测等领域取得了巨大的成功。

本书针对现有的参数约简方法在约简过程中存在参数约简效率低、时间复杂度高和约简结果不合理等问题，对软集合和模糊软集合参数约简的方法进行了改进，并将改进后的参数约简理论利用智能优化算法加以实现。从而解决了参数约简计算量大和约简效率低等问题，提高了参数约简效率和质量，使参数约简的结果更加合理和准确。这也为大数据环境下模糊软集合冗余参数的删除提供了新的思路。同时，本书还提出了基于灰理论和模糊软集合理论的决策方法、序列软集合的理论及在决策问题上的应用和不完备软集合决策问题研究，丰富了软集合的理论与应用。

全书共 12 章。第 1 章阐述了研究背景和意义；第 2 章对软集合与模糊软集合基础知识和决策方法进行了介绍；第 3 章针对删除冗余信息后，决策结果可能不一致的情况，提出了软集合正则参数约简的概念，并提出了软集合正则参数约简方法；第 4 章建立了软集合正则参数约简优化模型，并利用智能优化算法删除冗余参数；第 5 章针对参数值发生变化或增加对象的情况，对软集合正则参数约简的影响问题进行了研究；第 6 章针对模糊软集合正则参数约简条件太苛刻的问题，提出了模糊软集合近似参数约简概念和约简方法，建立了数学模型，利用智能优化算法求解；第 7 章研究了基于分值法的模糊软集合正则参数约简问题；第 8 章针对模糊软集合在决策问题中应用时，通常利用单一的评价准则来进行决策的问题，提出了基于灰理论综合多种准则来进行评价的方法；第 9 章研究了序列软集合的代数操作和基本性质及其应用；第 10 章针对不完备软集合与模糊软集合进行了研究，有效地对未知数据进行了预测，从而进行决策；第 11 章研究了三种不完备序列软集合的决策方法，有效地对未知数据进行了预测，并应用于解决实际决策问题；第 12 章将软集合应用于驾驶疲劳状态的度量问题。

孔芝、王立夫负责全书的撰写和统稿，马廉洁为本书的撰写提供了很多修改意见。王立谦、艾建伟、杨青峰、李事成、赵杰、熊浚钧、袁航、贾文华、张国栋参与了本书的编写。本书得到了国家自然科学基金(61402088)、中央高校基本科研业务费种子基金(N172304030)、河北省自然科学基金(F2017501041、F2016501023)的资助。

由于作者水平有限，书中难免存在不足之处，恳请有关专家和广大读者批评指正。

作　者

2019 年 1 月

目　　录

第1章 绪 论

1.1 研究背景和意义

1999 年，Molodtsov 在 *Soft Set Theory*：*First Results*[1]中第一次较系统地介绍了软集合的一些基本理论及其应用，标志着软集合理论作为一种处理不确定数据的数学工具的诞生。Molodtsov 不仅定义了软集合的基本运算，还提出了软集合在其他数学领域的概念，比如软积分、软微分、软极限、软概率等，并提出了今后研究的方向。2003 年，Maji 等在 *Soft Set Theory*[2]中进一步给出了软集合的子集、空集、补集等相关定义，以及交、并、补等基本运算法则，为软集合在实际中的应用奠定了基础。

软集合具有很好的数学理论兼容性，学者们提出了各种软集合的扩展理论。Maji 等[3]提出了模糊软集合的概念，并定义了模糊软集合的等价、子集、补集和空集等概念。Yang 等[4]定义了区间值模糊软集合，以及区间值模糊软集合的补集，两个区间值模糊软集合的交、并运算和区间模糊软集合上的基本模糊逻辑运算，并用 Morgan 定理予以证明。Maji 等[5,6]提出了直觉模糊软集合的概念，并定义了相关运算和性质。Gong 等和 Xiao 等提出了双射软集合[7]以及异或软集合[8]，并研究了它们的基本运算和性质、二者的依赖度和基本的决策规则。王金艳[9]结合软集合和 2 型模糊集合定义了 2 型模糊软集合，并研究了其在决策中的应用。肖智等[10]提出了 D-S 广义模糊软集合，并将其引入企业绩效评价中。孟丛丛[11]将可能性模糊软集合和区间值模糊集合结合，定义了可能性区间值模糊软集合，并在可能性区间值模糊软集合基础上进一步扩展双极值模糊软集合，提出双极值可能性区间值模糊软集合。Faruk[12]提出了可能性智能软集合的概念，并给出了它的子集、零集、全集的概念和相关操作并、交、补等代数性质，最后将该方法应用于决策问题中。Alcantud[13]研究了软集合、模糊集及其扩展等之间的关系。Ali 等[14]利用语言进行对象描述时，发现某些类型的语言是有一定顺序的，因此提出格序软集的概念，并讨论了相关的性质，最后应用于决策问题中。Roy 等[15]在改变的软粗近似空间内提出了粗软集概念，并研究了它的相关性质和操作，更进一步讨论了相关的软集合的粗度和格理论。Deli 等[16]提出了直觉模糊参数化软集合，并研究了它们的一些性质，且应用到决策问题中。Haci[17]提出了软集合理论的代数结构，给出双射软群、依赖与独立软群的定义，并讨论了它们的性质和关系。刘用麟等[18]将软集合理论应用到商向量空间中，给出了软商空间的合理定义，研究了软商空间的运算性质。

除了各种扩展软集合，软代数有关理论也被广泛研究。Jun 等[19]提出了软 BCK/BCI 代数概念，并定义了交、并、与、或运算。Jun 等[20]进一步定义了软 d-algebras、软边缘 d-algebras、软 d*-algebras、软 d-ideals、软 d#-ideals、软 d*-ideals 和 d-idealistic（d#-idealistic 或者 d*-idealistic）的软 d-algebras，以及它们的相关性质。之后，Jun 等[21]定义了联合软交换 BCI-ideals 概念以及相关性质，进而建立了一个基础的软代数结构。Li 等[22]在分析了软集合和拓扑关系的基础上，提出了软近似空间、软粗糙近似和拓扑软集合。Han 等[23]提出了一个 BCI-algebras 的区间软 q-ideals 和 a-ideals，及其相关性质。Tao 等[24]提出了一种不确定语言模糊软集合，并讨论了两个不确定语言模糊软集合的包含关系、并关系、补关系、相等关系，以及不确定语言模糊软集合的相关操作和代数性质，最后提出了不确定语言模糊软集合的模型，建立了决策机制，应用于声音质量问题的评估中。鲍俊颖[25]提出了模糊软环的概念，研究了生成模糊软环的等价条件以及模糊软环的并、交和乘积运算，并讨论了这些运算的代数性质。

软集合在决策问题上应用广泛。Maji 等[26]首先将软集合应用于决策问题中，并给出了简单软集合决策方法和权重软集合决策方法。之后，Roy 等[27]又将软集合应用于模糊环境的决策问题中。Kong 等[28]指出 Roy 等的文章中存在算法错误，运用该算法并不能得到一般性的最优决策，并给出反例予以证明。Feng 等[29]进一步改进和拓展了 uni-int 决策方法，提出了基于选择值软集合的广义 uni-int 决策方法，定义了选择值软集合和 K 满足关系，运用这些新的概念，给出了更深入的 uni-int 决策原则并指出它的局限性。Han 等[30]运用剪枝算法优化了 Feng 等的 intm-intn 决策方法，首先给出了最优决策集的理论特征，然后运用剪枝算法过滤掉在初始最优决策集中不符合要求的元素，实证结果证明该方法在处理具有大量数据的软集合决策问题时具有优势。Liu 等[31]基于模糊软集合与粗糙集方法，提出 D 分值表，并应用于分类问题中。Li 等[32]研究基于软集合理论考虑不同评价准则集的筛选方案。Zhao 等[33]提出了模糊值语言软集合理论，结合模糊集理论、语言变量和软集合理论，该方法允许决策者利用语言变量来评估一个对象，并利用模糊值来描述相应的等级。同时，由于软集合的灵活性，决策者可以从多个角度使用多个模糊语言评价。Peng 等[34]利用区间模糊软集合方法求解随机多准则决策问题，提出了新的公理化定义的区间模糊距离测度，并利用两种权重，一种是正态分布的权重作为客观权重，另一种是主观权重，来反映决策者的主观考虑和客观信息。Gong 等[35]将双射软集合应用到容错问题上，定义了双射软集合 β 错误分类度，并提出了最优 β、约简、核、决策规则和错误分类数据，最终将该方法应用于海岸线资源价值评估问题。Alcantud[36]利用信息融合技术将多观测者的输入参数数据集进行处理，得到更可靠的模糊软集合，并通过相关比较矩阵计算分值来最终决策。Wang 等[37]将模糊测度和 D-S 证据理论的模糊软集合方法应用于医学诊断问题中。Li 等[38]和 Tang[39]提出了一种基于灰色关联和 D-S 证据理论的模糊软集合方法并应用到医学诊断中。龚科等[40]考虑模糊环境,结合基于依赖度的模糊双射软集合参数约简方法,提出了一种基于模糊双射软集合的内河岸线资源评价 KDD 模型。常峰等[41]结合平衡计分卡和绩效棱柱建立医药物流企业绩效评价准则体系,基于双射软集合构建评价模型,识别关键因素。张芮[42]结合 DEA 和软集合的各自方法的优点,提出了一种新的绿色供应商选择方法。舒服华[43]提出了一种模糊软集的机车制动器高摩擦因数合成闸瓦性能评价方法。罗序良[44]通过构建软集合对照表,把大客户用电数据训练集用模糊软集合表示,实现对用电大客户窃电数据的检测。刘阳帆[45]定义基于时间的动态区间值模糊软集,并建立了指数增长模型的时间权重确定公式来解决区间值模糊软集合的决策问题。周丽等[46]在技术创新的决策中引入软集合 uni-int 多人决策方法,实现多人决策的共赢结果。

海量的数据对决策者来说是一个严峻的考验,因此解决决策问题中的数据的约简问题迫在眉睫。2002 年,Maji 等[26]为了简化决策步骤,减少计算量,提出了软集合新的研究方向——参数约简。软集合中参数约简的最终目的就是删除那些对获取最优决策没有影响或影响很小的参数集,以减少用于决策的参数个数,最终减少计算量和计算步骤。Chen 等[47,48]指出文献[26]中软集合参数约简方法不能简单地将粗糙集的属性约简思想移植到软集合中,因此文献[26]中的约简结果是错误的,并且约简定义是不合理的,文中并举了反例来具体说明不合理所在,同时他们提出了合理的参数约简定义方法和理论,将软集合理论的参数约简方法同粗糙集的属性约简进行了相应的比较。2008 年,Kong 等[49]以选择值方法为原则定义了软集合和模糊软集合的正则参数约简方法,同时还对增加参数和对象对约简影响的问题也进行了研究,另外,还试探性地提出了正则参数约简算法,并提出了两个新的定义(参数的重要度和决策划分)来分析软集合正则参数约简算法。该方法不仅能做出最优决策,还能做出次优等决策,避免选择出最优决策后再次作决策的困扰。Ma 等[50]对文献[49]的正则参数约简方法进行了简化,计算量减小,且简单易懂。Kong 等[51]考虑到参数约简时查找参数是 NP 问题,建立了软集合正则参数约简模型,并利用粒子群算法寻优,该方法速度快且查找准确。Han 等[52,53]对 Kong 的方法进一步改进,提出了软集合冗余参数子集的概念,使 Kong 的方法逻辑上更清晰和一致。

1.2 研 究 内 容

本书围绕软集合及其扩展模型的约简问题和决策问题展开研究,全书共 12 章,研究的主要内容如下。

第 1 章介绍了本书的研究背景，从而引出研究问题，明确了研究的目的和意义，最后介绍了本书的创新点。

第 2 章介绍了软集合相关基础理论与决策方法。为了方便读者阅读和理解软集合及其相关扩展理论，本章对软集合的基本定义、运算及性质和模糊软集合理论进行了介绍，并将决策方法应用于实际问题中。

第 3 章介绍了软集合参数约简方法。本章分析了目前软集合约简理论存在的不足，受粗糙集属性约简方法的启发，提出了软集合正则参数约简方法，并举例进行了分析。

第 4 章介绍了基于智能优化算法的软集合正则参数约简。本章基于软集合正则参数约简需要花费大量时间进行人工搜索的不足，提出了用智能优化算法求解正则参数约简问题。通过建立数学模型和仿真实验，对数据进行了分析。

第 5 章介绍了更改参数值和增加对象对软集合正则参数约简的影响。本章研究了软集合对象某些信息发生变化后的正则参数约简问题。通过对更改参数和增加对象后软集合参数值变化的内在规律进行思考，设计出在对象某些信息发生变化后，对软集合直接进行约简的高效约简方法，并验证了其合理性。

第 6 章介绍了模糊软集合的近似正则参数约简。本章首先基于模糊软集合正则参数约简删除冗余参数数量非常少，而且约简性能很差的问题，提出了模糊软集合近似正则参数约简方法，从而更有效地删除冗余参数。其次利用和声搜索算法处理模糊软集合近似正则参数约简问题，提高了约简效率。

第 7 章介绍了基于分值法的模糊软集合冗余参数约简问题。本章首先对基于分值法的模糊软集合冗余参数进行了研究，分析了五种冗余参数特征，为提高约简效率提供了便利。其次提出了基于分值法的模糊软集合正则参数约简方法。最后对基于选择值和分值法两种决策方法的模糊软集合正则参数约简进行了对比。

第 8 章介绍了基于灰理论和模糊软集合方法在决策问题上的研究。本章通过分析不同决策方法解决相同问题时会产生不同的结果，为提高决策的准确性，提出了一种基于灰理论的求解决策问题的新方法。新的决策方法可以考虑多种决策准则，得到综合的决策结果。

第 9 章介绍了两类序列软集合的理论及在决策问题上的应用。本章首先提出了序列区间模糊软集合的定义，并研究了相关性质，提出了序列区间模糊软集合的决策方法并应用于实际问题。其次提出了序列直觉模糊软集合的定义，并研究了相关性质，提出了序列直觉模糊软集合的决策方法并应用于实际问题。

第 10 章研究了不完备软集合与模糊软集合决策方法。本章对处理不完备和不一致数据的加权平均方法进行了简化，优化了计算过程，并验证了新算法的合理性。同时研究了参数交互关系下的不完备软集合与模糊软集合决策方法。

第 11 章分别针对不完备序列软集合、不完备序列模糊软集合、不完备序列区间模糊软集合进行了研究，对未知数据进行了有效预测，从而进行决策。最后将不完备序列软集合决策方法应用于实际问题，验证了该方法的合理性。

第 12 章介绍了基于软集合的驾驶疲劳状态度量。本章将软集合应用于驾驶疲劳状态度量，建立了基于软集合理论的疲劳量化模型，并与 RBF 神经网络模型进行了对比。

1.3 研 究 创 新

本书研究的创新如下。

(1) 软集合和模糊软集合约简创新。

目前软集合约简理论在选择次优解和增加新的参数集约简时存在计算量大的问题，本书提出了正则参数约简方法解决此问题。为了提高约简效率，建立软集合正则参数约简数学模型，运用智能优化算法进行约简。对于软集合对象某些信息发生变化后的正则参数约简问题，本书考虑了更改参数和增加对象对软集合正则参数约简的影响，设计了在对象某些信息发生变化后，在原始软集合基础上直接进行约简的高效约简方法。对于模糊软集合正则参数约简删除冗余参数数量非常少，约简性能差的问题，本书提出了模糊软集合近似正则参数约简，能够更有效地删除冗余参数，并利用和声搜索算法处理模糊软集合近似正则参数约简问题。目前，模糊软集合正则参数约简的研究主要基于选择值决策方法，本书基于分值法研究模糊软集合正则参数约简问题，分析了五种冗余参数特征，提出了基于分值法的模糊软集合正则参数约简方法，为提高约简效率提供了便利。

(2) 软集合及其扩展模型决策创新。

软集合决策理论众多，而不同的决策理论在处理相同问题时可能会得出不同结果，为了提高决策的准确性，本书提出了一种基于灰理论的求解决策问题的新方法，该方法可以考虑多种决策准则，得到综合的决策结果。针对区间值模糊软集合和直觉模糊软集合处理决策问题时不能表征某一对象在不同属性下的过去信息的问题，本书提出了序列区间值模糊软集合和序列直觉模糊软集合以兼顾过去和当前信息，并给出了两类序列软集合在决策问题中的应用。对于不完备软集合及序列软集合决策问题，加权平均方法在处理不完备和不一致数据时过程烦琐，本书简化了计算过程，并验证了新算法的合理性。本书提出了参数交互关系下的不完备软集合和模糊软集合决策方法，以及不完备序列软集合、不完备序列模糊软集合、不完备序列区间模糊软集合的决策方法。最后，本书将软集合理论应用于驾驶疲劳度量，得到了满意的结果。

第 2 章　软集合相关基础理论与决策方法

本章首先介绍了软集合的相关基础理论。然后介绍了软集合和模糊软集合的基本决策理论，为软集合及其扩展模型的新型决策理论的介绍奠定基础。最后给出了模糊软集合基本决策理论的应用实例。

2.1　软集合基础理论

定义 2.1[1]　U 为初始论域，E 为参数集，一个集合对 (F,E) 被称为论域 U 上的一个软集合，当且仅当 F 为 E 到 U 的所有子集中某集合的映射，如 $F:E \to P(U)$，其中，$P(U)$ 为 U 的幂集。

例 2.1　假设软集合描述了某女士打算购买冰箱的事件。

设 $U=\{h_1,h_2,h_3,h_4,h_5,h_6\}$ 为六台冰箱构成的集合，$E=\{$便宜，美观，材质好，品牌好，容量大，售后好$\}$ 为参数集合。$E=\{e_1,e_2,e_3,e_4,e_5,e_6\}$，则 e_1 表示便宜，e_2 表示美观，e_3 表示材质好，e_4 表示品牌好，e_5 表示容量大，e_6 表示售后好。其中，某些参数 $F(e)$ 可以为空，且他们之间的交集也可以是非空集。例如，可能不存在便宜的冰箱。

现在"适合购买的冰箱"用软集合 (F,E) 描述为：便宜的冰箱 $=\{h_2,h_3,h_4,h_5,h_6\}$，美观的冰箱 $=\{h_1,h_3,h_5,h_6\}$，材质好的冰箱 $=\{h_1,h_2,h_4,h_6\}$，品牌好的冰箱 $=\{h_1,h_2\}$，容量大的冰箱 $=\{h_2,h_4,h_5,h_6\}$，售后好的冰箱 $=\{h_1,h_3,h_5,h_6\}$。即 $F(e_1)=\{h_2,h_3,h_4,h_5,h_6\}$，$F(e_2)=\{h_1,h_3,h_5,h_6\}$，$F(e_3)=\{h_1,h_2,h_4,h_6\}$，$F(e_4)=\{h_1,h_2\}$，$F(e_5)=\{h_2,h_4,h_5,h_6\}$，$F(e_6)=\{h_1,h_3,h_5,h_6\}$。将上述事件进行描述，如表 2.1 所示。

表 2.1　例 2.1 的软集合表

U	e_1	e_2	e_3	e_4	e_5	e_6
h_1	0	1	1	1	0	1
h_2	1	0	1	1	1	0
h_3	1	1	0	0	0	1
h_4	1	0	1	0	1	0
h_5	1	1	0	0	1	1
h_6	1	1	1	0	1	1

定义 2.2[2]　对于 U 上的两个软集合 (F,A) 和 (G,B)，如果 $B \subseteq A$ 且 $\forall b \in B$，$G(b) \subseteq F(b)$，则称 (G,B) 为 (F,A) 的软子集，记作 $(G,B) \widetilde{\subseteq} (F,A)$。

定义 2.3[2]　对于 U 上的两个软集合 (F,A) 和 (G,B)，如果 $(G,B) \widetilde{\subseteq} (F,A)$ 且 $(G,B) \widetilde{\supseteq} (F,A)$，则称这两个软集合相等，记作 $(F,A)=(G,B)$。

定义 2.4[2]　若软集合 (F,A) 中对 $\forall \alpha \in A$ 都有 $F(\alpha) = \varnothing$，则称软集合 (F,A) 为空软集合，记作 $\varnothing$。

定义 2.5[2]　若软集合 (F,A) 中对 $\forall \alpha \in A$ 都有 $F(\alpha) = U$，则称软集合 (F,A) 为全软集，记作 $\tilde{A}$。

显然 $\tilde{A}^c = \varnothing$，$\varnothing^c = \tilde{A}$。

定义 2.6[2]　U 上的两个软集合 (F,A) 和 (G,B)，令 $(F,A) \wedge (G,B) = (H, A \times B)$，其中，$H(x,y) = F(x) \cap G(y)$，$\forall (x,y) \in A \times B$，则称 $(F,A) \wedge (G,B) = (H, A \times B)$ 为软集合的且运算。

定义 2.7[2]　U 上的两个软集合 (F,A) 和 (G,B)，令 $(F,A) \vee (G,B) = (H, A \times B)$，其中，$H(x,y) = F(x) \cup G(y)$，$\forall (x,y) \in A \times B$，则称 $(F,A) \vee (G,B) = (H, A \times B)$ 为软集合的或运算。

定义 2.8[2]　设 $E = \{e_1, e_2, \cdots, e_n\}$ 为参数集。E 的否定集记作 $\neg E$，$\neg E = \{\neg e_1, \neg e_2, \cdots, e_n\}$，其中，$\neg e_i = \text{非} e_i$，$1 \leq i \leq n$。

定义 2.9[2]　设 (F,A) 为一初始论域 U 上的软集合，软集合 (F,A) 的余集记作 $(F,A)^c = (F^c, \neg A)$，其中，$F^c : \neg A \to P(U)$，即 $F^c(\alpha) = U - F(\neg \alpha)$，$\forall \alpha \in \neg A$。

显然 $((F,A)^c)^c = (F,A)$。

定义 2.10[2]　设 (F,A) 和 (G,B) 为同一初始论域 U 上的两个软集合，将 (F,A) 和 (G,B) 的差定义为 (H,C)，其中，$C = A - A \cap B$ 表示属于 A 但是不属于 A 和 B 交集的参数集。$\forall e \in C$，$H(e) = F(e)$，将 (F,A) 和 (G,B) 的差记作 $(F,A) \simeq (G,B) = (H,C)$。

定义 2.11[2]　U 上的两个软集合 (F,A) 和 (G,B) 的交集为 (H,C)，其中，$C = A \cap B$，且 $\forall e \in C$，$H(e) = F(e) \cap G(e)$，记作 $(F,A) \widetilde{\cap} (G,B) = (H,C)$。

定义 2.12[2]　U 上的两个软集合 (F,A) 和 (G,B) 的并集为 (H,C)，其中，$C = A \cup B$，且 $\forall e \in C$，有

$$H(e) = \begin{cases} F(e), & e \in A - B \\ G(e), & e \in B - A \\ F(e) \cup G(e), & e \in A \cap B \end{cases} \tag{2.1}$$

记作 $(F,A) \widetilde{\cup} (G,B) = (H,C)$。

定义 2.13[2]　设 (F,A) 和 (G,B) 为同一初始论域 U 上的两个软集合，其中，$C = A \cup B$，且 $\forall e \in C$，有

$$H(e)=\begin{cases}F(e), & e\in A-B\\G(e), & e\in B-A\\F(e)\cup G(e), & e\in A\cap B\end{cases}\tag{2.2}$$

记作 $(F,A)\cup(G,B)=(H,C)$，称 (H,C) 为软集合 (F,A) 和 (G,B) 的并运算。

2.2　模糊软集合基础知识

定义 2.14[3]　设 I^U 表示论域 U 上的所有模糊子集，$F:A\to I^U$ 为一个 A 到 I^U 的映射，那么集合对 (F,A) 称为论域 U 上的一个模糊软集合。

例 2.2　考虑定义在论域 $U=\{h_1,h_2,h_3,h_4,h_5\}$ 上的模糊软集合 (F,A)，这里代表汽车的集合。$A=\{$黑色,白色,灰色$\}$，它描述了汽车的颜色，并且有

$$F(黑色)=\{h_1/0.8,h_2/0.7,h_3/0.5,h_4/0.4,h_5/1\}$$

$$F(白色)=\{h_1/0.5,h_2/0.6,h_3/0.5,h_4/1,h_5/0.3\}$$

$$F(灰色)=\{h_1/0.8,h_2/0.7,h_3/0.8,h_4/0.6,h_5/1\}$$

将上述事件进行描述，如表 2.2 所示。

表 2.2　例 2.2 的模糊软集合表

U	黑色	白色	灰色
h_1	0.8	0.5	0.8
h_2	0.7	0.6	0.7
h_3	0.5	0.5	0.8
h_4	0.4	1	0.6
h_5	1	0.3	1

定义 2.15[3]　设 (F,A) 和 (G,B) 为同一初始论域 U 上的两个模糊软集合。若满足① $A\subseteq B$，② $\forall e\in A$，$F(e)$ 是 $G(e)$ 的模糊子集，则称 (F,A) 为 (G,B) 的模糊软子集，记作 $(F,A)\subseteq(G,B)$。

定义 2.16[3]　设 (F,A) 和 (G,B) 为同一初始论域 U 上的两个模糊软集合。如果 (G,B) 为 (F,A) 的模糊软子集，(F,A) 为 (G,B) 的模糊软子集，则称 (F,A) 和 (G,B) 模糊软相等。

定义 2.17[3]　设 (F,A) 为一初始论域 U 上的模糊软集合，模糊软集合 (F,A) 的余集记作 $(F,A)^c=(F^c,\neg A)$，其中，$F^c:\neg A\to P(U)$ 也就是 $F^c(\alpha)=U-F(\neg\alpha)$，$\forall\alpha\in\neg A$。

显然 $((F,A)^c)^c=(F,A)$。

定义 2.18[3]　若模糊软集合 (F,A) 中对 $\forall \alpha \in A$ 都有 $F(\alpha) = \varnothing$，则称模糊软集合 (F,A) 为空模糊软集合也就是空软集，记作 $\varnothing$。

定义 2.19[3]　若模糊软集合 (F,A) 中对 $\forall \alpha \in A$ 都有 $F(\alpha) = U$，则称模糊软集合 (F,A) 为全模糊软集也就是全软集，记作 $\tilde{A}$。显然有 $\tilde{A}^c = \varnothing$，$\varnothing^c = \tilde{A}$。

定义 2.20[3]　设 (F,A) 和 (G,B) 为同一初始论域 U 上的两个模糊软集合，令

$$(F,A) \wedge (G,B) = (H, A \times B) \tag{2.3}$$

其中，$H(\alpha, \beta) = F(\alpha) \cap G(\beta)$，$\forall (\alpha, \beta) \in A \times B$，则称 $(F,A) \wedge (G,B) = (H, A \times B)$ 为模糊软集合 (F,A) 和 (G,B) 的且运算。

定义 2.21[3]　设 (F,A) 和 (G,B) 为同一初始论域 U 上的两个模糊软集合，令

$$(F,A) \vee (G,B) = (H, A \times B) \tag{2.4}$$

其中，$H(\alpha, \beta) = F(\alpha) \cup G(\beta)$，则称 $\forall (\alpha, \beta) \in A \times B$ $(F,A) \vee (G,B) = (H, A \times B)$ 为模糊软集合 (F,A) 和 (G,B) 的或运算。

定义 2.22[3]　设 (F,A) 和 (G,B) 为同一初始论域 U 上的两个模糊软集合，其中，$C = A \cup B$，且 $\forall e \in C$，有

$$H(e) = \begin{cases} F(e), & e \in A - B \\ G(e), & e \in B - A \\ F(e) \cup G(e), & e \in A \cap B \end{cases} \tag{2.5}$$

记作 $(F,A) \cup (G,B) = (H,C)$，称 (H,C) 为模糊软集合 (F,A) 和 (G,B) 的并运算。

定义 2.23[3]　设 (F,A) 和 (G,B) 为同一初始论域 U 上的两个模糊软集合，其中，$C = A \cap B$，且 $\forall e \in C$，有

$$H(e) = F(e) 或 G(e) \tag{2.6}$$

记作 $(F,A) \tilde{\cap} (G,B) = (H,C)$，称 (H,C) 为模糊软集合 (F,A) 和 (G,B) 的交运算。

2.3　软集合及模糊软集合的决策方法

目前软集合的决策方法一般采用选择值法，其主要思想就是比较各个对象的选择值的大小，选择值最大的为最优决策。如表 2.3 所示，计算选择值，对象 h_6 对应的选择值最大，因此最优决策为 h_6。

表 2.3　软集合的选择值

U	e_1	e_2	e_3	e_4	e_5	e_6	$c = f(\cdot)$
h_1	0	1	1	1	0	1	4
h_2	1	0	1	1	1	0	4

续表

U	e_1	e_2	e_3	e_4	e_5	e_6	$c=f(\cdot)$
h_3	1	1	0	0	0	1	3
h_4	1	0	1	0	1	0	3
h_5	1	1	0	0	1	1	4
h_6	1	1	1	0	1	1	5

　　模糊软集合的决策方法有两种，分别为选择值法和分值法。利用选择值法做决策时，比较各个对象的选择值大小，选择值大的为最优决策。如表 2.4 所示，计算选择值，对象 h_3 对应选择值最大，因此最优决策为 h_3。

表 2.4　模糊软集合表

U	e_1	e_2	e_3	e_4	e_5	$c=f(\cdot)$
h_1	0.4	0.7	0.3	0.5	0.6	2.5
h_2	0.3	0.5	0.6	0.5	0.6	2.5
h_3	0.7	0.6	0.5	0.5	1	3.3
h_4	0.5	0.3	0.7	0.6	0.8	2.9
h_5	0.4	0.5	0.6	0.4	0.9	2.8

　　模糊软集合的另一种决策方法为分值法，根据模糊软集合表，如表 2.5 所示，建立各对象的对比表，如表 2.6 所示，并计算其行和 r_i 和列和 t_i，通过计算行和减去列和的差值 S_i 的方式得到最终分数，分数大的即为最优决策。如表 2.7 所示，比较分数，对象 h_4 对应最大分数，因此最优决策为 h_4。

表 2.5　模糊软集合表

U	e_1	e_2	e_3	e_4	e_5
h_1	0.6	0.3	0.5	0.7	0.5
h_2	0.5	0.7	0.6	0.6	0.5
h_3	0.4	0.6	0.5	0.9	1
h_4	0.7	0.5	0.6	0.8	0.7
h_5	0.3	0.5	0.4	0.7	0.6

表 2.6　表 2.5 的对比表

	h_1	h_2	h_3	h_4	h_5
h_1	5	3	2	0	3
h_2	3	5	3	2	3
h_3	4	2	5	3	5
h_4	5	4	2	5	5
h_5	3	2	0	1	5

表 2.7　表 2.5 的分值表

	行和 (r_i)	列和 (t_i)	分值 (S_i)
h_1	13	20	−7
h_2	16	16	0
h_3	19	12	7
h_4	21	11	10
h_5	11	21	−10

2.4　模糊软集合在决策问题中的应用

2.4.1　基于模糊软集合的轨道交通选线方案评估

由于轨道交通选线方案涉及因素众多，往往无法定量分析。许多因素涉及不精确的数据，其解决方案也同样涉及使用基于不确定性和不精确性的数学原理。模糊软集合理论是解决不确定问题的有效工具。接下来，我们使用模糊软集合理论来评估城市地铁线路部分建设的三种方案。

首先采用分层方法来研究。此处使用二级指标划分参数。二级指标中工程风险指标较多，所以整体指标参照工程风险，以难度作为主要判别标准。一级指标：$\chi = \{\chi_1, \chi_2, \chi_3\}$ = {规划开发，工程风险，工期造价}，二级指标：$\chi_1 = \{\chi_{11}, \chi_{12}\}$ = {客流吸引难度，地块开发难度}；$\chi_2 = \{\chi_{21}, \chi_{22}, \chi_{23}, \chi_{24}\}$ = {周边风险源，管线迁改难度，交通导改难度，维稳风险}；$\chi_3 = \{\chi_{31}, \chi_{32}\}$ = {总投资，工期}。

令 $U = \{o_1, o_2, o_3\}$ 为三种选线方案的集合，参数集 E = {客流吸引难度，地块开发难度，周边风险源，管线迁改难度，交通导改难度，维稳风险，总投资，工期}。令 A、B、C 代表参数集 E 的三个子集，A 代表一级指标中的规划开发，B 代表工程风险，C 代表工期造价。A = {客流吸引难度，地块开发难度}，B = {周边风险源，管线迁改难度，交通导改难度，维稳风险}，C = {总投资，工期}。

利用 Roy 等提出的分值决策法[27]，假设模糊软集合 (F, A) 代表方案的规划开发，(G, B) 代表方案的工程风险，(H, C) 代表方案的工期造价。通过专家打分，我们得到

(F, A) = { 客流吸引难度 = $\{o_1 / 0.2, o_2 / 0.7, o_3 / 0.4\}$，地块开发难度 = $\{o_1 / 0.5, o_2 / 0.3, o_3 / 0.6\}$ }，(G, B) = {周边风险源 = $\{o_1 / 0.6, o_2 / 0.4, o_3 / 0.2\}$，管线迁改难度 = $\{o_1 / 0.7, o_2 / 0.6, o_3 / 0.5\}$，交通导改难度 = $\{o_1 / 0.7, o_2 / 0.5, o_3 / 0.6\}$，维稳风险 $\{o_1 / 0.4, o_2 / 0.8, o_3 / 0.7\}$ }，(H, C) = {总投资 = $\{o_1 / 0.8, o_2 / 0.6, o_3 / 0.5\}$，工期 = $\{o_1 / 0.7, o_2 / 0.6, o_3 / 0.8\}$ }

模糊软集合 (F,A)、(G,B)、(H,C) 如表 2.8~表 2.10 所示。

表 2.8　规划开发模糊软集合表

U	客流吸引难度 $= a_1$	地块开发难度 $= a_2$
o_1	0.2	0.5
o_2	0.7	0.3
o_3	0.4	0.6

表 2.9　工程风险模糊软集合表

U	周边风险源 $= b_1$	管线迁改难度 $= b_2$	交通导改难度 $= b_3$	维稳风险 $= b_4$
o_1	0.6	0.7	0.7	0.4
o_2	0.4	0.6	0.5	0.8
o_3	0.2	0.5	0.6	0.7

表 2.10　工程造价模糊软集合表

U	总投资 $= c_1$	工期 $= c_2$
o_1	0.8	0.7
o_2	0.6	0.6
o_3	0.5	0.8

通过计算 $(F,A) \wedge (G,B)$，我们得到一个新的模糊软集合，如表 2.11 所示。

表 2.11　新模糊软集合表

U	e_{11}	e_{12}	e_{13}	e_{14}	e_{21}	e_{22}	e_{23}	e_{24}
o_1	0.2	0.2	0.2	0.2	0.5	0.5	0.5	0.4
o_2	0.4	0.6	0.5	0.7	0.3	0.3	0.3	0.3
o_3	0.2	0.4	0.4	0.4	0.2	0.5	0.6	0.6

接下来考虑模糊软集合 $(F,A) \wedge (G,B)$ 和 (H,C)，假设 $P = \{e_{11} \wedge c_1, e_{13} \wedge c_2, e_{14} \wedge c_1, e_{22} \wedge c_1, e_{23} \wedge c_2, e_{24} \wedge c_2\}$ 是决策者选择的参数集，那么合成模糊软集合 (S,P)，如表 2.12 所示。

表 2.12　合成模糊软集合表

U	$e_{11} \wedge c_1$	$e_{13} \wedge c_2$	$e_{14} \wedge c_1$	$e_{22} \wedge c_1$	$e_{23} \wedge c_2$	$e_{24} \wedge c_2$
o_1	0.2	0.2	0.2	0.5	0.5	0.4
o_2	0.4	0.5	0.6	0.3	0.3	0.3
o_3	0.2	0.4	0.4	0.5	0.6	0.6

由模糊软集合 (S,P) 建立对比表和分值表如表 2.13 和表 2.14 所示。

表 2.13　表 2.12 的对比表

	o_1	o_2	o_3
o_1	6	3	2
o_2	3	6	3
o_3	6	3	6

表 2.14　表 2.12 的分值表

	行和 (r_i)	列和 (t_i)	分值 (S_i)
o_1	11	15	−4
o_2	12	12	0
o_3	15	11	4

通过分值表可以发现方案 3 的最高得分为 4，所以方案 3 为最优决策。

2.4.2　基于层次分析法和模糊软集合的公交服务质量评价

城市公共交通是一个与人民生活密切相关的重要基础设施。在评估公共交通服务质量时，有许多因素需要考虑，很难用定量的方式来描述。为了提高城市公交系统的服务质量，运用层次分析法分析旅客满意度评价指标。考虑到评价专家的偏好和评价信息的不确定性，利用模糊软集合对公共交通服务的质量进行综合评价。根据国内外公共交通乘客满意度评价指标体系，选择了安全性、方便性、可靠性三大指标体系[54]。我们用 F 表示安全性，H 表示方便性，G 表示可靠性。安全性主要体现在 x_1（安全设备配置）、x_2（个人安全状况）和 x_3（财务损失率）上。方便性主要体现在 y_1（场地间距是合理的）、y_2（一次性到达率）和 y_3（准时到达率）。可靠性主要体现在 z_1（警告标志）、z_2（服务态度）、z_3（司机级别）和 z_4（提醒标志）。通过问卷调查，计算出每个公交路线的平均得分。更高的分数意味着乘客对公共汽车服务的质量更满意，结果如表 2.15 所示。

表 2.15　乘客满意度得分表

规则层	指标层	公交路线 h_1	公交路线 h_2	公交路线 h_3	公交路线 h_4
F	x_1	0.67	0.80	0.74	0.76
	x_2	0.73	0.66	0.78	0.71
	x_3	0.85	0.68	0.70	0.70
H	y_1	0.74	0.73	0.64	0.76
	y_2	0.68	0.81	0.78	0.75
	y_3	0.65	0.82	0.74	0.76
G	z_1	0.58	0.65	0.77	0.63
	z_2	0.72	0.83	0.81	0.70
	z_3	0.83	0.79	0.76	0.69
	z_4	0.71	0.71	0.80	0.66

(1)乘客满意度评价指标的权重确定。

利用层次分析法确定权重分配。由因素集得到判别矩阵，然后用方根法求解最大特征根及其对应的特征向量。当 $CR = CI / RI < 0.1$，即认为判别矩阵具有满意一致性，否则，需要调整判断矩阵，使之具有满意的一致性[55]。CI 是判断矩阵的一般一致性指标，$CI = (-n) / (n-1)$；n 是判别矩阵的阶数；RI 是判别矩阵的平均随机一致性，其中，RI 的取值如表 2.16 所示。

表 2.16 RI 取值表

矩阵维数	1	2	3	4	5	6
RI	0	0	0.52	0.89	1.12	1.26

以"安全性"为例来构建判断矩阵

$$F = \begin{bmatrix} 1 & 1/5 & 1/9 \\ 5 & 1 & 1/3 \\ 9 & 3 & 1 \end{bmatrix}$$

将 F 按行相加可以得到

$$K_1' = \begin{bmatrix} 1.3111 \\ 6.3333 \\ 13 \end{bmatrix}$$

然后归一化 K_1'，得到

$$K_1 = \begin{bmatrix} 0.0635 \\ 0.3068 \\ 0.6297 \end{bmatrix}$$

所以权重矢量 $K_1 = \{0.0635, 0.3068, 0.6297\}$。

利用相同方法可得方便性和可靠性的权重矢量分别为：$K_2 = \{0.7352, 0.1994, 0.0654\}$，$K_3 = \{0.0502, 0.2483, 0.5908, 0.1101\}$。利用层次分析法计算权重矢量 $K = \{0.6422, 0.1408, 0.2170\}$。如表 2.17～表 2.19 所示，我们可以获得带权重的乘客满意度得分表。

表 2.17 安全性指标得分表

U	(F, X)		
	x_1	x_2	x_3
h_1	0.027	0.125	0.365
h_2	0.033	0.113	0.290
h_3	0.030	0.134	0.301
h_4	0.031	0.122	0.301

表 2.18　方便性指标得分表

U	(H,Y)		
	y_1	y_2	y_3
h_1	0.077	0.019	0.006
h_2	0.076	0.023	0.008
h_3	0.066	0.022	0.007
h_4	0.079	0.021	0.007

表 2.19　可靠性指标得分表

U	(G,Z)			
	z_1	z_2	z_3	z_4
h_1	0.006	0.039	0.106	0.017
h_2	0.007	0.045	0.101	0.017
h_3	0.008	0.044	0.097	0.019
h_4	0.007	0.038	0.088	0.016

（2）基于模糊软集合的公共交通服务质量评价过程。

经过以上分析，我们可以构建基于模糊软集合多属性决策的公交服务质量评价体系。决策矩阵表示如表 2.20～表 2.22 所示。新的模糊软集合 (U,E) 融合了各指标信息。(U,E) 满足

$$(U,E)=(F,X)\cap(H,Y)\cap(G,Z)=\begin{cases} i_1=\{h_1/\gamma_{11},h_2/\gamma_{21},h_3/\gamma_{31},\cdots,h_m/\gamma_{m1}\} \\ i_2=\{h_1/\gamma_{12},h_2/\gamma_{22},h_3/\gamma_{32},\cdots,h_m/\gamma_{m2}\} \\ \vdots \\ i_x=\{h_1/\gamma_{1x},h_2/\gamma_{2x},h_3/\gamma_{3x},\cdots,h_m/\gamma_{mx}\} \\ \vdots \\ i_{36}=\{h_1/\gamma_{136},h_2/\gamma_{236},h_3/\gamma_{336},\cdots,h_m/\gamma_{m36}\} \end{cases}$$

其中，i_x 为合成参数，由 x_t、y_p、z_q 三个参数合成，描述各路线对于合成参数描述属性的符合程度，共有 36 组。γ_{ix} 的取值满足如下条件：$\gamma_{ix}=\min(r_{ij}),j\in t,p,q$。经过 $\wedge$ 运算后，模糊软集合 (U,E) 如表 2.23 所示。

表 2.20　安全性决策矩阵表

U	(F,X)		
	x_1	x_2	x_3
h_1	r_{11}	r_{12}	r_{13}
h_2	r_{21}	r_{22}	r_{23}
...	...	...	...
h_m	r_{m1}	r_{m2}	r_{m3}

表 2.21　方便性决策矩阵表

U	(H,Y)		
	y_1	y_2	y_3
h_1	r_{11}	r_{12}	r_{13}
h_2	r_{21}	r_{22}	r_{23}
...	...	...	...
h_m	r_{m1}	r_{m2}	r_{m3}

表 2.22　可靠性决策矩阵表

U	(G,Z)			
	z_1	z_2	z_3	z_4
h_1	r_{11}	r_{12}	r_{13}	r_{14}
h_2	r_{21}	r_{22}	r_{23}	r_{24}
...	...	...	...	...
h_m	r_{m1}	r_{m2}	r_{m3}	r_{m4}

表 2.23　新的模糊软集合表

合成参数	原参数	h_1	h_2	h_3	h_4
i_1	x_1,y_1,z_1	0.006	0.007	0.008	0.007
i_2	x_1,y_1,z_2	0.027	0.033	0.030	0.031
i_3	x_1,y_1,z_3	0.027	0.033	0.030	0.031
i_4	x_1,y_1,z_4	0.017	0.017	0.019	0.016
i_5	x_1,y_2,z_1	0.006	0.007	0.008	0.007
i_6	x_1,y_2,z_2	0.019	0.023	0.022	0.021
i_7	x_1,y_2,z_3	0.019	0.023	0.022	0.021
i_8	x_1,y_2,z_4	0.017	0.017	0.019	0.016
i_9	x_1,y_3,z_1	0.006	0.007	0.007	0.007
i_{10}	x_1,y_3,z_2	0.006	0.008	0.007	0.007
i_{11}	x_1,y_3,z_3	0.006	0.008	0.007	0.007
i_{12}	x_1,y_3,z_4	0.006	0.008	0.007	0.007
i_{13}	x_2,y_1,z_1	0.006	0.007	0.008	0.007
i_{14}	x_2,y_1,z_2	0.039	0.045	0.044	0.038
i_{15}	x_2,y_1,z_3	0.077	0.076	0.066	0.079
i_{16}	x_2,y_1,z_4	0.017	0.017	0.019	0.016
i_{17}	x_2,y_2,z_1	0.006	0.007	0.008	0.007
i_{18}	x_2,y_2,z_2	0.019	0.023	0.022	0.021
i_{19}	x_2,y_2,z_3	0.019	0.023	0.022	0.021
i_{20}	x_2,y_2,z_4	0.017	0.017	0.019	0.016
i_{21}	x_2,y_3,z_1	0.006	0.007	0.007	0.007
i_{22}	x_2,y_3,z_2	0.006	0.008	0.007	0.007

续表

合成参数	原参数	h_1	h_2	h_3	h_4
i_{23}	x_2, y_3, z_3	0.006	0.008	0.007	0.007
i_{24}	x_2, y_3, z_4	0.006	0.008	0.007	0.007
i_{25}	x_3, y_1, z_1	0.006	0.007	0.008	0.007
i_{26}	x_3, y_1, z_2	0.039	0.045	0.044	0.038
i_{27}	x_3, y_1, z_3	0.077	0.076	0.066	0.079
i_{28}	x_3, y_1, z_4	0.017	0.017	0.019	0.016
i_{29}	x_3, y_2, z_1	0.006	0.007	0.008	0.007
i_{30}	x_3, y_2, z_2	0.019	0.023	0.022	0.021
i_{31}	x_3, y_2, z_3	0.019	0.023	0.022	0.021
i_{32}	x_3, y_2, z_4	0.017	0.017	0.019	0.016
i_{33}	x_3, y_3, z_1	0.006	0.007	0.007	0.007
i_{34}	x_3, y_3, z_2	0.006	0.008	0.007	0.007
i_{35}	x_3, y_3, z_3	0.006	0.008	0.007	0.007
i_{36}	x_3, y_3, z_4	0.006	0.008	0.007	0.007

根据模糊软集合 (U, E)，计算路线的相对测量值矩阵 $K = (k_{ij})_{m \times m}$，其中，$k_{ij}$ 表示路线 h_i 的评价值不低于路线 h_j 的评价值的合成参数的个数。根据建设路线相对优劣测量值矩阵，路线 h_i 最终得分 P_i 满足

$$P_i = \sum_j K_{ij} - \sum_i K_{ij}$$

P_i 得分越高，表示路线越优。评估结果如表 2.24 所示。

表 2.24　评估得分表

K_{ij}	h_1	h_3	h_4
h_1	36	2	8
h_2	34	23	33
h_3	34	36	32
h_4	28	16	36
总分	−78	38	−18

路线最终得分排序为：$P(h_2) \succ P(h_3) \succ P(h_4) \succ P(h_1)$，这表明 h_2 为最优路线。

2.4.3　模糊软集合在居住建筑节能方案优选中的应用

建筑节能改造可以节约大量能源。但是在现有的住宅建筑节能改造方案的评估和优选中，许多的评价目标是不确定的，不能只用是与不是来评价。模糊软集合适用于解决此类问题。本节利用模糊软集合对现有住宅建筑节能方案进行评价

和选择，通过运用模糊软集合，对每个方案在技术、经济和社会等类别指标中来评选，得出最优方案。

（1）问题描述。

为了充分反映评估目标，根据现有住宅建筑的节能特点和效果建立评价指标体系。X 为"技术指标"，X_1 为"节能效果"，X_2 为"施工难度"，X_3 为"对原结构体系的影响"，X_4 为"节能材料的安全性"，Y 为"经济指标"，Y_1 为"单位面积节能投资"，Y_2 为"节能投资回收率"，Z 为"社会指标"，Z_1 为"建筑对居民生活的影响"，Z_2 为"环境保护"。

（2）评价模型。

模糊软集合评估模型基于模糊数学，通过应用模糊关系综合原理，评估对象的隶属度[56]。参数集是 $U = \{X_1, X_2, X_3, X_4, Y_1, Y_2, Z_1, Z_2\}$，对象集是 $W = \{W_1, W_2, W_3, W_4\}$。

根据人类当地的气候和建筑特点，可以选择节能方案，如表 2.25 所示。鉴于坡屋顶的改造方案相对单一，因此重点对平屋顶改造的 4 种方案进行评价[57]。

表 2.25　节能方案

屋顶类型	节能改造方案
坡屋顶	增加保温隔热层
平屋顶方案一	改造为倒置式保温隔热屋面
平屋顶方案二	改造为种植屋面
平屋顶方案三	改造为通风阁楼坡屋面（平改坡）
平屋顶方案四	方案一 + 方案三

邀请专家、居民代表和施工人员组成评审团，对平屋顶改造的 4 种方案的 8 项不同指标进行评价，获得问卷和统计结果，并将 4 种方案的评价数据记录整合，如表 2.26 所示。

表 2.26　模糊评价表

	X_1	X_2	X_3	X_4
W_1	0.6	0.05	0.75	0.3
W_2	0.6	0.1	0.75	0.7
W_3	0.1	0.1	0	0.6
W_4	0.75	0.05	0.2	0.3
	Y_1	Y_2	Z_1	Z_2
W_1	0.1	0.4	0.3	0.1
W_2	0.1	0.6	0.3	0.7
W_3	0	0.1	0.3	0.5
W_4	0	0.1	0.3	0.1

（3）模糊软集决策。

考虑上面的两个模糊软集合 (F,A) 和 (G,B)，如果执行 $(F,A)\wedge(G,B)$，那么将得到 $2\times4=8$ 个 e_{ij} 这样的参数，其中，$e_{ij}=X_i\wedge Y_j$，$i=1,2,3,4$，$j=1,2$。如果要求模糊软集合中的参数为 $R=\{e_{12},e_{21},e_{32},e_{42}\}$，那么模糊软集合 (F,A) 和 (G,B) 形成的合成模糊软集合为 (K,R)。

因此，在执行 $(F,A)\wedge(G,B)$ 后，得到的合成模糊软集合如表 2.27 所示。

表 2.27　融合指标表 1

U	e_{12}	e_{21}	e_{32}	e_{42}
W_1	0.4	0.05	0.4	0.3
W_2	0.6	0.1	0.6	0.6
W_3	0.1	0	0.1	0.1
W_4	0.1	0	0.1	0.1

考虑上面定义的模糊软集合 (F,A)、(G,B) 和 (H,C)，然后将定义 P 为

$$P=\{e_{12}\wedge Z_2,e_{21}\wedge Z_1,e_{32}\wedge Z_1,e_{42}\wedge Z_2\}$$

这是观察者选择的参数集合。在此基础上我们必须通过可用集合 U 做决定，合成模糊软集合 (S,P) 如表 2.28 所示。

表 2.28　融合指标表 2

U	$e_{12}\wedge Z_2$	$e_{21}\wedge Z_1$	$e_{32}\wedge Z_1$	$e_{42}\wedge Z_2$
W_1	0.1	0.05	0.3	0.1
W_2	0.6	0.1	0.3	0.6
W_3	0.1	0	0.1	0.1
W_4	0.1	0	0.1	0.1

合成模糊软集合的对比表如表 2.29 所示。

表 2.29　表 2.28 的对比表

	W_1	W_2	W_3	W_4
W_1	4	1	4	4
W_2	4	4	4	4
W_3	2	0	4	4
W_4	2	0	4	4

接下来计算行和 r_i、列和 t_i 和每个方案行和与列和的差 (r_i-t_i)，如表 2.30 所示。

表 2.30　表 2.28 的分值表

	行和 (r_i)	列和 (t_i)	分值 (S_i)
W_1	13	12	1
W_2	16	5	11
W_3	10	16	−6
W_4	10	16	−6

可以清晰地看出方案二有最大的分数，因此 W_2 是最优方案。

2.5　本 章 小 结

　　本章介绍了软集合和模糊软集合的相关基础知识，介绍了软集合和模糊软集合的基本概念和相关代数操作，同时介绍了选择值法和分值法两种决策方法，最后将该方法应用于轨道交通选线方案、公交服务质量评价和居住建筑节能方案优选中。

第 3 章　软集合参数约简方法

软集合参数约简就是删除数据库中的冗余参数，同时不影响决策结果，它也是软集合理论的核心内容之一，但软集合参数约简理论目前尚在探索阶段。本章基于粗糙集的方法研究软集合参数约简问题，首先对粗糙集和软集合理论进行了比较，其次讨论了目前软集合参数约简存在的不足，然后受粗糙集约简方法的启发，提出了软集合正则参数约简方法，最后对软集合正则参数约简方法进行了分析。

3.1　两类集合分析

3.1.1　粗糙集的知识表达系统

粗糙集理论作为一种数据分析处理理论，在 1982 年由波兰科学家 Pawlak 创立。下面对粗糙集基础知识做简要介绍[58]。

设 $U \neq \varnothing$ 是我们感兴趣的对象组成的有限集合，称为论域。任何子集 $X \subseteq U$ 称为 U 中的一个概念或范畴，U 中的一族划分称为关于 U 的一个知识库。设 R 是 U 上的一个等价关系，U/R 表示 R 的所有等价类（或者 U 上的分类）构成的集合，$[x]_R$ 表示包含元素 $x \in U$ 的 R 等价类。一个知识库就是一个关系系统 $K = (U, R)$，其中，U 为非空间有限集，称为论域，R 是 U 上的一族等价关系。

若 $P \subseteq R$，且 $P \neq \varnothing$，则 $\cap P$（P 中所有等价关系的交集）也是一个等价关系，称为 P 上的不可分辨关系，记为 $\mathrm{ind}(P)$，且有

$$[x]_{\mathrm{ind}(P)} = \bigcap_{R \in P} [x]_R$$

则 $U/\mathrm{ind}(P)$（即等价关系 $\mathrm{ind}(P)$ 的所有等价类）表示与等价关系族 P 相关的知识，称为 K 中关于 U 的 P 基本知识。

令 $X \subseteq U$，R 为 U 上的一个等价关系。当 X 能表达成某些 R 基本范畴的并时，称 X 是 R 可定义的；否则称 X 为 R 不可定义的。R 可定义集是论域的子集，它可在知识库 K 中精确地定义，而 R 不可定义集不能在这个知识库中定义。R 可定义集也称为 R 的精确集，而 R 的不可定义集称为 R 非精确集或 R 粗糙集。例如，R 为某一种属性（或特征）集，用 U 中所有具有属性的元素的集合来表达 X 时，这些元

素有的一定能规划 X，有的不一定能规划 X。对于粗糙集，可以近似地使用两个精确集进行定义，即粗糙集的上近似和下近似。

给定知识库 $K = (U, R)$，对于每个子集 $X \subseteq U$ 和一个等价关系 $R \in \mathrm{ind}(K)$，定义两个子集

$$\underline{R}X = \cup\{Y \in U / R | Y \subseteq X\}$$

$$\overline{R}X = \cup\{Y \in U / R | Y \cap X \neq \varnothing\}$$

分别称它们为 X 的 R 下近似集和 R 上近似集。

下近似、上近似也可用下面的等式表达

$$\underline{R}X = \{x \in U | [x]_R \subseteq X\}$$

$$\overline{R}X = \{x \in U | [x]_R \cap X \neq \varnothing\}$$

$\mathrm{Bn}_R(X)$ 称为 X 的 R 边界域

$$\mathrm{Bn}_R(X) = \overline{R}X - \underline{R}X$$

$\mathrm{pos}_R(X)$ 称为 X 的 R 正域

$$\mathrm{pos}_R(X) = \underline{R}X$$

$\mathrm{neg}_R(X)$ 称为 X 的 R 负域

$$\mathrm{neg}_R(X) = U - \overline{R}X$$

粗糙集概念示意图如图 3.1 所示。

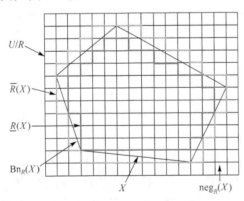

图 3.1　粗糙集概念示意图

粗糙集知识表达系统的数据以关系表的形式表示。关系表的行对应研究的对象，列对应对象的属性，对象的信息通过指定对象的各属性值来表达。下面以某

病人的知识表达系统为例来说明粗糙集的知识表达系统，如表 3.1 所示，其中，
$U = \{e_1, e_2, e_3, e_4\}$，$C = \{$头疼，肌肉疼，体温$\}$，$D = \{$流感$\}$。

表 3.1 病人的知识表达系统表

病人	头痛	肌肉痛	体温	流感
e_1	是	是	正常	否
e_2	是	是	高	是
e_3	是	是	很高	是
e_4	否	是	正常	否

四元组 $S = (U, A, V, f)$ 是粗糙集的一个知识表达系统。其中，U 是对象的非空有限集合，称为论域；A 是属性的非空有限集合，$A = C \cup D$，$C \cap D = \varnothing$，C 是条件属性，D 是决策属性；$V = \bigcup_{a \in A} V_a$，$V_a$ 是属性 a 的值域；$f : U \times A \to V$ 是一个信息函数，它为每个对象的每个属性赋予一个信息值，即 $\forall a \in A$，$x \in U$，$f(x, a) \in V_a$。

3.1.2 软集合的知识表达系统

软集合是论域 U 的子集的一个参数族，该参数族中每个集合 $F(\varepsilon)$ $(\varepsilon \in E)$ 都可以看成软集合 (F, E) 中 ε-元素的集合，或者是软集合中 ε-近似元素的集合。在文献[59]中，Maji 等将软集合理论应用到决策中，这个问题可以描述如下：

设 $U = \{h_1, h_2, h_3, h_4, h_5, h_6\}$ 是六所房子构成的集合，$E = \{$昂贵，美观，木质，便宜，环境好，时尚，物业好，物业差$\}$ 是参数集。"房子的特征"用软集合 (F, E) 描述为 $(F, E) = \{\{$昂贵的房子$\} = \varnothing$，美观的房子 $= \{h_1, h_2, h_3, h_4, h_5, h_6\}$，木质的房子 $= \{h_1, h_2, h_6\}$，时尚的房子 $= \{h_1, h_2, h_6\}$，物业差的房子 $= \{h_1, h_3, h_6\}$，便宜的房子 $= \{h_1, h_2, h_3, h_4, h_5, h_6\}$，物业好的房子 $= \{h_1, h_3, h_6\}$，环境好的房子 $= \{h_1, h_2, h_3, h_4, h_6\}\}$。

假设某人想买一套房子，他对这套房子的要求是美观的、木质的、便宜的、环境好的、物业好的。对房子的要求就构成了参数集 E 的一个子集 $P = \{$美观，木质，便宜，环境好，物业好$\}$。某人从 U 中选择他满意程度最高的房子。为了解决此问题，软集合 (F, P) 可以用一个二值表表示，如表 3.2 所示，参数值若满足 $h_i \in F(e_j)$，那么 $h_{ij} = 1$，否则 $h_{ij} = 0$。选择值为

$$c_i = \sum_j h_{ij}$$

某人最终根据选择值的大小来选择房子。从表 3.2 可以看出 h_1 或 h_6 是最好的决策对象。

表 3.2　软集合表

U	e_1	e_2	e_3	e_4	e_5	$c = f(\cdot)$
h_1	1	1	1	1	1	5
h_2	1	1	1	1	0	4
h_3	1	0	1	1	1	4
h_4	1	0	1	1	0	3
h_5	1	0	1	0	0	2
h_6	1	1	1	1	1	5

3.1.3　粗糙集与软集合理论对比

从粗糙集和软集合理论的描述中可以看出,粗糙集的研究对象是一个由多值属性(特征、病症、特性等)集合描述的对象的集合,而软集合的研究对象是一个由二值参数(0 或 1)集合描述的对象的集合。也就是说粗糙集中的属性集对应软集合中的参数集,但粗糙集中的属性值是多值的,而且表征对象的特征,软集合的"属性值"是二值的,表征对象是否具有该"属性"。粗糙集利用不可分辨关系来提取规则,它表示当满足某些条件时,决策应当如何进行,而软集合则利用选择值研究最优的决策对象。

3.2　经典软集合参数约简方法

3.2.1　Maji 和 Chen 的软集合参数约简方法

首先介绍一下 Maji[59]的软集合参数约简方法。在软集合 (F, E) 中,对于任意的 $P \subset E$,(F, P) 是 (F, E) 的子集,如果 Q 是 P 的约简,那么软集合 (F, Q) 称为 (F, P) 的约简。约简后的软集合 (F, Q) 是 (F, E) 的最重要的部分。如果 C 是 $\mathrm{CORE}(P)$,那么软集合的核为 (F, C)。Maji 的软集合参数约简方法完全按照粗糙集参数约简思想,基于不可分辨关系,对软集合进行划分,其基本思想就是保持约简前后划分不变。

步骤 1:输入软集合 (F, E)。

步骤 2:输入某人买房子的参数集 P,其中,P 是 E 的子集。

步骤 3:搜索 (F, P) 的所有约简。

步骤 4:选择 (F, P) 的一个约简 (F, Q)。

步骤 5:选择 k 为解,其中,$c_k = \max c_i$。h_k 即为最优解。如果最优解有多个,则可以从中任选其一。

应 用 上 面 方 法 对 表 3.2 进 行 约 简， 则 $\{e_1,e_2,e_4,e_5\}$、 $\{e_2,e_3,e_4,e_5\}$ 是 $P=\{e_1,e_2,e_3,e_4,e_5\}$ 的两个约简。选择约简 $Q=\{e_1,e_2,e_4,e_5\}$，如表 3.3 所示。

表 3.3　表 3.2 的约简表

U	e_1	e_2	e_4	e_5	$c=f(\cdot)$
h_1	1	1	1	1	4
h_2	1	1	1	0	3
h_3	1	0	1	1	3
h_4	1	0	1	0	2
h_5	1	0	0	0	1
h_6	1	1	1	1	4

从表中可以看出 $\max c_i = c_1$ 或 c_6。因此，某人根据表 3.3 决策买房子 h_1 或 h_6。

Chen[60]分析 Maji 的软集合参数约简方法，提出了两个问题。首先，经过上述约简以后，得到约简后的最优解和初始的最优解有可能不一致，也就是说约简后得到的最优解不是最优决策。其次，上述参数集的约简不是唯一的，一个参数集可能有多个约简集，而这多个约简集得到的最优解可能不是同一个解。

软集合 (F,E) 如表 3.4 所示。显然 $c_2=5$ 是最大的选择值，所以 h_2 是最优解。假设 R_E 是 U 上的一个等价关系，基于不可分辨关系将软集合划分 $\{\{h_1\},\{h_2\},\{h_3\},\{h_4,h_5\},\{h_6\}\}$，则 $\{e_1,e_4,e_5\}$、$\{e_2,e_4,e_5\}$ 是基于等价关系下的 E 的两个约简。对于 $\{e_1,e_4,e_5\}$，h_1 取得最大的选择值，而对于 $\{e_2,e_4,e_5\}$，h_1、h_2 和 h_6 取得最大的选择值，但 h_1 和 h_6 都不是真正的最优解，所以 Maji 的方法中最优值发生了改变，由此 Chen 对软集合约简又给出了新的定义。

表 3.4　初始软集合表

U	e_1	e_2	e_3	e_4	e_5	e_6	e_7	$c=f(\cdot)$
h_1	1	0	1	1	1	0	0	4
h_2	0	0	1	1	1	1	1	5
h_3	0	0	0	0	0	1	1	2
h_4	1	0	1	0	0	0	0	2
h_5	1	0	1	0	0	0	0	2
h_6	0	1	1	1	0	1	0	4

假设软集合 (F,E)，$U=\{h_1,h_2,\cdots,h_n\}$，$E=\{e_1,e_2,\cdots,e_m\}$。定义 $f_E(h_i)=\sum_j h_{ij}$，其中，h_{ij} 是参数值(0 或 1)。M_E 是在 U 中选择值最大的对象构成的集合。对于任意的 $A\subset E$，如果 $M_{E-A}=M_E$，那么称 A 为 E 中非必要的，否则为必要的。也就是说，如果 $A\subset E$ 是非必要的，那么 A 对最终决策没有影响。如果每个 $A\subset E$ 都为

E 中必要的，那么参数集 E 是必要的，否则 E 为非必要的。如果 B 是必要的且 $M_B = M_E$，那么 $B \subseteq E$ 为 E 的约简。显然 B 是 E 的最小子集且能够保持最优解不变。

根据 Chen 的方法，可计算表 3.2 的参数约简为 $\{e_5, e_6\}$、$\{e_5, e_7\}$、$\{e_3, e_6\}$ 或 $\{e_3, e_7\}$。Chen 的参数约简的主要思想是删除某个参数后，原来选择值最大的对象在删除某些参数后还保持选择值最大。

3.2.2　软集合参数约简方法分析

目前软集合参数约简方法在处理决策问题时是非常有效的，但仍有不足之处。首先，根据 Chen 的方法通过软集合参数约简表进行决策，当最优解被选择且从对象集中删除之后，从剩下的约简表中选择次优解，则得到的次优解与从初始对象集中得到的次优解有可能不一致。在现实生活中我们也会经常遇到这种情况，例如，在工厂维修设备时，损坏的机器设备根据不同的损坏程度和对经济效益的影响等方面描述为一个软集合表，维修技术人员根据参数约简方法选择一个最需要维修的设备进行维修。该设备修好以后从约简表中删除，再维修下一台设备，也就是找到约简后的次优解，则有可能约简后的次优解与初始的次优解是不同的。

其次，由于时代的发展，很多原来决策用的参数集不能满足人们的要求，那么新的参数会添加到参数集中去。例如，以前人们买房子要求房子环境好、物业好、离市场近、便宜。现在人们对房子在原有要求的基础上有了新的要求，要求房子是"学区房"，就是要求房子所在位置的管辖区有个教学质量比较好的学校，还可能要求房子周围能有大型超市或健身俱乐部等。这就要求在原来参数集的基础上添加新的参数集，而原参数集与新参数集结合后得到的最优解，同参数约简集与新参数集结合后得到的最优解有可能不一致。为了解释上面的问题，我们通过举例说明。

例 3.1　软集合 (F, E) 如表 3.4 所示，显然，$f_E(h_2) = 5$ 是最大的选择值，那么 h_2 就是最优决策。如果 h_2 从表 3.4 中删除，那么次优解是 h_1 或 h_6。根据 Chen 的方法该参数集 E 的一个约简为 $\{e_3, e_7\}$，如表 3.5 所示。

表 3.5　表 3.4 的约简表

U	e_3	e_7	$c = f(\cdot)$
h_1	1	0	1
h_2	1	1	2
h_3	0	1	1
h_4	1	0	1
h_5	1	0	1
h_6	1	0	1

从表 3.5 中可以看出，如果删除 h_2 后，最大的选择值是 1，也就是说次优解是集合 $\{h_1,h_3,h_4,h_5,h_6\}$ 中的任意一个对象。而从表 3.4 中可以看出，实际上次优解是 h_1 或 h_6。这种情况说明次优解是不一致的，也就是说，从初始表中得到的次优解和从约简表中得到的次优解有可能不一致。而本节要找到一种新的参数约简方法，能够实现初始表和约简表得到的次优解是一致的，也就是从约简表中删除最优解后，再次在约简表中寻优也能得到正确的决策，这样可以节约时间，不必每次寻优都要对初始表进行一次操作。

下面讨论增加参数集到初始表中的情况。

如果 $\{e_1,e_2,\cdots,e_7\}$ 不能表征对象集的特征，新的参数集 $\{\bar{e}_1,\bar{e}_2,\bar{e}_3\}$ 增加到原参数集中。新增加的参数集的软集合 $\{F,\{\bar{e}_1,\bar{e}_2,\bar{e}_3\}\}$，如表 3.6 所示。

表 3.6　增加的参数表

U	$\bar{e}_1$	$\bar{e}_2$	$\bar{e}_3$
h_1	1	0	1
h_2	0	0	0
h_3	1	1	1
h_4	0	0	1
h_5	1	1	0
h_6	1	0	0

联合初始表 3.4 和增加的参数集表 3.6 形成一个新表，如表 3.7 所示。

表 3.7　联合表 3.4 和表 3.6 的新表

U	e_1	e_2	e_3	e_4	e_5	e_6	e_7	$\bar{e}_1$	$\bar{e}_2$	$\bar{e}_3$	$c=f(\cdot)$
h_1	1	0	1	1	1	0	0	1	0	1	6
h_2	0	0	1	1	1	1	1	0	0	0	5
h_3	0	0	0	0	0	1	1	1	1	1	5
h_4	1	0	1	0	0	0	0	0	0	1	3
h_5	1	0	1	0	0	0	0	1	1	0	4
h_6	0	1	0	0	1	0	0	1	0	0	5

从表 3.7 中看出 $f(h_1)=6$ 是最优解，所以 h_1 是表 3.7 中最优的决策。然而联合表 3.5 和表 3.6 形成一个新表，如表 3.8 所示，可以看出 $f(h_3)=4$ 是最优解，所以 h_3 是表 3.8 中最优的决策。因此增加新的参数到约简表中得到的最优解与增加新的参数到初始表中得到的最优解是不一致的。而本章的目的是让新增加参数到初始表与到约简表中得到的结果一致，不必每次增加参数都要增加到初始表中，然后再对更新后的初始表重新操作，直接把参数添加到约简表中就能得到正确的结果，这样可以节约时间。

表 3.8　联合表 3.5 和表 3.6 的新表

U	e_3	e_7	$\overline{e}_1$	$\overline{e}_2$	$\overline{e}_3$	$c = f(\cdot)$
h_1	1	0	1	0	1	3
h_2	1	1	0	0	0	2
h_3	0	1	1	1	1	4
h_4	1	0	0	0	1	2
h_5	1	0	1	1	0	3
h_6	0	0	1	0	0	1

3.3　改进软集合正则参数约简方法

上节的例子分析了目前软集合参数约简方法的不足。从 3.1 节的分析可以看出，软集合与粗糙集的研究方法有相似之处，许多学者已经对粗糙集的属性约简方法进行比较深入的研究。受粗糙集研究方法的启发，本章将粗糙集的不可分辨关系引入到软集合中，研究软集合的参数约简问题。为了解决上节提出的两个问题，本节提出了软集合正则参数约简方法。

3.3.1　软集合正则参数约简定义

定义 3.1　假设软集合 (F, E)，B 为参数子集，$B \subset E$，不可分辨关系 $\mathrm{ind}(B)$ 定义为 $\mathrm{ind}(B) = \{(h_i, h_j) \in U \times U : f_B(h_i) = f_B(h_j)\}$，等价关系 $\mathrm{ind}(E)$ 基于选择值 $f_E(\cdot)$ 在 U 上的划分为 $C_E = \{\{h_1, h_2, \cdots, h_i\}_{f_1}, \{h_{i+1}, \cdots, h_j\}_{f_2}, \cdots, \{h_k, \cdots, h_n\}_{f_s}\}$，$C_E$ 称为 E 的决策划分。决策划分子类按选择值的高低进行排序，其中，对于子类 $h_t \in \{\{h_v, h_{v+1}, \cdots, h_{v+w}\}_{f_i}\}$，$f_E(h_v) = f_E(h_{v+1}) = \cdots = f_E(h_{v+w}) = f_i$，$f_1 \geqslant f_2 \geqslant \cdots \geqslant f_s$，$s$ 是划分子类的数目。

有相同选择值 $f_E(\cdot)$ 的对象被划分到同一类中，在表 3.3～表 3.4 中决策划分为 $C_E = \{\{h_2\}_{f_1}, \{h_1, h_6\}_{f_2}, \{h_3, h_4, h_5\}_{f_3}\}$，其中，$f_1 = 5$，$f_2 = 4$，$f_3 = 2$。

定义 3.2　假设软集合 (F, E)，$E = \{e_1, e_2, \cdots, e_m\}$，如果存在 E 的子集 $A = \{e_1', e_2', \cdots, e_p'\} \subset E$，满足 $f_A(h_1) = f_A(h_2) = \cdots = f_A(h_n)$，那么 A 是非必要的，否则 A 是必要的。$B \subset E$ 是 E 的正则参数约简，如果 B 是必要的且满足 $f_{E-B}(h_1) = f_{E-B}(h_2) = \cdots = f_{E-B}(h_n)$，也就是说，$E - B$ 是最大的 E 的子集且 $f_{E-B}(\cdot)$ 是常数。

在定义 3.2 中，$f_A(h_1) = f_A(h_2) = \cdots = f_A(h_n)$，表明 $C_E = C_{E-A}$。$E - A$ 是最小的子集且保持分类能力不变。显然，E 经过参数约简以后，参数的数目变少了。下面给出伪参数约简的定义。

定义 **3.3**　假设软集合 (F,E) ，$E=\{e_1,e_2,\cdots,e_m\}$ ，如果存在 E 的子集 $G=\{e_1'',e_2'',\cdots,$ $e_m''\}\subset E$ ，满足 $C_E=C_{E-G}$ ，那么 $E-G$ 称为 E 的伪参数约简。

比较定义 3.2 与定义 3.3，二者都满足 $C_E=C_{E-A}$ 。但定义 3.2 中存在一子集 $A=\{e_1',e_2',\cdots,e_p'\}\subset E$ ， $f_A(h_1)=f_A(h_2)=\cdots=f_A(h_n)$ ，然而在定义 3.3 中，这个条件通常是不能被满足的。

为了很好地理解定义 3.2 和定义 3.3，下面举了一个简单的例子。在表 3.4 中，$C_E=C_{E-\{e_1,e_2,e_7\}}$ ， $f_{e_1,e_2,e_7}(h_1)=f_{e_1,e_2,e_7}(h_2)=\cdots=f_{e_1,e_2,e_7}(h_6)=1$ ，那么表 3.4 有一个正则参数约简 $\{e_3,e_4,e_5,e_6\}$ ，如表 3.9 所示。根据表 3.4， $C_E=\{\{h_2\}_5,\{h_1,h_6\}_4,\{h_3,h_4,h_5\}_2\}$ ，这就意味着 h_2 是最优解， h_1 或 h_6 是次优解， h_3 、 h_4 和 h_5 是最差解。然而删除 $\{e_1,e_2,e_7\}$ 后， $C_{E-\{e_1,e_2,e_7\}}=\{\{h_2\}_4,\{h_1,h_6\}_3,\{h_3,h_4,h_5\}_1\}$ ，从这个决策划分里得到的最优解、次优解和最差解的结果与初始决策划分得到的结果是相同的。如果把 e_4 从 $\{e_3,e_4,e_5,e_6\}$ 中删除，那么 $C_E=C_{E-\{e_1,e_4,e_2,e_7\}}$ ， $C_{E-\{e_1,e_2,e_4,e_7\}}=\{\{h_2\}_3,\{h_1,h_6\}_2,\{h_3,h_4,h_5\}_1\}$ 。但条件 $f_{e_1,e_2,e_4,e_7}(h_1)=f_{e_1,e_2,e_4,e_7}(h_2)=\cdots=f_{e_1,e_2,e_4,e_7}(h_6)$ 不满足。因此 $\{e_3,e_5,e_6\}$ 是伪参数约简如表 3.10 所示。

表 3.9　表 3.4 的正则参数约简表

U	e_3	e_4	e_5	e_6	$c=f(\cdot)$
h_1	1	1	1	0	3
h_2	1	1	1	1	4
h_3	0	0	0	1	1
h_4	1	0	0	0	1
h_5	1	0	0	0	1
h_6	1	1	1	0	3

表 3.10　表 3.4 的伪参数约简表

U	e_3	e_5	e_6	$c=f(\cdot)$
h_1	1	1	0	2
h_2	1	1	1	3
h_3	0	0	1	1
h_4	1	0	0	1
h_5	1	0	0	1
h_6	1	0	1	2

考虑正则参数约简表（表 3.9），可以看出 h_2 是最优解， h_1 或 h_6 是次优解， h_3 、 h_4 和 h_5 是最差解。联合表 3.6 和表 3.9 形成一个新表，如表 3.11 所示，可以看出，最优解是 h_1 ，该结果同表 3.7 的结果是一致的。因此正则参数约简方法克服了增加参数集的问题。

表 3.11　联合表 3.6 和表 3.9 的新表

U	e_3	e_4	e_5	e_6	$\bar{e}_1$	$\bar{e}_2$	$\bar{e}_3$	$c=f(\cdot)$
h_1	1	1	1	0	1	0	1	5
h_2	1	1	1	1	0	0	0	4
h_3	0	0	0	1	1	1	1	4
h_4	1	0	0	0	0	0	1	2
h_5	1	0	0	0	1	1	0	3
h_6	1	1	0	1	1	0	0	4

　　从正则参数约简和伪参数约简的定义可以看出，正则参数约简是伪参数约简的一个特例。一个软集合可能有多个正则参数约简和多个伪参数约简。

3.3.2　软集合参数重要度定义及性质

　　假设软集合 (F, E)，$E = \{e_1, e_2, \cdots, e_m\}$ 是参数集，$U = \{h_1, h_2, \cdots, h_n\}$ 是对象集，$C_E = \{\{h_1, h_2, \cdots, h_i\}_{f_1}, \{h_{i+1}, \cdots, h_j\}_{f_2}, \cdots, \{h_k, \cdots, h_n\}_{f_s}\}$ 是在 U 上的决策划分，如果参数 e_i 从 E 中删除，那么 $E - e_i$ 的决策划分为

$$C_{E-e_i} = \{\{h_{1'}, h_{2'}, \cdots, h_{i'}\}_{f_{1'}}, \{h_{i+1'}, \cdots, h_{j'}\}_{f_{2'}}, \cdots, \{h_{k'}, \cdots, h_{n'}\}_{f_{s'}}\}$$

　　为方便表示，本书用 C_E 和 C_{E-e_i} 表示 $C_E = \{E_{f_1}, E_{f_2}, \cdots, E_{f_s}\}$，$C_{E-e_i} = \{\overline{E - e_i}_{f_{1'}}, \overline{E - e_i}_{f_{2'}}, \cdots, \overline{E - e_i}_{f_{s'}}\}$，其中，$E_{f_1} = \{h_1, h_2, \cdots, h_i\}_{f_1}, \cdots, E_{f_s} = \{h_{i+1}, \cdots, h_j\}_{f_s}$，$\overline{E - e_i}_{f_{1'}} = \{h_{1'}, h_{2'}, \cdots, h_{i'}\}_{f_{1'}}, \cdots, \overline{E - e_i}_{f_{s'}} = \{h_{k'}, \cdots, h_{n'}\}_{f_{s'}}$。

　　定义 3.4　假设软集合 (F, E)，参数集 $E = \{e_1, e_2, \cdots, e_m\}$，对象集 $U = \{h_1, h_2, \cdots, h_n\}$，$E$ 的决策划分和 $E - e_i$ 的决策划分分别为

$$C_E = \{E_{f_1}, E_{f_2}, \cdots, E_{f_s}\}, \quad C_{E-e_i} = \{\overline{E - e_i}_{f_{1'}}, \overline{E - e_i}_{f_{2'}}, \cdots, \overline{E - e_i}_{f_{s'}}\} \qquad (3.1)$$

e_i 的重要度定义为

$$r_{e_i} = \frac{1}{|U|}(\alpha_{1, e_i} + \alpha_{2, e_i} + \cdots + \alpha_{s, e_i}) \qquad (3.2)$$

其中

$$\alpha_{k, e_i} = \begin{cases} |E_{f_k} - \overline{E - e_i}_{f_{z'}}|, & \text{存在} z' \text{满足} f_k = f_{z'}, 1 \leqslant z' \leqslant s', 1 \leqslant k \leqslant s \\ |E_{f_k}|, & \text{其他} \end{cases}$$

其中，$|\cdot|$ 表示集合的基数。

　　定义 3.5　假设软集合 (F, E)，参数集 $E = \{e_1, e_2, \cdots, e_m\}$，对象集 $U = \{h_1, h_2, \cdots, h_n\}$，$A = \{e'_1, e'_2, \cdots, e'_p\} \subset E$。$E$ 的决策划分和 $E - A$ 的决策划分分别为 $C_E = \{E_{f_1},$

$E_{f_2}, \cdots, E_{f_s}\}$，$C_{E-A} = \{\overline{E-A_{f_1}}, \overline{E-A_{f_2}}, \cdots, \overline{E-A_{f_s}}\}$，$A$ 的重要度定义为

$$r_A = \frac{1}{|U|}(\alpha_{1,A} + \alpha_{2,A} + \cdots + \alpha_{s,A}) \tag{3.3}$$

其中

$$\alpha_{k,A} = \begin{cases} |E_{f_k} - \overline{E-A_{f_{z'}}}|, & \text{存在} z' \text{满足} f_k = f_{z'}, 1 \leqslant z' \leqslant s', 1 \leqslant k \leqslant s \\ |E_{f_k}|, & \text{其他} \end{cases}$$

为了更好地理解定义 3.4，下面用一个例子来说明。对于软集合 (F, E)，如表 3.4 所示，$s = 3$，$C_E = \{\{h_2\}_5, \{h_1, h_6\}_4, \{h_3, h_4, h_5\}_2\}$，$C_{E-e_1} = \{\{h_2\}_5, \{h_6\}_4, \{h_1\}_3, \{h_3\}_2, \{h_4, h_5\}_1\}$，$\alpha_{1,e_1} = |\{h_2\} - \{h_2\}| = 0$，$\alpha_{2,e_1} = |\{h_1, h_6\} - \{h_6\}| = |\{h_1\}| = 1$，$\alpha_{3,e_1} = |\{h_3, h_4, h_5\} - \{h_3\}| = |\{h_4, h_5\}| = 2$，因此 $r_{e_1} = \frac{1}{6}(0 + 1 + 2) = 0.5$。

参数重要度有下面的性质。

性质 3.1　假设软集合 (F, E)，参数集 $E = \{e_1, e_2, \cdots, e_m\}$，$0 \leqslant r_{e_i} \leqslant 1$。

证明：设 $r_{e_i} = \frac{1}{|U|}(\alpha_{1,e_i} + \alpha_{2,e_i} + \cdots + \alpha_{s,e_i})$，有 $\alpha_{k,e_i} = |E_{f_k} - \overline{E-e_{i_{f_{z'}}}}| \leqslant |E_{f_k}|$（如果存在 z' 满足 $f_k = f_{z'}$，$1 \leqslant z' \leqslant s'$，$1 \leqslant k \leqslant s$）。由于 $|E_{f_1}| + |E_{f_2}| + \cdots + |E_{f_s}| = |U|$，因此

$$\begin{aligned} r_{e_i} &= \frac{1}{|U|}(\alpha_{1,e_i} + \alpha_{2,e_i} + \cdots + \alpha_{s,e_i}) \\ &\leqslant \frac{1}{|U|}(|E_{f_1}| + |E_{f_2}| + \cdots + |E_{f_s}|) \\ &= 1 \end{aligned}$$

因为 $0 \leqslant r_{e_i}$，所以 $0 \leqslant r_{e_i} \leqslant 1$。

性质 3.2　$r_{e_i} = 0$，当且仅当选择值 $f_{e_i}(\cdot) = 0$；当 $r_{e_i} = 1$，当且仅当选择值 $f_{e_i}(\cdot) = 1$。

证明：设 $r_{e_i} = \frac{1}{|U|}(\alpha_{1,e_i} + \alpha_{2,e_i} + \cdots + \alpha_{s,e_i})$，$E$ 的决策划分为 $C_E = \{E_{f_1}, E_{f_2}, \cdots, E_{f_s}\}$，删除 e_i 后的决策划分为 $C_{E-e_i} = \{\overline{E-e_{i_{f_1}}}, \overline{E-e_{i_{f_2}}}, \cdots, \overline{E-e_{i_{f_{s'}}}}\}$。设 $r_{e_i} = 0$，则可以得出 $\alpha_{k,e_i} = 0$（$1 \leqslant k \leqslant s$），也就是 $|E_{f_k} - \overline{E-e_{i_{f_{z'}}}}| = 0$（如果存在 z' 满足 $f_k = f_{z'}$，$1 \leqslant z' \leqslant s'$，$1 \leqslant k \leqslant s$）。从中得出 $E_{f_k} - \overline{E-e_{i_{f_{z'}}}} = \varnothing$，显然 $E_{f_k} = \overline{E-e_{i_{f_{z'}}}}$。这说明当删除参数 e_i 后，每个对象的选择值都没有改变，因此 $f_{e_i}(\cdot) = 0$。然而如果 $f_{e_i}(\cdot) = 0$，对于任意的 $h_i \in E_{f_k}$，有 $h_i \in \overline{E-e_{i_{f_k}}}$。所以 $E_{f_k} - \overline{E-e_{i_{f_k}}} = \varnothing$，$|E_{f_k} - \overline{E-e_{i_{f_k}}}| = 0$，因此 $\alpha_{k,e_i} = 0$（$1 \leqslant k \leqslant s$），$r_{e_i} = 0$。

利用类似的方法，如果 $r_{e_i} = 1$，则有 $|E_{f_k} - \overline{E-e_{i_{f_{z'}}}}| = |E_{f_k}|$（如果存在 z' 满足

$f_k = f_{z'}$，$1 \leqslant z' \leqslant s'$，$1 \leqslant k \leqslant s$）。显然删除 e_i 后每个对象的选择值都发生了改变，因此 $f_{e_i}(\cdot) = 1$。如果 $f_{e_i}(\cdot) = 1$，则有 $|E_{f_k} - \overline{E - e_{i\,f_z}}| = |E_{f_k}|$（如果存在 z' 满足 $f_k = f_{z'}$，$1 \leqslant z' \leqslant s'$，$1 \leqslant k \leqslant s$），因此 $r_{e_i} = 1$。

性质 3.3　软集合表中，如果参数 e_i 对应的参数值 $f_{e_i}(\cdot) = 1$ 的数目多于参数 e_j 的，那么 $r_{e_j} > r_{e_i}$。

证明：对于 $|E_{f_k} - \overline{E - e_{i\,f_z}}|$ 和 $|E_{f_k} - \overline{E - e_{i\,f_{z'}}}|$，满足

$$f_k = f_z = f_{z'}，\quad 1 \leqslant z \leqslant s'，\quad 1 \leqslant z' \leqslant s''，\quad 1 \leqslant k \leqslant s$$

根据定义 3.4，e_i 对应的参数值 $f_{e_i}(\cdot) = 1$ 的数目越多，则 $|E_{f_k} - \overline{E - e_{i\,f_z}}|$ 的和就越大。因此 $r_{e_j} > r_{e_i}$。

定义 3.6　假设软集合 (F, E)，参数集 $E = \{e_1, e_2, \cdots, e_m\}$，对象集 $U = \{h_1, h_2, \cdots, h_n\}$，$E$、$E - e_i$ 的决策划分和 $E - e_j$ 的决策划分分别为 $C_E = \{E_{f_1}, E_{f_2}, \cdots, E_{f_s}\}$，$C_{E-e_i} = \{\overline{E - e_{i\,f_1}}, \overline{E - e_{i\,f_2}}, \cdots, \overline{E - e_{i\,f_{s'}}}\}$，$C_{E-e_j} = \{\overline{E - e_{j\,f_1}}, \overline{E - e_{j\,f_2}}, \cdots, \overline{E - e_{j\,f_{s''}}}\}$。$e_i \vee e_j$ 的重要度与 $e_i \wedge e_j$ 的重要度如下

$$r_{e_i \vee e_j} = \frac{1}{|U|}(\alpha_{1, e_i \vee e_j} + \alpha_{2, e_i \vee e_j} + \cdots + \alpha_{s, e_i \vee e_j}) \tag{3.4}$$

$$r_{e_i \wedge e_j} = \frac{1}{|U|}(\alpha_{1, e_i \wedge e_j} + \alpha_{2, e_i \wedge e_j} + \cdots + \alpha_{s, e_i \wedge e_j}) \tag{3.5}$$

其中，$|\cdot|$ 为集合的基数，$\alpha_{k, e_i \vee e_j} = |(E_{f_k} - \overline{E - e_{i\,f_z}}) \cup (E_{f_k} - \overline{E - e_{j\,f_v}})|$，$\alpha_{k, e_i \wedge e_j} = |(E_{f_k} - \overline{E - e_{i\,f_z}}) \cap (E_{f_k} - \overline{E - e_{j\,f_v}})|$，如果存在 z'，v' 满足 $f_k = f_{z'} = f_{v'}$，$1 \leqslant k \leqslant s'$，$1 \leqslant z' \leqslant s'$，$1 \leqslant v' \leqslant s''$。

性质 3.4　$r_{e_i \vee e_j} \geqslant \max\{r_{e_i}, r_{e_j}\}$；$r_{e_i \wedge e_j} \leqslant \min\{r_{e_i}, r_{e_j}\}$。

证明：从定义 3.6 可以得出 $|(E_{f_k} - \overline{E - e_{i\,f_z}}) \cup (E_{f_k} - \overline{E - e_{j\,f_v}})| \geqslant |(E_{f_k} - \overline{E - e_{i\,f_z}})|$ 和 $|(E_{f_k} - \overline{E - e_{i\,f_z}}) \cap (E_{f_k} - \overline{E - e_{j\,f_v}})| \geqslant |(E_{f_k} - \overline{E - e_{j\,f_v}})|$。显然 $\alpha_{k, e_i \vee e_j} = |(E_{f_k} - \overline{E - e_{i\,f_z}}) \cup (E_{f_k} - \overline{E - e_{j\,f_v}})|$，$\alpha_{k, e_i} = |(E_{f_k} - \overline{E - e_{i\,f_z}})|$，$\alpha_{k, e_j} = |(E_{f_k} - \overline{E - e_{j\,f_v}})|$。所以 $\alpha_{k, e_i \vee e_j} \geqslant \max\{\alpha_{k, e_i}, \alpha_{k, e_j}\}$，有

$$
\begin{aligned}
r_{e_i \vee e_j} &= \frac{1}{|U|}(\alpha_{1, e_i \vee e_j} + \alpha_{2, e_i \vee e_j} + \cdots + \alpha_{s, e_i \vee e_j}) \\
&\geqslant \frac{1}{|U|}(\max\{\alpha_{1, e_i}, \alpha_{1, e_j}\} + \cdots + \max\{\alpha_{s, e_i}, \alpha_{s, e_j}\}) \\
&\geqslant \max\{r_{e_i}, r_{e_j}\}
\end{aligned}
$$

利用相似的方法可以得到另一个结果 $r_{e_i \wedge e_j} \leqslant \min\{r_{e_i}, r_{e_j}\}$。

3.3.3　软集合正则参数约简方法

定理 3.1　假设软集合 (F, E)，参数集 $E = \{e_1, e_2, \cdots, e_m\}$，对象集 $U = \{h_1, h_2, \cdots, h_n\}$，如果存在一个子集 $A = \{e_1', e_2', \cdots, e_p'\} \subset E$ 满足 $E - A$ 是 E 的正则参数约简，那么 $r_A = 1$ 或 $r_A = 0$，且有 $r_{e_1'} + r_{e_2'} + \cdots + r_{e_p'} = f_A(\cdot)$。

证明： 如果 $E - A$ 是 E 的正则参数约简，那么 $f_A(h_1) = f_A(h_2) = \cdots = f_A(h_n)$，显然 $f_A(\cdot) = $ 自然数或 $f_A(\cdot) = 0$。

设 $f_A(\cdot) = 0$，那么 $f_{e_1'} + f_{e_2'} + \cdots + f_{e_p'} = 0$，所以对于任意的 $E_{f_k} \subseteq C_E$，$\overline{E - A_{f_{z'}}} \subseteq C_{E-A}$，$E_{f_k} = \overline{E - A_{f_{z'}}}$（$f_k = f_{z'}$），即 $\alpha_{k,A} = 0$，因此 $r_A = 0$。从性质 3.2 可以得出 $r_{e_1'} = r_{e_2'} = \cdots = r_{e_p'} = 0$，所以 $r_{e_1'} + r_{e_2'} + \cdots + r_{e_p'} = 0$，即 $r_{e_1'} + r_{e_2'} + \cdots + r_{e_p'} = f_A(\cdot)$。

设 $f_A(\cdot) = $ 自然数，$C_E = \{E_{f_1}, E_{f_2}, \cdots, E_{f_s}\}$，$C_{E-A} = \{\overline{E - A_{f_{1'}}}, \overline{E - A_{f_{2'}}}, \cdots, \overline{E - A_{f_{s'}}}\}$。由于 $f_A(\cdot) = $ 自然数，则很容易得到 $s = s'$ 且 $f_1 = f_{1'} + $ 自然数，$f_2 = f_{2'} + $ 自然数，$\cdots$，$f_s = f_{s'} + $ 自然数，子类 $E_{f_1} = \overline{E - A_{f_{1'}}}$，$E_{f_2} = \overline{E - A_{f_{2'}}}$，$\cdots$，$E_{f_s} = \overline{E - A_{f_{s'}}}$。所以 $\alpha_{i,A} = |E_{f_i} - \overline{E - A_{f_{z'}}}| = |E_{f_i}|$（如果存在 z' 满足 $f_i = f_{z'}$，$1 \leqslant z' \leqslant s'$，$1 \leqslant k \leqslant s$）。因此 $r_A = 1$。设 $E_k = \{h_{i_1}, h_{i_2}, \cdots, h_{i_v}\}$，$i_1, i_2, \cdots, i_v < n$。由于 $E - A$ 是正则参数约简，$f_A(h_j) = \lambda$（λ 为自然数）。对于任意的 $h_j \in E_k$，在 A 中存在 λ 个参数，使得 $f_{e_l}(h_j) = 1$，$e_l \in \overline{A}$，其中，$\overline{A}$ 是 A 的一个子集，$|\overline{A}| = \lambda$ 且 $f_{\overline{A}}(\cdot) = f_A(\cdot) = \lambda$。对于不同的子集 $\overline{A}$ 是不同的，所以 $\alpha_{k,e_1'} + \alpha_{k,e_2'} + \cdots + \alpha_{k,e_p'} = \lambda \times |E_k|$。因此

$$
\begin{aligned}
r_{e_1'} + r_{e_2'} + \cdots + r_{e_p'} &= \frac{1}{|U|}\left(\sum_{i=1}^{s} \alpha_{i,e_1'} + \sum_{i=1}^{s} \alpha_{i,e_2'} + \cdots + \sum_{i=1}^{s} \alpha_{i,e_p'}\right) \\
&= \frac{1}{|U|}\left(\sum_{j=1}^{p'} \alpha_{1,e_j'} + \sum_{j=1}^{p'} \alpha_{2,e_j'} + \cdots + \sum_{j=1}^{p'} \alpha_{s,e_j'}\right) \\
&= \frac{1}{|U|} \times f_A(\cdot) \times (|E_1| + |E_2| + \cdots + |E_s|) \\
&= 1
\end{aligned}
$$

例 3.2　软集合 (F, E) 如表 3.12 所示，$E = \{e_1, e_2, \cdots, e_{10}\}$，$U = \{h_1, h_2, \cdots, h_6\}$。$\{e_3, e_4, e_7, e_{10}\}$、$\{e_1, e_2, e_3, e_4, e_5, e_8, e_{10}\}$、$\{e_2, e_3, e_5, e_7, e_{10}\}$ 是 E 的正则参数约简，也就是说，$A = \{e_1, e_2, e_5, e_6, e_8, e_9\}$ 或 $A = \{e_6, e_7, e_9\}$ 或 $A = \{e_1, e_4, e_6, e_8, e_9\}$ 是冗余参数集。

表 3.12　例 3.2 的软集合表

U	e_2	e_3	e_4	e_5	e_6	e_7	e_8	e_9	e_{10}	$c=f(\cdot)$
h_1	0	1	1	1	0	1	0	0	1	6
h_2	0	1	1	1	1	0	0	0	0	4
h_3	0	0	0	0	1	0	1	0	1	3
h_4	0	1	0	0	0	0	0	1	1	4
h_5	0	1	0	0	0	0	1	1	0	1	5
h_6	1	1	1	0	1	0	0	0	0	4

$C_E = \{\{h_1\}_6, \{h_5\}_5, \{h_2,h_4,h_6\}_4, \{h_3\}_3\}$,　$C_{E-e_1} = \{\{h_1\}_5, \{h_2,h_5,h_6\}_4, \{h_3,h_4\}_3\}$

$C_{E-e_2} = \{\{h_1\}_6, \{h_5\}_5, \{h_2,h_4\}_4, \{h_3,h_6\}_3\}$,　$C_{E-e_3} = \{\{h_1\}_5, \{h_5\}_4, \{h_2,h_3,h_4,h_6\}_3\}$

$C_{E-e_4} = \{\{h_1,h_5\}_5, \{h_4\}_4, \{h_2,h_3,h_6\}_3\}$,　$C_{E-e_5} = \{\{h_1,h_5\}_5, \{h_4,h_6\}_4, \{h_2,h_3\}_3\}$

$C_{E-e_6} = \{\{h_1\}_6, \{h_5\}_5, \{h_4\}_4, \{h_2,h_6\}_3, \{h_3\}_2\}$,　$C_{E-e_7} = \{\{h_1\}_5, \{h_2,h_4,h_5,h_6\}_4, \{h_3\}_3\}$

$C_{E-e_8} = \{\{h_1\}_6, \{h_2,h_4,h_5,h_6\}_4, \{h_3\}_2\}$,　$C_{E-e_9} = \{\{h_1\}_6, \{h_5\}_5, \{h_2,h_6\}_4, \{h_3,h_4\}_3\}$

$C_{E-e_{10}} = \{\{h_1\}_5, \{h_2,h_5,h_6\}_4, \{h_4\}_3, \{h_3\}_2\}$

$$r_{e_1} = \frac{1}{6}\times(1+1+1+0) = \frac{3}{6},\quad r_{e_2} = \frac{1}{6}\times(0+0+1+0) = \frac{1}{6},\quad r_{e_3} = \frac{1}{6}\times(1+1+3+0) = \frac{5}{6}$$

$$r_{e_4} = \frac{1}{6}\times(1+0+2+0) = \frac{3}{6},\quad r_{e_5} = \frac{1}{6}\times(1+0+1+0) = \frac{2}{6},\quad r_{e_6} = \frac{1}{6}\times(0+0+2+1) = \frac{3}{6}$$

$$r_{e_7} = \frac{1}{6}\times(1+1+0+0) = \frac{2}{6},\quad r_{e_8} = \frac{1}{6}\times(0+1+0+1) = \frac{2}{6},\quad r_{e_9} = \frac{1}{6}\times(0+0+1+0) = \frac{1}{6}$$

$$r_{e_{10}} = \frac{1}{6}\times(1+0+1+1) = \frac{3}{6}$$

从表 3.12 可以看出 $\{e_3,e_4,e_7,e_{10}\}$、$\{e_1,e_2,e_3,e_4,e_5,e_8,e_{10}\}$ 和 $\{e_2,e_3,e_5,e_7,e_{10}\}$ 是 E 的正则参数约简，可以计算 $r_{e_1}+r_{e_2}+r_{e_5}++r_{e_6}+r_{e_8}+r_{e_9}=2$，$r_{e_6}+r_{e_7}+r_{e_9}=1$，$r_{e_1}+r_{e_4}+r_{e_6}+r_{e_8}+r_{e_9}=2$。这正符合定理 3.1 的结论。

从上面 $r_{e_1}, r_{e_2}, \cdots, r_{e_{10}}$ 的值中可以看出 $r_{e_4}+r_{e_6}=1$，但 $f_{e_4,e_6}(h_1) \neq f_{e_4,e_6}(h_2)$，所以 $\{e_1,e_2,e_3,e_5,e_7,e_8,e_9,e_{10}\}$ 不是 E 的正则参数约简，因此逆定理是不一定成立的。定理 3.1 也说明了对于参数子集 $A=\{e_1',e_2',\cdots,e_p'\} \subset E$，如果 $r_{e_1'}+r_{e_2'}+\cdots+r_{e_p'}$ 是非负整数，那么 $E-A$ 可能是正则参数约简，否则 $E-A$ 不是正则参数约简。如果 $r_{e_1'}+r_{e_2'}+\cdots+r_{e_p'}$ 不是非负整数，那么 $E-A$ 一定不是正则参数约简。

因此利用上面的定理，构造一个可行的参数约简集，从而排除那些冗余的参数，减小了参数约简的计算量。基于定理 3.1 的正则参数约简算法如下。

步骤 1：输入软集合 (F, E)。

步骤 2：输入参数集 E。

步骤 3：计算每个参数的重要度 r_{e_i} $(1 \leq i \leq m)$。

步骤 4：选择最大的子集，$A = \{e_1', e_2', \cdots, e_p'\} \subset E$，使得 $\sum_{i=1}^{p} r_{e_i}$ 的值是非负整数，把 A 放入到可行的参数约简集中，否则重新查找，直至搜索完成为止。

步骤 5：检验参数可行集中的集合 A，如果满足 $f_A(h_1) = f_A(h_2) = \cdots = f_A(h_n)$，$A$ 保存在参数约简可行集中，否则删除。

步骤 6：搜索参数约简可行集中基数最大的集合 A，则 $E - A$ 就是 E 的最优的正则参数约简。

3.4　软集合正则参数约简的核

在本节中，我们首先分析了软集合正则参数约简并引入非必要核的定义，之后讨论了非必要核的一些性质，得到了一些结论。

软集合正则参数约简的另一种描述为：对于软集合 (F, E)，$U = \{h_1, h_2, \cdots, h_n\}$，$E = \{e_1, e_2, \cdots, e_m\}$，如果存在一个最大的非必要集 $C = \{e_1', e_2', \cdots, e_p'\} \subset E$，那么 $E - C$ 是 E 的正则参数约简，并且 $f_c(h_1) = f_c(h_2) = \cdots = f_c(h_n)$。软集合 (F, C) 如表 3.13 所示，且满足如下方程

$$h_{11}' + h_{12}' + \cdots + h_{1p}' = q$$
$$h_{21}' + h_{22}' + \cdots + h_{2p}' = q$$
$$\vdots$$
$$h_{n1}' + h_{n2}' + \cdots + h_{np}' = q$$

其中，q 是整数，且 $q \leq p$。

表 3.13　非必要集的软集合表

U	e_1'	e_2'	$\cdots$	e_p'
h_1	h_{11}'	h_{12}'	$\cdots$	h_{1p}'
h_2	h_{21}'	h_{22}'	$\cdots$	h_{2p}'
$\cdots$	$\cdots$	$\cdots$	$\cdots$	$\cdots$
h_n	h_{n1}'	h_{n2}'	$\cdots$	h_{np}'

定理 3.2　对于软集合 (F, E)，$U = \{h_1, h_2, \cdots, h_n\}$，$E = \{e_1, e_2, \cdots, e_m\}$，$E - C$ 是 E 的正则参数约简，那么 $0 \leqslant f_C(\cdot) \leqslant \min\{f_E(h_i), i = 1, 2, \cdots, n\}$，这里 $f_C(\cdot) = f_C(h_i), i = 1, 2, \cdots, n$。

证明：假设 $C = \{e_1', e_2', \cdots, e_p'\} \subset E$，且 $E - C$ 是 E 的正则参数约简，那么 $f_C(h_1) = f_C(h_2) = \cdots = f_C(h_n)$，对于 $C \subset E$，有 $f_C(h_1) \leqslant f_E(h_1)$，$i = 1, 2, \cdots, n$。因此 $0 \leqslant f_C(\cdot) \leqslant \min\{f_E(h_i), i = 1, 2, \cdots, n\}$。

例 3.3　软集合 (F, E) 如表 3.14 所示，假设 $U = \{h_1, h_2, h_3, h_4, h_5, h_6\}$，$E = \{e_1, e_2, e_3, e_4, e_5\}$。$(F, E)$ 的正则参数约简是 $\{e_1, e_4\}$，如表 3.15 所示。$\{e_2, e_3, e_5\}$ 是最大的非必要集，且 $f_{\{e_2, e_3, e_5\}}(\cdot) = 0$，$f_E(h_1) = 2$，$f_E(h_2) = 1$，$f_E(h_3) = 1$，$f_E(h_4) = 2$，$f_E(h_5) = 2$，$f_E(h_6) = 1$，那么 $f_{\{e_2, e_3, e_5\}}(\cdot) \leqslant \min\{f_E(h_i)\}$。

表 3.14　例 3.3 的软集合表

U	e_1	e_2	e_3	e_4	e_5	$c = f(\cdot)$
h_1	1	0	0	1	0	2
h_2	0	0	0	1	0	1
h_3	1	0	0	0	0	1
h_4	1	0	0	1	0	2
h_5	1	0	0	1	0	2
h_6	0	0	0	1	0	1

表 3.15　表 3.14 的正则参数约简表

U	e_1	e_4
h_1	1	1
h_2	0	1
h_3	1	0
h_4	1	1
h_5	1	1
h_6	0	1

接下来，我们给出软集合中非必要核的定义。本章中，我们只考虑软集合中仅有两个非必要集的情况。

定义 3.7　对于软集合 (F, E)，$U = \{h_1, h_2, \cdots, h_n\}$，$E = \{e_1, e_2, \cdots, e_m\}$，存在两个非必要集 A 和 B，令 $C = A \cap B$，则 C 称为 A 和 B 的非必要核。非必要核 C 如图 3.2 所示，其中，A 和 B 都是非必要集。如果 $C = \varnothing$，有如下定理。

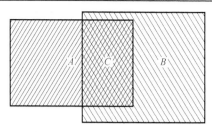

图 3.2　C 是 A 和 B 的核

定理 3.3　对于软集合 (F, E)，$U = \{h_1, h_2, \cdots, h_n\}$，$E = \{e_1, e_2, \cdots, e_m\}$，$A$ 和 B 是两个非必要集，存在一个集合 $C \subset E$，C 是 A 和 B 的非必要核，如果 $C = \varnothing$，那么 E 的正则参数约简是唯一的，且 $E - (A \cup B)$ 是 E 的正则参数约简。

证明：A 和 B 是非必要集，C 是 A 和 B 的核，则有 $f_A(h_1) = f_A(h_2) = \cdots = f_A(h_n)$，$f_B(h_1) = f_B(h_2) = \cdots = f_B(h_n)$。对于 $C = \varnothing$，$A \cap B = \varnothing$，在参数集 $E - A$ 中存在一个非必要集 B，且在参数集 $E - B$ 中存在一个非必要集 A。因此 $E - A$ 和 $E - B$ 不是 E 的正则参数约简。根据方程 $f_A(h_1) = f_A(h_2) = \cdots = f_A(h_n)$ 和 $f_B(h_1) = f_B(h_2) = \cdots = f_B(h_n)$，因为 $C = \varnothing$，所以有 $f_{A \cup B}(h_1) = f_{A \cup B}(h_2) = \cdots = f_{A \cup B}(h_n)$ 成立，那么 $A \cup B$ 是一个非必要集，并且在软集合中没有其他的非必要集，因此 $E - (A \cup B)$ 是必要集，E 的正则参数约简是唯一的，$E - (A \cup B)$ 是 E 的正则参数约简。

例 3.4　软集合 (F, E) 如表 3.16 所示，假设 $U = \{h_1, h_2, h_3, h_4, h_5, h_6\}$，$E = \{e_1, e_2, e_3, e_4, e_5, e_6, e_7, e_8\}$，$A = \{e_1, e_3\}$ 和 $B = \{e_4, e_6, e_7\}$ 是 E 的两个非必要集且 $A \cap B = \varnothing$。很明显 $A \cup B$ 也是 E 的非必要集，因此 $E - (A \cup B)$ 是 E 的正则参数约简。

表 3.16　例 3.4 的软集合表

U	e_1	e_2	e_3	e_4	e_5	e_6	e_7	e_8
h_1	1	1	0	1	1	0	0	0
h_2	0	0	1	0	1	1	0	1
h_3	1	0	0	0	0	0	1	1
h_4	1	1	0	0	1	1	0	1
h_5	1	1	0	1	1	0	0	0
h_6	1	1	0	0	1	0	1	1

定义 3.8　对于软集合 (F, E)，$U = \{h_1, h_2, \cdots, h_n\}$，$E = \{e_1, e_2, \cdots, e_m\}$，$C \subset E$ 是 A 和 B 的核，$C = A \cap B$，对于任意 $e_j \in C$，如果 $f_{e_j}(h_{1j}) = f_{e_j}(h_{2j}) = \cdots = f_{e_j}(h_{nj}) = 1$，定义 C 为 C^1，并且 C^1 被称为非必要核；如果 $f_{e_j}(h_{1j}) = f_{e_j}(h_{2j}) = \cdots = f_{e_j}(h_{nj}) = 0$，定义 C 为 C^0 并且 C^0 被称为非必要核 0。

核 C^1 和 C^0 如图 3.3 和图 3.4 所示，其中，A 和 B 是非必要集。

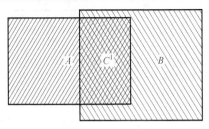

图 3.3　C^1 是 A 和 B 的核

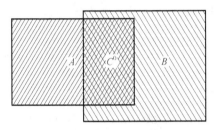

图 3.4　C^0 是 A 和 B 的核

例 3.5　软集合 (F, E_1) 如表 3.17 所示，两个非必要集 $A=\{e_1, e_3, e_4\}$，$B=\{e_4, e_6, e_7\}$，$C = C^1 = \{e_4\}$。软集合 (F, E_2) 如表 3.18 所示，两个非必要集 $A=\{e_1, e_3, e_4\}$，$B=\{e_4, e_6, e_7\}$，可以看出 $C = C^0 = \{e_4\}$，C^1 和 C^0 是 A 和 B 的特殊核。

表 3.17　例 3.5 的软集合表 1

U	e_1	e_2	e_3	e_4	e_5	e_6	e_7	e_8
h_1	1	1	0	1	1	1	0	0
h_2	0	0	1	1	1	1	0	1
h_3	1	0	0	1	0	0	1	1
h_4	1	1	0	1	1	1	0	1
h_5	1	1	0	1	1	1	0	0
h_6	1	1	0	1	1	0	1	1

表 3.18　例 3.5 的软集合表 2

U	e_1	e_2	e_3	e_4	e_5	e_6	e_7	e_8
h_1	1	1	0	0	1	1	0	0
h_2	0	0	1	0	1	1	0	1
h_3	1	0	0	0	0	0	1	1
h_4	1	1	0	0	1	1	0	1
h_5	1	1	0	0	1	1	0	0
h_6	1	1	0	0	1	0	1	1

如果 $C = C^1$ 或者 $C = C^0$，我们得到如下的定理。

定理 3.4 对于软集合 (F, E)，$U = \{h_1, h_2, \cdots, h_n\}$，$E = \{e_1, e_2, \cdots, e_m\}$，$A$ 和 B 是两个非必要集，存在一个集合 $C \subset E$，C 是 A 和 B 的非必要核，如果 $C = C^1$ 或 $C = C^0$，那么 E 的正则参数约简是 $E - (A \cup B)$，$E - C$ 的正则参数约简是 $(E - C) - (A - C) - (B - C)$。

证明：A 和 B 是非必要集，C 是 A 和 B 的非必要核，则有 $f_A(h_1) = f_A(h_2) = \cdots = f_A(h_n)$，$f_B(h_1) = f_B(h_2) = \cdots = f_B(h_n)$。对于 $A \cap B = C^1$ 或者 $A \cap B = C^0$，由定义 3.8 得到等式 $f_{C^1}(h_1) = f_{C^1}(h_2) = \cdots = f_{C^1}(h_n)$，$f_{C^0}(h_1) = f_{C^0}(h_2) = \cdots = f_{C^0}(h_n)$，从而

$$f_{A \cup B}(h_1) = f_{A \cup B}(h_2) = \cdots = f_{A \cup B}(h_n) = f_A(h_i) + f_B(h_i) - f_C(h_i)$$

因此，集合 $A \cup B$ 是非必要集，并且没有其他的非必要集，所以 E 的正则参数约简是 $E - (A \cup B)$。

对于集合 $E - C$，$A \cap B = C$，有 $(A - C) \cap (B - C) = \varnothing$，根据定理 3.3，显然可以得到这个结果。

定义 3.9 对于软集合 (F, E)，$U = \{h_1, h_2, \cdots, h_n\}$，$E = \{e_1, e_2, \cdots, e_m\}$，$C \subset E$ 是 A 和 B 的核，$C = A \cap B$，如果 C 是非必要集，我们用 $\overline{C}$ 代表 C，那么 $\overline{C}$ 称为具有必要性的非必要核。

非必要核 $\overline{C}$ 如图 3.5 所示，其中，A 和 B 都是非必要集。

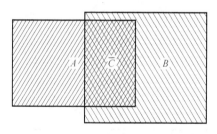

图 3.5 $\overline{C}$ 是 A 和 B 的核

例 3.6 软集合 (F, E) 如表 3.19 所示，两个非必要集 $A = \{e_1, e_3, e_7\}$ 和 $B = \{e_6, e_7\}$，$C = \{e_7\}$ 不是非必要集，$C = \overline{C}$。

如果 $C = \overline{C}$ 是非必要的，我们得到如下两个定理。

定理 3.5 对于软集合 (F, E)，$U = \{h_1, h_2, \dots, h_n\}$，$E = \{e_1, e_2, \dots, e_m\}$，$A$ 和 B 是两个非必要集，存在一个集合 $C \subset E$，C 是 A 和 B 的非必要核，如果 $C = \overline{C}$ 是必要的，那么 E 的正则参数约简不唯一，也就是说 $E - A$ 和 $E - B$ 都是 E 的正则参数约简。

证明：A 和 B 是非必要集，C 是 A 和 B 的非必要核，那么 $f_A(h_1) = f_A(h_2) = \cdots = f_A(h_n)$，$f_B(h_1) = f_B(h_2) = \cdots = f_B(h_n)$。因为 $C = \overline{C}$ 是非必要的，所以在参数集 $E - A$ 和 $E - B$ 中没有非必要集。因此 $E - A$ 和 $E - B$ 都是 E 的正则参数约简。

表 3.19　例 3.6 的软集合表

U	e_1	e_2	e_3	e_4	e_5	e_6	e_7
h_1	1	1	0	0	1	1	0
h_2	0	0	1	1	1	1	0
h_3	0	0	0	1	0	0	1
h_4	0	1	1	1	1	1	0
h_5	1	1	0	0	1	1	0
h_6	0	1	0	1	1	0	1

定理 3.6　对于软集合 (F,E) ，$U=\{h_1,h_2,\cdots,h_n\}$ ，$E=\{e_1,e_2,\cdots,e_m\}$ ，A 和 B 是两个非必要集，存在一个集合 $C\subset E$ ，C 是 A 和 B 的非必要核，如果 $C=\bar{C}$ 是必要集，对于任意 $e_i\in\bar{C}$ ，如果 e_i 是从参数集 E 中删除的，那么 $E-\{e_i\}$ 的正则参数约简是不存在的。

证明：A 和 B 是非必要集，C 是 A 和 B 的非必要核，则有等式 $f_A(h_1)=f_A(h_2)=\cdots=f_A(h_n)$ ，$f_B(h_1)=f_B(h_2)=\cdots=f_B(h_n)$ 。我们知道 $C=\bar{C}$ 是必要集，如果任意 $e_i\in\bar{C}$ 是从参数集 E 中删除的，那么 $f_{A-\{e_i\}}(h_r)\neq f_{A-\{e_i\}}(h_j)$ 或者 $f_{B-\{e_i\}}(h_k)\neq f_{B-\{e_i\}}(h_t)$ ，并且软集合中不存在其他的非必要集，因此 $E-\{e_i\}$ 的正则参数约简是不存在的。

例 3.7　软集合 (F,E) 如表 3.20 所示。$U=\{h_1,h_2,h_3,h_4,h_5,h_6\}$ ，$E=\{e_1,e_2,e_3,e_4,e_5,e_6\}$ ，那么 $A=\{e_1,e_3,e_4\}$ 和 $B=\{e_3,e_4,e_5,e_6,e_7\}$ 是 E 的两个非必要集，并且 $\bar{C}=A\cap B=\{e_3,e_4\}$ ，那么 $E-A$ 和 $E-B$ 都是 E 的正则参数约简，如果 e_3 或者 e_4 是从参数集 E 中删除的，那么正则参数约简 $E-\{e_3\}$ 、$E-\{e_4\}$ 、$E-\{e_4\}$ 和 $E-\{e_3,e_4\}$ 都是不存在的。

表 3.20　例 3.7 的软集合表

U	e_1	e_2	e_3	e_4	e_5	e_6	e_7	e_8
h_1	0	1	0	1	1	0	0	1
h_2	0	1	1	0	0	1	0	1
h_3	1	0	0	0	0	1	1	1
h_4	1	0	0	0	1	1	0	1
h_5	1	0	0	0	0	1	1	0
h_6	1	1	0	0	1	0	1	1

定义 3.10　对于软集合 (F,E) ，$U=\{h_1,h_2,\cdots,h_n\}$ ，$E=\{e_1,e_2,\cdots,e_m\}$ ，$C\subset E$ 是 A 和 B 的核，$C=A\cap B$ ，如果 $C=\tilde{C}\cup\bar{C}$ （$C=\tilde{C}\cup\bar{C}\neq\varnothing$ ），$\tilde{C}$ 是非必要集并且 $\bar{C}$ 是必要集，那么用 $\tilde{\bar{C}}$ 代表 C ，并且 $\tilde{\bar{C}}$ 称为混合非必要集。如果 $\tilde{C}=C^1$ 或者 $\tilde{C}=C^0$ ，那么 $C=\tilde{\bar{C}}^1$ 或者 $C=\tilde{\bar{C}}^0$ 。

混合非必要集 $\tilde{C}\cup\bar{C}$ 如图 3.6 所示，其中，A 和 B 是两个非必要集。

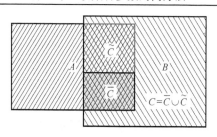

图 3.6 $\bar{C} \cup \tilde{C}$ 是 A 和 B 的核

例 3.8 软集合 (F,E) 如表 3.21 所示， $A=\{e_1,e_3,e_7,e_8,e_9\}$ 和 $B=\{e_6,e_7,e_8,e_9\}$ 是两个非必要集， $C=\{e_7,e_8,e_9\}$ ，其中， $\{e_7\}$ 不是非必要集，即 $e_7=\bar{C}$ ， $\{e_8,e_9\}=\tilde{C}$ 是非必要集，那么 $C=\tilde{\bar{C}}$ 。

表 3.21 例 3.8 的软集合表

U	e_1	e_2	e_3	e_4	e_5	e_6	e_7	e_8	e_9
h_1	1	1	0	0	1	1	0	0	1
h_2	0	0	1	1	1	1	0	0	1
h_3	0	0	0	1	0	0	1	1	0
h_4	0	1	1	1	1	1	0	1	0
h_5	1	1	0	0	1	1	0	0	1
h_6	0	1	0	1	1	0	1	1	0

如果核 C 包括两个部分，一个是非必要集，另一个是必要集，那么我们得到如下定理。

定理 3.7 对于软集合 (F,E) ， $U=\{h_1,h_2,\cdots,h_n\}$ ， $E=\{e_1,e_2,\cdots,e_m\}$ ， A 和 B 是两个非必要集，存在一个集合 $C\subset E$ ， C 是 A 和 B 的非必要核， $C=\tilde{\bar{C}}=\tilde{C}\cup\bar{C}$ ，并且 $\tilde{C}\cup\bar{C}=\varnothing$ ， $\tilde{C}$ 和 $\bar{C}$ 是非必要集和必要集，那么 E 的正则参数约简是 $E-A$ 和 $E-B$ 。如果 $\tilde{C}$ 是从参数集 E 中删除的，那么 $E-\tilde{C}$ 的正则参数约简是 $(E-\tilde{C})-(A-\tilde{C})$ 和 $(E-\tilde{C})-(B-\tilde{C})$ 。

证明： A 和 B 是软集合 (F,E) 的非必要集， C 是 A 和 B 的非必要核，那么 $f_A(h_1)=f_A(h_2)=\cdots=f_A(h_n)$ ， $f_B(h_1)=f_B(h_2)=\cdots=f_B(h_n)$ 。因为 $A\cap B=\tilde{\bar{C}}$ ，并且在参数集 $E-A$ 和 $E-B$ 中没有非必要集，那么 $E-A$ 和 $E-B$ 是 E 的正则参数约简。我们知道 $C=\tilde{\bar{C}}$ ， $\tilde{C}$ 是 E 的非必要集， $C=\tilde{C}\cup\bar{C}$ ，于是有 $f_{\tilde{C}}(h_1)=f_{\tilde{C}}(h_2)=\cdots=f_{\tilde{C}}(h_n)$ ，显然 $f_{A-\tilde{C}}(h_1)=f_{A-\tilde{C}}(h_2)=\cdots=f_{A-\tilde{C}}(h_n)$ ， $f_{B-\tilde{C}}(h_1)=f_{B-\tilde{C}}(h_2)=\cdots=f_{B-\tilde{C}}(h_n)$ 。因为 $(A-\tilde{C})\cap(B-\tilde{C})=\bar{C}$ 是必要集，根据定理 3.3， $E-\tilde{C}$ 的正则参数约简是 $(E-\tilde{C})-(A-\tilde{C})$ 和 $(E-\tilde{C})-(B-\tilde{C})$ 。

例 3.9　软集合 (F, E) 如表 3.22 所示。假设 $U = \{h_1, h_2, h_3, h_4, h_5, h_6\}$，$E = \{e_1, e_2, e_3,$ $e_4, e_5, e_6, e_7, e_8\}$，那么 $A = \{e_1, e_3, e_6\}$ 和 $B = \{e_3, e_4, e_5, e_6, e_7\}$ 是 E 的两个非必要集，并且 $\tilde{\tilde{C}} = A \cap B = \{e_3, e_6\}$，其中，$\{e_3\}$ 是 E 的必要集，$\{e_6\}$ 是 E 的非必要集，如果删除 $\{e_6\}$，那么 $E - \{e_6\}$ 的正则参数约简是 $(E - \{e_6\}) - (A - \{e_6\})$ 和 $(E - \{e_6\}) - (B - \{e_6\})$。

表 3.22　例 3.9 的软集合表

U	e_1	e_2	e_3	e_4	e_5	e_6	e_7	e_8
h_1	1	1	0	1	1	1	0	1
h_2	0	1	1	0	1	1	0	0
h_3	1	0	0	1	0	1	1	1
h_4	1	0	0	0	1	1	1	0
h_5	1	0	0	1	1	1	0	0
h_6	1	1	0	0	1	1	1	0

3.5　本 章 小 结

由于对于粗糙集属性约简的研究已经很成熟，而软集合参数约简还处于起步阶段，本章首先对比粗糙集与软集合，分析了粗糙集与软集合的异同点。在此基础上，研究了目前软集合在删除对象集和增加参数集进行约简时的不足，提出了软集合正则参数约简和伪约简的定义，并提出了软集合正则参数约简方法。最后提出了正则参数约简的非必要核定义，分析其相关性质，并对非必要核与正则参数约简关系进行了讨论。

第4章　基于智能优化算法的软集合正则参数约简

软集合中的正则参数约简方法需要人工搜索，即试凑法，需要花费大量的时间。对于海量数据而言，几乎不可能实现有效的约简。实际上，一般的参数约简问题属于组合优化问题。许多智能优化算法已成功地应用于求解组合优化问题，大大节省了时间、费用和人力，提高了效率。因此，本章建立软集合正则参数约简优化模型，并利用智能优化算法求解正则参数约简问题。

4.1　软集合正则参数约简数学模型

正则参数约简问题是一个组合优化问题，利用智能优化算法求解，首先需要建立数学模型。

4.1.1　目标函数

设软集合的参数集 $E = \{e_1, e_2, \cdots, e_m\}$。软集合正则参数约简的过程就是在参数集 E 中寻找最小的非必要参数子集。根据软集合中正则参数约简的特点，它很难用实数来表示每个参数。当使用粒子群优化算法进行正则参数约简时，粒子即参数，由二进制字符串编码。假设对于任意参数 $e \in E$ 都有一个权重 x_i，二进制形式的定义如下：如果 x_i 为 1，则选择相应的参数 e_i；如果 x_i 为 0，则不选择参数 e_i。二进制串的长度是参数集 E 中参数的个数。因此，是否选择每个单独的参数都可以用固定的 m 位二进制序列表示。例如，有一个参数集 $E = \{e_1, e_2, \cdots, e_6\}$，参数子集 $\{e_1, e_3, e_4, e_6\}$ 是 E 的正则参数约简，向量 $X = \{x_1, x_2, \cdots, x_6\}$ 表示参数集 E 的取舍，$X = [1\,0\,1\,1\,0\,1]$ 表示参数约简即为 $\{e_1, e_3, e_4, e_6\}$。正则参数约简是在参数集 E 中找到最小的必要参数子集。所以，目标函数定义为求 $x_i \ (i = 1, \cdots, m)$ 的最小和。因此，对于软集合 (F, E)，$E = \{e_1, e_2, \cdots, e_m\}$，$U = \{h_1, h_2, \cdots, h_n\}$，目标函数可以表示为

$$\min f(x) = \sum_{i=1}^{m} x_i$$

其中，$X = [x_1, x_2, \cdots, x_m]$，$x_i \in \{0, 1\}$。

4.1.2　约束条件

对于向量 $X = [x_1, x_2, \cdots, x_m]$，令 x_i 为 0 或 1。在向量 $X = [x_1, x_2, \cdots, x_m]$ 中，如果 x_i

为1，选择相应的参数 e_i。如果 x_i 为0，删除相应的参数 e_i。集合 $\{e_i \mid x_i = 1, i = 1, \cdots, x\}$ 可能不是非必要的，必须通过约束条件来检验它。

在向量 $\overline{X} = [1 - x_1, 1 - x_2, \cdots, 1 - x_m]$ 中，如果 $1 - x_i = 1$，则参数 e_i 是非必要的。根据定义 3.3，如果 C 是集合 E 中最大的非必要集，那么 $E - C$ 是正则参数约简且 $f_C(h_1) = f_C(h_2) = \cdots = f_C(h_n)$。因此根据方程 $f_C(h_1) = f_C(h_2) = \cdots = f_C(h_n)$ 来检验 $\overline{X}$。

假设软集合 (F, E)，$U = \{h_1, h_2, \cdots, h_n\}$，$E = \{e_1, e_2, \cdots, e_m\}$，软集合 (F, E) 如表 4.1 所示。向量 $H_i = [h_{i1}, h_{i2}, \cdots, h_{im}]$，$i = 1, 2, \cdots, n$，这里 h_{ij}（h_{ij} 为 0 或 1）是 (F, E) 的参数值。用 $\overline{X} = [1 - x_1, 1 - x_2, \cdots, 1 - x_m]$ 表示非必要集 C，则选择值 $f_C(h_i)$ 可以用 $\overline{X} \cdot H_i^{\mathrm{T}} = (1 - x_1) \times h_{i1} + (1 - x_2) \times h_{i2} + \cdots + (1 - x_m) \times h_{im}$ 来表示，其中，$f_C(h_i) = \overline{X} \cdot H_i^{\mathrm{T}}$。因此，约束条件可以表示为 $\overline{X} \cdot H_1^{\mathrm{T}} = \overline{X} \cdot H_2^{\mathrm{T}} = \cdots = \overline{X} \cdot H_m^{\mathrm{T}}$。

表 4.1　软集合表

U	e_1	e_2	$\cdots$	e_m
h_1	h_{11}	h_{12}	$\cdots$	h_{1m}
h_2	h_{21}	h_{22}	$\cdots$	h_{2m}
$\cdots$	$\cdots$	$\cdots$	$\cdots$	$\cdots$
h_n	h_{n1}	h_{n2}	$\cdots$	h_{nm}

例 4.1　软集合 (F, E) 如表 4.2 所示。假设 $U = \{h_1, h_2, h_3, h_4, h_5, h_6\}$，$E = \{e_1, e_2, e_3, e_4, e_5\}$。$\{e_2, e_3, e_5\}$ 是 E 的非必要集，$\{e_1, e_4\}$ 是正则参数约简。H_i $(i = 1, \cdots, 6)$ 的值为

$$H_1 = [1 \quad 0 \quad 0 \quad 1 \quad 0], \quad H_2 = [0 \quad 0 \quad 0 \quad 1 \quad 0], \quad H_3 = [1 \quad 0 \quad 0 \quad 0 \quad 0]$$
$$H_4 = [1 \quad 0 \quad 0 \quad 1 \quad 0], \quad H_5 = [1 \quad 0 \quad 0 \quad 1 \quad 0], \quad H_6 = [0 \quad 0 \quad 0 \quad 1 \quad 0]$$

表 4.2　例 4.1 的软集合表

U	e_1	e_2	e_3	e_4	e_5	$c = f(\cdot)$
h_1	1	0	0	1	0	2
h_1	0	0	0	1	0	1
h_3	1	0	0	0	0	1
h_4	1	0	0	1	0	2
h_5	1	0	0	1	0	2
h_6	0	0	0	1	0	1

假设向量 $X = [1 \quad 1 \quad 0 \quad 0 \quad 0]$，$\overline{X} = [0 \quad 0 \quad 1 \quad 1 \quad 1]$。现在根据方程 $\overline{X} \cdot H_1^{\mathrm{T}} = \overline{X} \cdot H_2^{\mathrm{T}} = \cdots = \overline{X} \cdot H_m^{\mathrm{T}}$ 来判断 $\{e_3, e_4, e_5\}$ 是否为非必要集，即

$$\overline{X} \cdot H_1^{\mathrm{T}} = [0 \quad 0 \quad 1 \quad 1 \quad 1] \cdot [1 \quad 0 \quad 0 \quad 1 \quad 0]^{\mathrm{T}} = 1$$

$$\overline{X} \cdot H_2^{\mathrm{T}} = [0 \quad 0 \quad 1 \quad 1 \quad 1] \cdot [0 \quad 0 \quad 0 \quad 1 \quad 0]^{\mathrm{T}} = 1$$

$$\overline{X} \cdot H_3^{\mathrm{T}} = [0 \quad 0 \quad 1 \quad 1 \quad 1] \cdot [1 \quad 0 \quad 0 \quad 0 \quad 0]^{\mathrm{T}} = 0$$

$$\overline{X} \cdot H_4^{\mathrm{T}} = [0 \quad 0 \quad 1 \quad 1 \quad 1] \cdot [1 \quad 0 \quad 0 \quad 1 \quad 0]^{\mathrm{T}} = 1$$

$$\overline{X} \cdot H_5^{\mathrm{T}} = [0 \quad 0 \quad 1 \quad 1 \quad 1] \cdot [1 \quad 0 \quad 0 \quad 1 \quad 0]^{\mathrm{T}} = 1$$

$$\overline{X} \cdot H_6^{\mathrm{T}} = [0 \quad 0 \quad 1 \quad 1 \quad 1] \cdot [0 \quad 0 \quad 0 \quad 1 \quad 0]^{\mathrm{T}} = 1$$

因为不满足方程 $\overline{X} \cdot H_1^{\mathrm{T}} = \overline{X} \cdot H_2^{\mathrm{T}} = \cdots = \overline{X} \cdot H_m^{\mathrm{T}}$，所以 $\{e_1, e_2\}$ 不是约简集。因此，软集合的正则参数约简数学模型表示为

$$\min \ f(X) = \sum_{i=1}^{m} x_i$$

$$\mathrm{s.t.} \quad \overline{X} \cdot H_1^{\mathrm{T}} = \overline{X} \cdot H_2^{\mathrm{T}} = \cdots = \overline{X} \cdot H_m^{\mathrm{T}}$$

其中，$X = [x_1, x_2, \cdots, x_m]$ 为参数集 E 的权向量，$\overline{X} = [1-x_1, 1-x_2, \cdots, 1-x_m]$，$H_i = [h_{i1}, h_{i2}, \cdots, h_{im}]$ 为对应参数 e_i $(i = 1, \cdots, m)$ 的一个选择值向量。

4.2　基于粒子群优化算法的正则参数约简

4.2.1　粒子群算法

粒子群优化(particle swarm optimization，PSO)算法的思想来源于观察鸟类群体的社会行为。PSO 算法用随机初始化种群产生随机解的方式来解决问题。种群中的个体被称为粒子，每一个粒子都有自己的位置和速度。根据个体和同伴的经验(局部最优解和全局最优解)，每一个粒子都通过调整各自的速度和位置来搜索问题空间中的最佳解决方案。局部最优解 pbest 代表了迄今为止单个粒子搜索的最佳位置，全局最优解 gbest 代表了迄今为止所有粒子搜索的最佳位置。每个粒子的运动轨迹是由其位置变化过程所绘制的，其性能由优化问题的适应度函数计算得来。这些粒子根据如下表达式运动

$$v_{id}^{k+1} = w v_{id}^{k} + c_1 r_1 (p_{id} - x_{id}^{k}) + c_2 r_2 (p_{gd} - x_{id}^{k}) \tag{4.1}$$

$$x_{id}^{k+1} = x_{id}^{k} + v_{id}^{k+1} \tag{4.2}$$

其中，v_{id}^{k} 为在第 k 次迭代中第 i 个粒子的第 d 维速度，x_{id}^{k} 为第 k 次迭代中第 i 个粒子在第 d 维空间的位置，p_{id} 为第 i 个粒子在第 d 维空间的最佳位置，p_{gd} 为全局最佳位置的粒子，c_1 和 c_2 分别为两个加速度常数，r_1 和 r_2 为在 0 和 1 之间的随机数，w 是惯性权重因子。

在软集合参数约简中，利用 PSO 算法求解过程如下。

步骤 1：输入软集合参数矩阵 H。矩阵 H 中的元素 h_{ij} 是由软集中每个对象对应的参数值构成。

步骤 2：初始化 PSO 算法参数。初始化认知学习率 c_1、社会学习率 c_2、惯性权重 w、速度 V_0 和位置 X_0。计算目标函数值 f_X、局部最优位置 xbest 和局部最优解 fxbest、全局最优位置 gbest 和全局最优解 fgbest、粒子的数目 xSize。

步骤 3：更新位置和速度。根据式 (4.1) 和式 (4.2) 更新位置和速度。

步骤 4：修正。如果变量 x_i 不是一个整数，那么 x_i 需要更正为 0 或 1。我们使用阈值 0.5 来转换 x_i。如果 $x_i = 0.5$，那么 $x_i = 1$；如果 $x_i \leqslant 0.5$，那么 $x_i = 0$。根据约束条件检查 $X = [x_1, x_2, \cdots, x_m]$。如果不满足约束条件，那么 $X = [1,1,\cdots,1]_{1 \times m}$。

步骤 5：更新局部变量，全局变量和函数值。计算函数值并搜索局部和全局变量，然后更新 p_{id} 和 p_{gd}。

步骤 6：检查终止准则。如果给定的终止条件得到满足，那么结束迭代，全局最佳粒子为最佳结果，否则执行步骤 3，直到满足终止准则为止。

4.2.2　基于粒子群算法的软集合正则参数约简问题求解

在本节中，我们计算了基于 PSO 算法的正则参数约简，该算法在 MATLAB 程序中实现。执行环境为 Intel Core 2 双核处理器 2.8GHz，内存为 4GB，操作系统为 Windows XP 的 SP3 版本。

例 4.2　X 先生想买最合适的冰箱。假设下面有 6 种冰箱可以考虑，也就是论域 $U = \{R_1, R_2, R_3, R_4, R_5, R_6\}$，参数集 $E = \{e_1, e_2, \cdots, e_{20}\}$，其中，$e_i$ 表示容量、所占空间、能量消耗、价格、外观、噪音、易清洁、快速冷冻、制冷后的食品质量、智能控制系统、双门、网络、抗菌能力、附加配件、可拆卸、自动解冻、保修期、售后服务、频率转换、触摸屏幕操作。软集合 (F, E) 如表 4.3 所示，在 PSO 算法中，参数设置为 $c_1 = c_2 = 0.2$，$w = 0.8$，xSize=50。最好的方案是 10110000000001011010，$\{e_2, e_5, e_6, e_7, e_8, e_9, e_{10}, e_{11}, e_{12}, e_{13}, e_{15}, e_{18}, e_{20}\}$ 是非必要集，$\{e_1, e_3, e_4, e_{14}, e_{16}, e_{17}, e_{19}\}$ 是集合 E 的正则参数约简，从图 4.1 中可以看出，在第 63 次迭代中得到了最好解，运行时间是 2.937588s。因此，仿真结果表明该方法的有效性和可行性。

表 4.3　例 4.2 的软集合表

U	e_1	e_2	e_3	e_4	e_5	e_6	e_7	e_8	e_9	e_{10}
R_1	1	0	0	1	1	0	1	0	1	1
R_2	0	1	0	0	1	0	1	0	0	0
R_3	1	1	1	0	0	0	0	1	0	0
R_4	1	0	0	1	0	1	0	1	0	0
R_5	0	0	1	1	0	1	0	1	0	1
R_6	0	1	0	0	0	1	1	0	1	1

续表

U	e_{11}	e_{12}	e_{13}	e_{14}	e_{15}	e_{16}	e_{17}	e_{18}	e_{19}	e_{20}
R_1	0	1	1	1	1	1	0	0	1	0
R_2	0	0	1	0	1	0	0	1	1	1
R_3	1	0	1	1	1	1	1	0	1	1
R_4	1	1	0	0	1	1	0	1	1	1
R_5	1	0	1	1	1	0	0	0	0	1
R_6	0	1	0	1	1	1	1	0	0	1

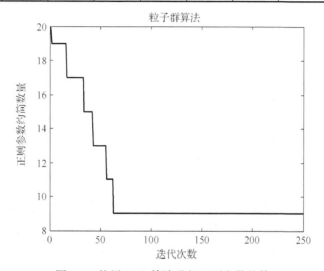

图 4.1　使用 PSO 算法进行正则参数约简

4.3　基于和声搜索算法的软集合正则参数约简

4.3.1　和声搜索算法

　　和声搜索算法由 Geem 于 2001 年提出，其基本思想来源于音乐创作。在音乐创作中，每位乐师弹奏一个音符就构成一个和声，连续时间内所有和声都演奏出来就构成动听的音乐。每个乐师都对自己的乐器有所了解，凭借他多年的演奏经验，把最动听的几个音符保存在记忆中。在进行乐队作品创作时，乐师们经常会演奏出记忆中比较好的那几个音符来，如果这个和声不好听，则会在这个音符的附近调整。假设一个三人乐队由萨克斯、低音提琴、吉他组成，如图 4.2 所示，每位乐师的记忆中储存着一定数量的较好音调：萨克斯手{do, mi, sol}、低音提琴手{si, sol, re}、吉他手{la, fa, do}。如果萨克斯手从他的记忆{do, mi, sol}中随机演奏出{sol}，低音提琴手从{si, sol, re}中演奏{si}，吉他手从{la, fa, do}中演奏{do}，那么和声{sol, si, do}成为另一种声调组合，如果新的音调组合优于原有和声记忆库中的最差组合，那么用此新的较好组合替换原有和声记忆库中的最差组合，重复这一过程直到找到最优解。创作音乐的过程与工程优化非常相似，演奏出动听的音乐就相当于优化中的目标函数要达到最优，而乐师们每个时刻演奏出的和声就相当于优化问题中的决策变量，调整音符的过程就类似于寻优的过程。

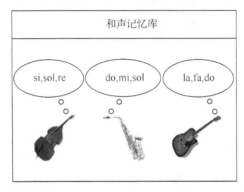

图 4.2　和声记忆库结构图

乐师改进弹奏的音调时，通常会按照以下三条规则：①弹奏保存在记忆中的比较好的音符；②在比较好的音符附近弹奏一个音符；③在音调范围内随机弹奏一个音符。类似地，在和声搜索算法中，每个决策变量在选择值时也按照以下三条规则：①从和声记忆库中取值；②从和声记忆库中选值并进行调节；③在解的可行范围内随机取值。

和声搜索算法求解优化问题包括如下 5 个步骤[61]，其流程图如图 4.3 所示。

步骤 1：初始化。首先，设计目标函数如下

$$
\begin{aligned}
\min \quad & f(x) \\
\text{s.t.} \quad & x_i \in X_i, \quad i = 1, 2, \cdots, N
\end{aligned} \tag{4.3}
$$

其中，$f(x)$ 为目标函数，x 为每个决策变量 x_i 的解集，X_i 为每个决策变量 x_i 的可行域，N 为变量的维数。设计和声记忆库的大小为 HMS，HMS 为一个常数，在算法搜索过程中保持不变。和声记忆库中存储的是 N 维 HMS 个决策变量。设计两个参数，和声记忆参考率（HMCR）和音调调节率（PAR），这两个值是[0,1]的常数，在基本和声搜索算法中，这两个值在寻优过程中保持不变。最后给出终止条件(搜索的最大次数)。

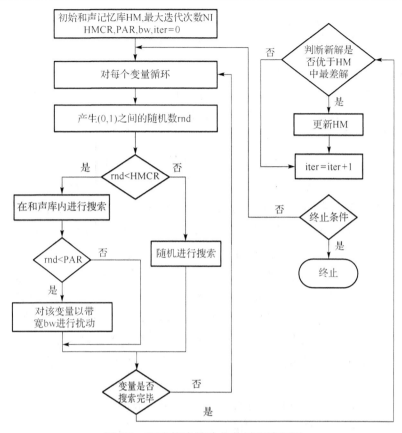

图 4.3　和声搜索算法优化过程流程图

步骤 2：和声记忆库（HM）的初始化。随机生成 HMS 个解向量存储到记忆库中，计算出每个变量对应的目标函数值。

$$\begin{bmatrix} x_1^1 & x_2^1 & \cdots & x_{N-1}^1 & x_N^1 \\ x_1^2 & x_2^2 & \cdots & x_{N-1}^2 & x_N^2 \\ \vdots & \vdots & & \vdots & \vdots \\ x_1^{HMS-1} & x_2^{HMS-1} & \cdots & x_{N-1}^{HMS-1} & x_N^{HMS-1} \\ x_1^{HMS} & x_2^{HMS} & \cdots & x_{N-1}^{HMS} & x_N^{HMS} \end{bmatrix} \Rightarrow \begin{bmatrix} f(x^1) \\ f(x^2) \\ \vdots \\ f(x^{HMS-1}) \\ f(x^{HMS}) \end{bmatrix} \quad (4.4)$$

步骤 3：产生新解。通过记忆参考，和声调节和随机产生三个规则得到一个新的解向量 $x' = (x_1', x_2', \cdots, x_N')$。这个新的解向量中的第一个分量 x_1' 是从和声记忆库中的 $(x_1^1, x_1^2, \cdots, x_1^{HMS})$ 中随机选取得到的，其他的分量 $(x_2', \cdots, x_N')$ 也是用相同的方法产生的。每个分量以概率值 HMCR 在和声库中选取，以 $(1-HMCR)$ 概率在可行域范围内选取，即

$$x_i' = \begin{cases} x_i' \in \{x_i^1, x_i^2, \cdots, x_i^{\mathrm{HMS}}\}, & \text{以概率HMCR在和声库中选取} \\ x_i' \in X_i, & \text{以概率}1-\mathrm{HMCR}\text{在可行域内选取} \end{cases} \tag{4.5}$$

这种选择方法可以保持解的多样性，便于跳出局部最优。当分量在和声记忆库中选取后，还要对其以概率 PAR 进行微调。如果分量在可行域内选取，则不必进行微调。微调的方法同和声库中取值类似，以概率 PAR 对其进行扰动调整，以概率 (1−PAR) 对其不进行扰动调节。调整公式如下

$$x_i' = \begin{cases} x_i' \pm \mathrm{rnd}(0;1) \times \mathrm{bw}, & \text{以概率 PAR进行扰动} \\ x_i', & \text{以概率}1-\mathrm{PAR}\text{不扰动} \end{cases} \tag{4.6}$$

在式 (4.6) 中 bw 是一个扰动值，$\mathrm{rnd}(0;1)$ 是符合正态分布的 0～1 之间的随机数。分量 x_i' 以 PAR 概率对其进行扰动，扰动后 x_i' 的值变为 $x_i' \pm \mathrm{rnd}(0;1) \times \mathrm{bw}$，以概率 (1−PAR) 不进行任何操作。图 4.4 表示在步骤 3 中和声记忆库产生新解向量时，各个过程所取的概率值。过程 $E1$ 表示产生的新分量是原和声记忆库内的分量，不做任何调节，则通过过程 $E1$ 产生的新分量概率为 $\mathrm{HMCR} \times (1-\mathrm{PAR})$；过程 $E2$ 表示产生的新分量是原和声记忆库内的分量，且以概率 PAR 进行调节，则通过过程 $E2$ 产生的新分量概率为 $\mathrm{HMCR} \times \mathrm{PAR}$；过程 $E3$ 表示产生的新分量不属于原和声记忆库内的分量，而是在可行解范围内随机产生的向量，则通过过程 $E3$ 产生的新分量概率为 $1-\mathrm{HMCR}$。

步骤 4：更新和声记忆库。计算新解的目标函数值，如果该函数值优于和声记忆库中最差的目标函数值，则最差的目标函数值对应的变量被新解替换。

步骤 5：重复步骤 3、4 直到满足终止条件。

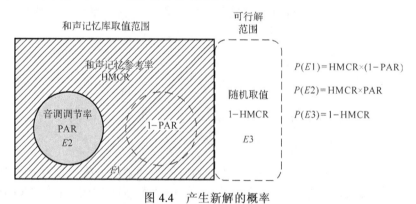

图 4.4　产生新解的概率

4.3.2　基于和声搜索算法的软集合正则参数约简问题求解

下面利用和声搜索算法对软集合进行参数约简，软集合如表 4.4 所示，该算法

在 MATLAB 程序中实现。执行环境为 Intel Core 2 双核处理器 2.8GHz，内存为 4GB，操作系统是 Windows XP 的 SP3 版本。利用和声搜索算法，得到的最好的解是 01010110，$\{e_1, e_3, e_5, e_8\}$ 是非必要集，$\{e_2, e_4, e_6, e_7\}$ 是集合 E 的正则参数约简。从图 4.5 可以看出，在第 85 次迭代得到了最佳解，仿真结果表明了该方法的有效性和可行性。

表 4.4　软集合表

U	e_1	e_2	e_3	e_4	e_5	e_6	e_7	e_8
h_1	1	1	1	1	0	0	1	0
h_2	0	0	0	1	1	0	0	1
h_3	1	0	1	0	0	0	0	0
h_4	1	1	0	1	0	0	1	1
h_5	1	0	0	0	0	0	1	1
h_6	1	1	1	1	0	1	1	0

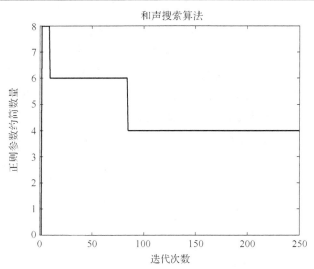

图 4.5　使用和声搜索算法进行正则参数约简

4.4　基于改进和声搜算法的软集合正则参数约简

4.4.1　改进和声搜索算法

随着和声搜索算法的发展，Mahdavi 等[62]对其提出了改进，主要是把和声算法中的两个重要常参数变换为迭代次数的线性函数，且取得了很好的效果。

在上述和声搜索算法的步骤 3 中，参数 HMCR 和 PAR 对算法解的提高起到了一定的作用。在解的微调过程中，PAR 和 bw 是两个重要的参数，能潜在地调整算法收敛到最优解的速度，所以这两个参数备受关注。

基本的和声搜索算法中，PAR 和 bw 都是固定值，在步骤 1 初始化赋值之后，这两个值在算法搜索过程中就保持不变。而随着迭代次数的增加，算法对 PAR 和 bw 的要求不同，这两个参数值的固定影响了算法的速度和解的精度。由此改进的和声搜索(improved harmony search，IHS)算法出现了。

算法开始运行时，希望有小的 PAR 和大的 bw，这样算法可以在全局范围内进行搜索，增加解的多样性。当算法迭代多次后，希望有大的 PAR 和小的 bw，这样算法在局部范围内寻找最优解。

改进和声搜索算法与基本和声搜索算法的本质差别在于这两个参数的调整上。为提高和声搜索算法性能，IHS 算法使用动态的 PAR 和 bw 来调节。PAR 和 bw 表达式为

$$PAR(gn)=PAR_{min}+(PAR_{max}-PAR_{min})\times gn/NI$$
$$bw(gn)=bw_{max}\exp(\ln(bw_{min}/(bw_{max}\times NI))\times gn)$$

其中，$PAR(gn)$ 为每一代的音符调节率，PAR_{max} 和 PAR_{min} 分别为音符调节率的最大值和最小值，NI 为最大迭代次数，gn 为当前的迭代次数，$bw(gn)$ 为每一代的干扰值，bw_{max} 和 bw_{min} 分别为干扰的最大值和最小值。

和声搜索算法的参数 PAR 和 bw 的变化图如图 4.6[62]所示。

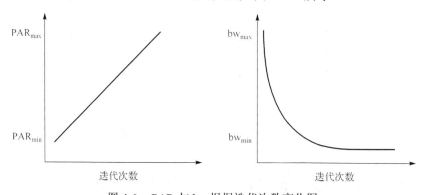

图 4.6　PAR 与 bw 根据迭代次数变化图

4.4.2　基于改进和声搜索算法的软集合正则参数约简问题求解

下面利用改进和声搜索算法对软集合进行参数约简，软集合如表 4.4 所示。该算法在 MATLAB 程序中实现。执行环境为 Intel Core 2 双核处理器 2.8GHz，内存为

4GB，操作系统是 Windows XP 的 SP3 版本。利用改进和声搜索算法，得到的最好的解是 01010110，$\{e_1, e_3, e_5, e_8\}$ 是非必要集，$\{e_2, e_4, e_6, e_7\}$ 是集合 E 的正则参数约简。从图 4.7 可以看出，改进后的和声搜索算法在第 55 次迭代得到了最佳解，仿真结果表明了该方法的有效性和可行性。

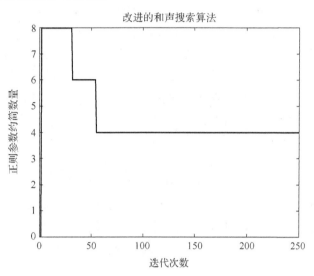

图 4.7　改进和声搜索算法正则参数约简

4.5　基于自适应和声搜算法的软集合正则参数约简

4.5.1　自适应和声搜索算法

在 4.4 节中，改进和声算法中的 PAR 是迭代次数的线性函数，表达式中有两个参数 PAR_{max} 和 PAR_{min}。这两个参数根据具体的问题与经验来调节，如果调节的不恰当，则会影响算法的收敛速度，也就是说需要更多的时间与迭代次数使算法搜索到最优值。我们注意到当解变量达到最优解邻域的时候，PAR 应该以较大的概率进行微调，也就是说当和声记忆库内目标函数值相对非常接近时，PAR 的值应该比较大，PAR 值的调节本质上不是依赖迭代次数。当 gn 很小时，有可能解变量就进入最优解的邻域范围内，需要进行微调。而此时由于 gn 小，PAR 的值也很小，就会以较大的概率在全局范围内搜索，直到 gn 相对较大时才在局部范围内搜索。根据上述改进和声算法的不足，提出自适应和声搜索(adaptive harmony search，AHS)算法，自适应参数 PAR 设计为

$$PAR_i = \begin{cases} 1, & E_i / E_{i-1} \geq 1 \quad \text{或} \quad E_{i-1} = 0 \\ E_i / E_{i-1}, & E_i / E_{i-1} < 1 \end{cases}$$

其中，E_i 为第 i 代和声记忆库中解变量的目标函数值最大值与最小值之差，设 $E_0=1$，PAR_i 是随着和声库内目标函数值而变化的。由于目标函数值的随机性，PAR_i 也同样具有随机性，但 PAR_i 从开始迭代到最终算法结束有一个整体逐步增加的趋势，它在0～1之间取值。算法开始时，由于和声库相邻两代的解的差异比较大，则 E_i/E_{i-1} 的值会相对较小，这样可以保持算法以较小的概率 PAR_i 进行微调，加快算法的搜索。随着最优解的逐步接近，算法在最优解的附近进行搜索，这时和声库内的相邻两代的差异比较小，所以 E_i/E_{i-1} 的值会相对比较大，这样算法就以较大的概率 PAR_i 对和声库内的解进行扰动。我们注意到在和声记忆库内，目标函数值越接近，E_i 的值就越小，当在最优解的邻域范围内搜索时，微调的概率将趋近于1。

参数 bw 是微调的步长，在改进和声算法中，它也是迭代次数的线性函数，依赖于 bw_{max}、bw_{min} 和 gn 进行调节。在工程实际中，每个变量的取值范围有可能是不同的，而和声搜索算法中，每个变量中使用相同的干扰步长 bw，这会使某个变量很难找到最优解。例如，一个目标函数有三个决策变量分别为 $x_1\in[-0.2,0.2]$，$x_2\in[-10,10]$，$x_3\in[-100,100]$，如果目前的迭代次数是 100，$bw(100)=0.1$，可以看出这个扰动值对于 x_1 来说相对有点大，对于 x_3 来说相对有点小。而且 bw 是以固定的线性形式进行变化的，没有考虑到在当前记忆库中的变量变化的幅度。根据上述不足，bw 设计为

$$bw(i)=c_1(HM(i,max)-HM(i,min))+c_2(x_{upper}^i-x_{lower}^i)/gn \tag{4.7}$$

其中，gn 为当前的迭代次数，x_{upper} 和 x_{lower} 为变量 x_i 的上界和下界，$HM(i,max)$ 和 $HM(i,min)$ 为当前和声记忆库中 x_i 变量的最大值和最小值。c_1 和 c_2 为两个常数，在0～1之间取值。

同 PAR_i 参数一样，由于 $HM(i,max)$ 和 $HM(i,min)$ 的随机性，$bw(i)$ 也同样具有随机性，而 $bw(i)$ 有一个整体逐步减小的趋势。从式(4.7)可以看出，$bw(i)$ 由两部分构成，二者以加权系数 c_1 和 c_2 连接在一起。在算法开始时，由于和声库内的变量存在差异，gn 比较小，所以这两部分共同起作用。当算法陷入局部最优，和声库内的变量都相对接近，$HM(i,max)-HM(i,min)$ 的值趋近于 0，$(x_{upper}^i-x_{lower}^i)/gn$ 起主要的微调作用，帮助算法跳出局部最优。当迭代次数很大，但算法还没有收敛时，$(x_{upper}^i-x_{lower}^i)/gn$ 的值趋近于 0，这时 $HM(i,max)-HM(i,min)$ 起主要微调作用。这种设计可以有效地克服许多变量用同一个扰动值的缺点，而且有助于算法跳出局部极小值。

4.5.2　仿真实验

本节选取了一组广泛用于测试数值优化算法性能的标准测试函数，选择这些函数是因为它们具有如下特性。

(1)多峰性：具有大量局部极值点和多个全局极值点。

(2)欺骗性：具有误导搜索方向的梯度信息。

(3)维度灾难：当问题维度增加时，优化的困难程度急剧增长。

这些标准测试函数都是经过精心设计和严格测试的，一个数值优化算法如果能正确解决标准测试函数问题，则可以认为它在大量的问题上会具有良好的表现。下面将使用 5 个测试函数对该算法进行测试，以 x 代表一个实数类型的向量，其维数为 n，而 x_i 为其中的第 i 个元素。

第一个函数是 Sphere 函数

$$f_1(x) = \sum_{i=1}^{n} x_i^2$$

该函数的取值范围为[-1000,1000]。Sphere 函数是一个简单的单峰函数，表 4.5 中函数维数为 3。在不同迭代次数下自适应和声搜索算法和声记忆库(harmony memory，HM)内的变量值变化情况如表 4.5 所示。

表 4.5　Sphere 函数不同迭代次数 HM 中变量值变化情况表

初始 HM	x_1	x_2	x_3	$f(x)$
1	846.1149	828.7235	127.7853	$1.4190×10^6$
2	−625.5411	−507.4339	122.9546	$0.6639×10^6$
3	694.2751	193.4219	40.5588	$0.5211×10^6$
4	390.0481	420.7755	−291.6036	$0.4142×10^6$
5	−412.3243	629.2756	272.4020	$0.6402×10^6$
50 代后 HM	x_1	x_2	x_3	$f(x)$
1	−61.6862	50.5613	199.8708	$4.6310×10^4$
2	−8.7735	−122.5688	156.5966	$3.9623×10^4$
3	−13.4007	−122.5688	162.0172	$4.1452×10^4$
4	−45.5582	−168.5094	124.0396	$4.5857×10^4$
5	−69.9418	93.8913	154.7307	$3.7649×10^4$
100 代后 HM	x_1	x_2	x_3	$f(x)$
1	−15.5024	−37.0924	76.9727	$7.5410×10^3$
2	2.2477	−55.6902	67.0537	$7.6026×10^3$
3	−10.0732	−62.3196	75.2783	$9.6520×10^3$
4	19.9654	−61.1260	62.1240	$7.9944×10^3$
5	−9.4579	−53.8965	79.0720	$9.2467×10^3$
500 代后 HM	x_1	x_2	x_3	$f(x)$
1	0.9506	−1.1528	0.5030	2.4858
2	−1.3621	0.5767	−0.3636	2.3202
3	−0.4985	−1.1241	−0.7424	2.0633

续表

500 代后 HM	x_1	x_2	x_3	$f(x)$
4	−0.4985	1.3900	−1.0637	3.3121
5	1.0097	0.1768	−0.2774	1.1277
1000 代后 HM	x_1	x_2	x_3	$f(x)$
1	0.1665	0.7062	−0.1414	0.5464
2	−0.2567	0.4413	−0.3665	0.3950
3	−0.2567	−0.6744	0.025	0.5214
4	−0.1682	−0.3032	−0.1928	0.1574
5	0.2234	−0.3272	0.4258	0.3383
5000 代后 HM	x_1	x_2	x_3	$f(x)$
1	−0.0587	0.0049	0.0107	0.0036
2	−0.0624	0.0105	0.0242	0.0046
3	−0.0099	−0.0054	0.0264	0.0008
4	−0.0083	0.0620	0.0198	0.0043
5	−0.0383	0.0456	0.0251	0.0042
8000 代后 HM	x_1	x_2	x_3	$f(x)$
1	−0.0130	−0.0195	0.0186	0.0009
2	0.0009	−0.0115	0.0452	0.0022
3	−0.0099	−0.0054	0.0264	0.0008
4	0.0142	0.0229	0.0238	0.0013
5	−0.0133	−0.0429	−0.0140	0.0022
10000 代后 HM	x_1	x_2	x_3	$f(x)$
1	−0.0130	−0.0195	0.0186	8.942×10^{-4}
2	−0.0047	−0.015	−0.0187	5.967×10^{-4}
3	−0.0099	−0.0054	0.0264	8.231×10^{-4}
4	0.0004	0.0040	−0.0105	1.261×10^{-4}
5	−0.0279	−0.0055	0.0132	9.823×10^{-4}

　　由表 4.5 中可以看出，开始迭代时和声记忆库内的变量以很快的速度找到了比较好的解，在 5000 代到 8000 代的过程中，和声记忆库内的最优解没有改变，而其他解有所更新。在 10000 代后，该算法又找到了比以前更理想的最优解。

　　第二个函数是 Ronsenbrock 函数

$$f_2(x) = \sum_{i=1}^{n-1} (100(x_{i+1} - x_i^2)^2 + (x_i - 1)^2)$$

该函数的取值范围为[−30,30]。Ronsenbrock 函数优化是一个经典复杂优化问题，它的全局最优点位于一个狭长的抛物线形山谷内。对该函数进行求解，在不同迭代次数下自适应和声搜索算法和声记忆库内的变量值变化情况如表 4.6 所示。

表 4.6　Ronsenbrock 函数不同迭代次数 HM 中变量值变化情况表

初始 HM	x_1	x_2	x_3	$f(x)$
1	20.3513	26.4986	16.3448	6.2066×10^7
2	−12.9894	−12.9311	−13.3168	0.6559×10^7
3	0.2811	6.4751	−19.6733	0.0384×10^7
4	−15.9428	−0.1727	−22.7764	0.6522×10^7
5	9.5497	−12.2372	−12.6874	0.3709×10^7
50 代后 HM	x_1	x_2	x_3	$f(x)$
1	−2.1018	0.3461	−2.8953	2.5769×10^3
2	−1.8508	−3.5824	6.7855	8.5981×10^3
3	−1.8508	−3.5824	19.3567	9.1947×10^3
4	0.1517	−1.1540	6.7855	3.1182×10^3
5	−0.4158	2.4283	10.9723	3.0889×10^3
100 代后 HM	x_1	x_2	x_3	$f(x)$
1	−1.4360	1.4536	1.4864	82.4180
2	1.0279	1.8488	3.8164	79.3500
3	−0.5585	−0.5859	1.3889	194.8910
4	−0.1799	1.3851	1.6645	190.9972
5	−0.3178	0.4944	−0.8146	129.6349
500 代后 HM	x_1	x_2	x_3	$f(x)$
1	0.6987	0.3921	0.0332	2.8372
2	0.6082	0.3375	0.0711	0.8806
3	0.2629	0.1481	0.1302	3.0644
4	−0.7295	0.5048	0.2677	3.3280
5	0.5037	0.2794	0.1477	1.3164
1000 代后 HM	x_1	x_2	x_3	$f(x)$
1	0.6870	0.4659	0.2135	0.3883
2	0.7080	0.5039	0.2348	0.3685
3	0.6890	0.4890	0.2355	0.3796
4	0.7213	0.5288	0.2603	0.3442
5	0.6931	0.4997	0.2404	0.3906
2000 代后 HM	x_1	x_2	x_3	$f(x)$
1	0.8193	0.6703	0.4371	0.1562
2	0.8156	0.6779	0.4552	0.1561
3	0.8122	0.6645	0.4395	0.1506
4	0.8245	0.6859	0.4652	0.1358
5	0.8241	0.6677	0.4401	0.1579
5000 代后 HM	x_1	x_2	x_3	$f(x)$
1	0.9059	0.8220	0.6793	0.0420

续表

5000 代后 HM	x_1	x_2	x_3	$f(x)$
2	0.9025	0.8165	0.6639	0.0444
3	0.9021	0.8154	0.6661	0.0440
4	0.9106	0.8291	0.6828	0.0394
5	0.9104	0.8270	0.6761	0.0443
8000 代后 HM	x_1	x_2	x_3	$f(x)$
1	0.9605	0.9215	0.8504	0.0079
2	0.9601	0.9206	0.8469	0.0081
3	0.9599	0.9209	0.8493	0.0081
4	0.9599	0.9219	0.8507	0.0078
5	0.9611	0.9233	0.8500	0.0081

由表 4.6 可以看出，开始搜索时，不同迭代次数下解的数量级相差很大，说明开始搜索速度比较快，算法在全局范围内进行搜索。到 5000 代以后，和声记忆库内自变量函数值的差值比较小，说明算法在局部范围内寻找最优解。8000 代后，算法找到了比较好的解。

第三个函数是 Schaffer 函数

$$f_3(x) = 0.5 + \frac{(\sin\sqrt{x_1^2 + x_2^2})^2 - 0.5}{(1 + 0.001(x_1^2 + x_2^2))^2}$$

该函数的取值范围为[-5.12,5.12]，它是正弦波包络函数，峰值多而且还都是急剧变化的，由于它强烈的振荡性以及它的全局最优点被无数个次最优点包围的特性，一般算法很难找到它的全局最优解。在不同迭代次数下自适应和声搜索算法和声记忆库内的变量值变化情况如表 4.7 所示。

表 4.7　Schaffer 函数不同迭代次数 HM 中变量值变化情况表

初始 HM	x_1	x_2	$f(x)$
1	4.3667	−5.0092	0.8287
2	−1.0525	−3.5914	0.9530
3	2.0366	−2.4451	0.9648
4	−4.5689	2.6310	0.7594
5	−4.1890	0.6651	0.9762
100 代后 HM	x_1	x_2	$f(x)$
1	3.1193	−0.1073	0.0097
2	1.9415	−2.0823	0.0080
3	2.1178	−2.0329	0.0096
4	1.2702	−4.8824	0.0251
5	2.2903	−2.0329	0.0283

续表

500 代后 HM	x_1	x_2	$f(x)$
1	−1.9610	−1.0718	0.0060
2	1.9415	−2.0823	0.0080
3	2.2741	0.9067	0.0080
4	0.3972	2.4210	0.0066
5	2.5771	−0.7417	0.0073
1000 代后 HM	x_1	x_2	$f(x)$
1	−1.9610	−1.0718	0.0060
2	0.5012	1.6045	0.0071
3	0.9984	1.4463	0.0057
4	0.3972	2.4210	0.0066
5	2.5771	−0.7417	0.0073
3000 代后 HM	x_1	x_2	$f(x)$
1	0.0137	0.1126	0.0007
2	−0.1148	1.7340	0.0034
3	0.6952	−1.5655	0.0029
4	−0.0690	−1.7528	0.0031
5	0.0063	−0.2199	0.0030
6000 代后 HM	x_1	x_2	$f(x)$
1	$−4.32×10^{-6}$	$−0.207×10^{-4}$	$0.1916×10^{-10}$
2	$6.1×10^{-6}$	$1.541×10^{-4}$	$0.6164×10^{-10}$
3	$−1.3×10^{-6}$	$1.623×10^{-4}$	$0.2810×10^{-10}$
4	$−4.9×10^{-6}$	$−0.105×10^{-4}$	$0.2370×10^{-10}$
5	$−5.0×10^{-6}$	$−0.207×10^{-4}$	$0.2561×10^{-10}$
10000 代后 HM	x_1	x_2	$f(x)$
1	$−4.32×10^{-6}$	$−2.070×10^{-5}$	$0.1916×10^{-10}$
2	$−2.64×10^{-6}$	$9.121×10^{-5}$	$0.1534×10^{-10}$
3	$2.10×10^{-6}$	$8.131×10^{-5}$	$0.1105×10^{-10}$
4	$−4.85×10^{-6}$	$−1.054×10^{-5}$	$0.2370×10^{-10}$
5	$−5.02×10^{-6}$	$−2.070×10^{-5}$	$0.2561×10^{-10}$
15000 代后 HM	x_1	x_2	$f(x)$
1	$−1.28×10^{-6}$	$9.040×10^{-5}$	$0.0984×10^{-10}$
2	$2.64×10^{-6}$	$9.121×10^{-5}$	$0.1534×10^{-10}$
3	$2.10×10^{-6}$	$8.131×10^{-5}$	$0.1105×10^{-10}$
4	$3.87×10^{-6}$	$−3.195×10^{-5}$	$0.1601×10^{-10}$
5	$0.45×10^{-6}$	$−7.866×10^{-5}$	$0.0639×10^{-10}$

　　由表 4.7 可以看出，从初始的和声记忆库到 100 代后的和声记忆库内，解变量有两个数量级的变化，说明在前 100 代搜索速度很快，而在 100 代和 3000 代之间，

解变量的数量级没发生变化，这是由于该函数是包络函数，很难跳出局部范围。在 6000 代到 10000 代的迭代过程中，算法跳出局部最优，找到了比较好的解。

第四个函数是 Ackley 函数

$$f_4(x) = -20\exp(-0.2\sqrt{\frac{1}{n}\sum_{i=1}^{n}X_i^2}) - \exp(\frac{1}{n}\sum_{i=1}^{n}\cos(2\pi x_i)) + 20 + e$$

该函数的取值范围为[-30,30]，它也是一个多峰函数，在不同迭代次数下自适应和声搜索算法和声记忆库内的变量值变化情况如表 4.8 所示。

表 4.8　Ackley 函数不同迭代次数 HM 中变量值变化情况表

初始 HM	x_1	x_2	x_3	$f(x)$
1	12.8618	11.2215	−1.2151	18.5581
2	−25.7412	−22.7503	−5.5060	21.6884
3	−27.9048	22.9134	−27.1910	20.7205
4	−27.3373	−29.6679	−4.3883	21.9908
5	−18.5751	22.0270	−0.4038	21.2165
50 代后 HM	x_1	x_2	x_3	$f(x)$
1	−1.3473	−2.8117	2.0934	9.9680
2	−0.8430	0.3302	5.5299	15.3956
3	−1.0980	−1.2364	0.0349	4.3266
4	−0.5970	7.6972	1.5483	14.4381
5	−1.0856	2.8638	4.5849	13.9898
100 代后 HM	x_1	x_2	x_3	$f(x)$
1	0.0097	−0.4576	−0.3797	3.6924
2	−0.2290	−0.4576	−0.3797	3.9587
3	−0.3755	−0.5186	0.0257	3.3592
4	−0.1606	0.0474	−0.4933	3.4539
5	−0.6418	0.1412	0.0270	2.7931
500 代后 HM	x_1	x_2	x_3	$f(x)$
1	−0.0163	0.0294	0.0008	0.0976
2	0.0272	−0.0136	0.0066	0.0921
3	−0.0364	0.0083	0.0106	0.1224
4	−0.0189	−0.0126	0.007	0.0705
5	0.0237	0.0434	−0.0147	0.1752
1000 代后 HM	x_1	x_2	x_3	$f(x)$
1	0.0133	−0.0039	−0.0018	0.0363
2	−0.0046	0.0006	0.0088	0.0387
3	−0.0030	−0.0124	−0.0036	0.0360
4	0.0090	−0.0047	0.0064	0.0373
5	0.0092	−0.0056	0.0053	0.0353

续表

2000 代后 HM	x_1	x_2	x_3	$f(x)$
1	0.0011	−0.0033	−0.0012	0.0095
2	−0.0015	0.0034	−0.0003	0.0088
3	−0.0008	0.0052	0.0018	0.0146
4	−0.0027	−0.0042	0.0010	0.0127
5	0.0048	−0.0016	−0.0005	0.0123
5000 代后 HM	x_1	x_2	x_3	$f(x)$
1	−0.0016	−0.0000	0.0007	0.0046
2	0.0013	−0.0009	−0.0007	0.0045
3	0.0012	0.0003	0.0008	0.0042
4	−0.0007	−0.0009	0.0003	0.0029
5	0.0003	−0.0019	0.0003	0.0046
8000 代后 HM	x_1	x_2	x_3	$f(x)$
1	0.3493×10^{-3}	0.3602	0.1761	0.0014
2	$−0.2857 \times 10^{-3}$	0.1553	0.2105	0.0011
3	0.0732×10^{-3}	0.4956	−0.0980	0.0012
4	$−0.4294 \times 10^{-3}$	−0.2021	−0.2072	0.0014
5	$−0.0346 \times 10^{-3}$	0.1624	0.3179	0.0013

从表 4.8 可以看出，虽然 Ackley 函数是一个多峰函数，但在不同迭代次数下，自适应和声搜索算法没有被限制在局部范围内，每个迭代次数下和声记忆库内的解都比前一次的和声记忆库内的解优越，说明该函数有很强的跳出局部最优的能力。

第五个函数是 Griewank 函数

$$f_5(x) = \frac{1}{4000} \sum_{i=1}^{n} x_i^2 - \prod_{i=1}^{n} \cos\left(\frac{x_i}{\sqrt{i}}\right) + 1$$

该函数的取值范围为[−600,600]，它为多峰函数，在不同迭代次数下自适应和声搜索算法和声记忆库内的变量值变化情况如表 4.9 所示。

表 4.9　Griewank 函数不同迭代次数 HM 中变量值变化情况表

初始 HM	x_1	x_2	x_3	$f(x)$
1	215.0721	452.5062	540.5914	136.8686
2	598.5231	−310.0076	−324.0329	140.8242
3	−385.0092	92.8412	−580.8835	124.5185
4	−84.7572	−389.7799	−380.7774	77.3272
5	61.5178	−312.6069	−432.7289	73.0159

100 代后 HM	x_1	x_2	x_3	$f(x)$
1	−34.7272	18.5150	−0.0244	0.4153
2	−14.9826	−5.3942	1.4519	0.4660
3	−21.1220	4.8483	16.5372	0.8369
4	−27.6584	24.9793	9.4673	0.5559
5	−30.9085	6.6745	28.5237	0.5990
500 代后 HM	x_1	x_2	x_3	$f(x)$
1	−9.9418	7.1336	−0.3204	0.2501
2	−5.9169	12.3039	1.5362	0.2403
3	−3.0784	12.3686	8.7194	0.0938
4	−18.6890	−1.0175	0.2828	0.2293
5	−11.9746	−12.4836	−0.9212	0.2846
1000 代后 HM	x_1	x_2	x_3	$f(x)$
1	−0.2523	−0.0885	0.2740	0.0367
2	−15.8709	−0.1506	10.4077	0.1585
3	−3.0784	12.3686	8.7194	0.0938
4	−12.8795	0.9184	−0.5032	0.2009
5	−5.8458	0.5187	−0.6870	0.1560
3000 代后 HM	x_1	x_2	x_3	$f(x)$
1	0.0459	0.0711	−0.0898	0.0021
2	−0.0146	0.0993	−0.0422	0.0014
3	0.0472	−0.0387	−0.0662	0.0015
4	0.0041	−0.0166	0.1033	0.0006
5	0.0075	0.1148	0.0205	0.0017
6000 代后 HM	x_1	x_2	x_3	$f(x)$
1	−0.0137	0.0091	0.0519	0.2544×10^{-3}
2	0.0144	0.0272	0.0226	0.2252×10^{-3}
3	0.0141	0.0380	−0.0344	0.3461×10^{-3}
4	0.0145	−0.0062	−0.0536	0.2703×10^{-3}
5	−0.0119	0.0113	−0.0043	0.0877×10^{-3}
10000 代后 HM	x_1	x_2	x_3	$f(x)$
1	−0.0021	−0.0065	0.0042	0.0839×10^{-4}
2	0.0085	0.0017	−0.0058	0.3811×10^{-4}
3	−0.0023	0.0174	−0.0053	0.4201×10^{-4}
4	0.0052	−0.0004	0.0196	0.3492×10^{-4}
5	−0.0041	0.0005	0.0206	0.3222×10^{-4}
15000 代后 HM	x_1	x_2	x_3	$f(x)$
1	−0.0021	−0.0065	0.0042	0.0839×10^{-4}
2	−0.0011	−0.0053	0.0067	0.0667×10^{-4}
3	−0.0007	0.0039	−0.0088	0.0647×10^{-4}
4	−0.0014	0.0082	0.0038	0.1029×10^{-4}
5	−0.0006	0.0106	−0.0062	0.1633×10^{-4}

由表 4.9 可以看出，和声记忆库内的解在不同的迭代次数下逐渐减小，说明每

次迭代都能找到比较好的解，而 Griewank 函数也是一个多峰函数，更能体现出自适应和声搜索算法跳出局部最优的能力。

文献[62]中改进搜索和声算法与遗传算法、和声算法、分支定界法等进行了比较，本节将此算法与改进搜索和声算法(IHS)、粒子群算法(PSO)、模拟退火(simulate anneal，SA)算法进行比较。为计算每种算法的鲁棒性，每种算法单独运行 100 次，设 Sphere、Ronsenbrock、Schaffer、Ackley 和 Griewank 的阈值分别为 0.1、100、10^{-5}、0.1 和 0.1。其中，同一函数四种算法采用相同的最大迭代次数，m 为 100 次迭代得到的最优值的均值，v 为方差，g 为 100 次迭代最好解，w 为最差解，s 为达优率。除 Schaffer 函数为 2 维以外，其余函数维数都为 10 维，利用上述的五个指标对五个函数的优化结果如表 4.10～表 4.14 所示。

表 4.10　四种优化算法对 Sphere 的优化结果表

算法 指标	IHS	PSO	SA	AHS
m	43.0208	1.1094×10^3	3.8389×10^5	0.061
v	1.6745×10^6	89.5771	1.3751×10^6	2.8822
b	1.4749×10^{-4}	1.157×10^2	1.0738×10^5	0.0318
w	326.6951	2.3781×10^3	5.6342×10^5	0.0947
s	8	0	0	100

表 4.11　四种优化算法对 Ronsenbrock 的优化结果表

算法 指标	IHS	PSO	SA	AHS
m	127.0910	3.3237×10^7	1.7454×10^6	28.9468
v	1.3571×10^7	4.9511×10^6	1.2961×10^5	7.1639×10^5
b	7.4637	8.1×10^5	1.908×10^5	6.9537
w	661.8535	1.6586×10^8	4.0837×10^6	440.727
s	58	0	0	92

表 4.12　四种优化算法对 Schaffer 的优化结果表

算法 指标	IHS	PSO	SA	AHS
m	0.0044	0.1926	7.3117×10^{-4}	8.7835×10^{-4}
v	0.0141	0.0364	8.4332×10^{-5}	6.1333×10^{-4}
b	1.2465×10^{-9}	4.4×10^{-5}	9.8435×10^{-6}	1.5686×10^{-11}
w	0.0049	0.6307	2.6306×10^{-3}	0.0049
s	10	0	2	42

表 4.13　四种优化算法对 Ackley 的优化结果表

指标＼算法	IHS	PSO	SA	AHS
m	0.8251	18.8371	15.7207	0.0302
v	500.2497	0.2009	0.1269	0.6909
b	0.0012	14.9615	12.7398	0.0146
w	2.5104	20.9596	17.0175	0.0619
s	18	0	0	100

表 4.14　四种优化算法对 Griewank 的优化结果表

指标＼算法	IHS	PSO	SA	AHS
m	0.1510	0.9169	34.2832	0.0956
v	17.3632	0.0129	0.9892	7.0596
b	0.3071	0.7360	18.5078	0.0084
w	0.3420	1.0951	47.4774	0.2251
s	26	0	0	58

　　虽然在表 4.10 中，Sphere 函数用 AHS 求解的最好解没有 IHS 的最好解好，但从其他几项指标中，特别是从均值 m 和达优率 s 上来看，AHS 算法都比其他算法优越得多。Schaffer、Ackley 和 Griewank 是多峰函数，AHS 算法取得较好的优化效果，在表 4.13 中 Ackley 函数的最好解不如 IHS 算法，但 AHS 算法的最差解与最好解在同一个数量级上，说明该算法具有很好的鲁棒能。测试函数曲线如图 4.8～图 4.12 所示。

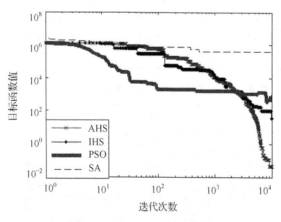

图 4.8　Sphere 函数（见彩图）

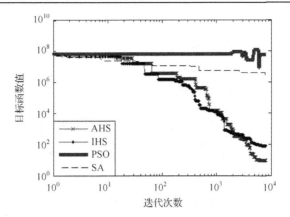

图 4.9　Rosenbrock 函数（见彩图）

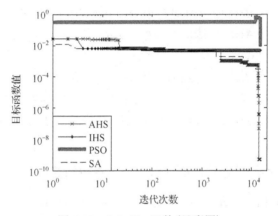

图 4.10　Schaffer 函数（见彩图）

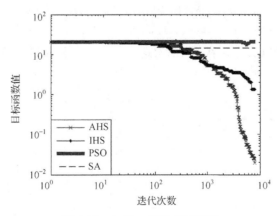

图 4.11　Ackley 函数（见彩图）

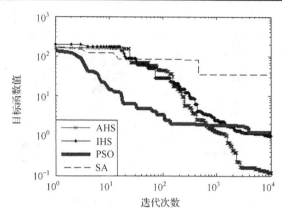

图 4.12　Griewank 函数（见彩图）

从图 4.8～图 4.12 中也可以看出对于每个测试函数，AHS 算法能够找到精度比较高的解。图 4.10 中 AHS 算法能够很好地跳出局部最优，而且还能够找到比较好的最优解，但 IHS、PSO 和 SA 算法则不能。

综上所述，AHS 算法具有较强的鲁棒性，能够跳出局部极小点。主要原因如下：①采用自适应的参数调节率 PAR，使得全局搜索能力和局部搜索能力调整的更为合理；②自适应扰动值 bw，使 AHS 算法可以跳出局部极小点，避免早熟，从而提高寻优精度。

4.5.3　基于自适应和声搜索算法的软集合正则参数约简问题求解

下面利用自适应和声搜索算法对软集合进行参数约简，软集合 (F, E) 如表 4.15 所示。该算法在 MATLAB 程序中实现。执行环境为 Intel Core 2 双核处理器 2.8GHz，内存为 4GB，操作系统是 Windows XP 的 SP3 版本。利用自适应和声搜索算法，得到的最好的解是 01010110，$\{e_1, e_3, e_5, e_8\}$ 是非必要集，$\{e_2, e_4, e_6, e_7\}$ 是集合 E 的正则参数约简。从图 4.13 可以看出，在第 13 次迭代得到了最佳解，仿真结果表明了该方法的有效性和可行性。

表 4.15　软集合表

U	e_1	e_2	e_3	e_4	e_5	e_6	e_7	e_8
h_1	1	1	1	1	0	0	1	0
h_2	0	0	0	1	1	0	0	1
h_3	1	0	1	0	0	0	0	0
h_4	1	1	0	1	0	0	1	1
h_5	1	0	0	0	0	0	1	1
h_6	1	1	1	1	0	1	1	0

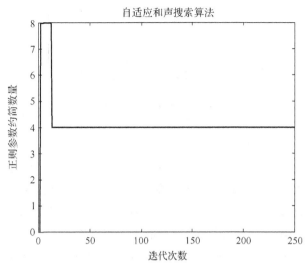

图 4.13　自适应和声搜索算法正则参数约简

4.6　本 章 小 结

本章针对软集合参数约简中效率低并且无法实现大数据参数约简的情况，提出了基于智能优化算法的软集合正则参数约简的新方法。首先根据软集合参数约简规则，建立了正则参数约简的优化模型，利用 PSO 算法、HS 算法和 IHS 算法求解软集合参数约简问题，并对和声搜索算法进行了改进，提出了 AHS 算法。通过五个基准测试函数的仿真表明，AHS 算法具有较强的鲁棒性，能够跳出局部极小点，避免早熟，寻优精度有了很大提高。利用 AHS 算法求解软集合参数约简问题，相较于 PSO 算法和 HS、IHS 算法，其在约简的速度和效率上都有了很大的改善。

第5章 更改参数值和增加对象对软集合正则
参数约简的影响

利用软集合描述对象时，如何分析对象某些信息发生变化后的正则参数约简是否发生变化，是本章的重点研究内容。在本章中，我们讨论软集合正则参数约简的两种情况：①更改参数值。对于一个对象，参数值并不总是固定不变的，有时可能由于某种原因发生改变，那么原始软集合的正则参数约简也有可能改变。例如，"房屋状态"是一个参数，修缮完好则参数值是1。某个房屋比较破旧，则参数值是0，如果一个房屋比较破旧，但经过一段时间进行修理，房屋修理得非常好，因此参数值由0变为1。由于研究对象的参数值发生改变，正则参数约简也可能发生改变。②增加对象，即将新的对象增加到初始对象集中。例如，某人想购买一间房屋，因此研究对象集为他已知的待售房屋，但经过朋友介绍，又有新的房屋可以待选，那么此人考虑的对象集增加了。通常情况下，我们研究上述情况的正则参数约简问题，需要对新的软集合重新约简，显然浪费了很多时间。为了克服上述问题，本章提出了正负变化率的定义，并给出了一些性质，研究了更改参数值和增加对象对正则参数约简的影响问题。

5.1 更改参数值对软集合正则参数约简的影响

5.1.1 参数值正（负）变化率的定义

为了下面问题说明简便，在此给出一些定义。

定义 5.1 对于软集合 (F,E)，论域 $U=\{h_1,h_2,\cdots,h_n\}$，参数集 $E=\{e_1,e_2,\cdots,e_m\}$，n 为对象的个数，m 为参数的个数。对于对象 h_i 和参数 e_j，参数值 h_{ij} 是变化的，$h_{ij}:0\to1$（或者 $h_{ij}:1\to0$），那么 e_j 的负变化率（正变化率）为

$$r_{e_j}^- = -\frac{1}{n}\left(r_{e_j}^- = +\frac{1}{n}\right)$$

其中，负号表示 h_{ij} 从0到1变化，正号表示 h_{ij} 从1到0变化。

定义 5.2 对于软集合 (F,E)，论域 $U=\{h_1,h_2,\cdots,h_n\}$，参数集 $E=\{e_1,e_2,\cdots,e_m\}$，

w 为 e_j 从 0 到 1 变化的参数值的个数，q 为 e_j 从 1 到 0 变化的对象的个数，那么 e_j 的负变化率和正变化率分别为

$$r_{e_j}^- = -\frac{w}{n}$$

$$r_{e_j}^+ = \frac{q}{n}$$

定义 5.3　对于软集合 (F,E)，论域 $U = \{h_1, h_2, \cdots, h_n\}$，参数集 $E = \{e_1, e_2, \cdots, e_m\}$，$w$ 为 $\{e_1, e_2, \cdots, e_m\}$ 从 0 到 1 变化的参数值的个数，q 为 $\{e_1, e_2, \cdots, e_m\}$ 从 1 到 0 变化的对象的个数，那么 $\{e_1, e_2, \cdots, e_m\}$ 的负变化率和正变化率分别为

$$r_{\{e_1, e_2, \cdots, e_m\}}^- = -\frac{w}{n}$$

$$r_{\{e_1, e_2, \cdots, e_m\}}^+ = \frac{q}{n}$$

5.1.2　参数值正(负)变化率的性质及对正则参数约简的影响

下面讨论上述定义的一些性质和更改参数对软集合正则参数约简的影响问题。负变化率和正变化率有如下性质。

性质 5.1　对于软集合 (F,E)，参数集 $E = \{e_1, e_2, \cdots, e_m\}$，负变化率 $-1 \leqslant r_{e_j}^- \leqslant 0$，正变化率 $0 \leqslant r_{e_j}^+ \leqslant 1$。

性质 5.2　对于软集合 (F,E)，参数集 $E = \{e_1, e_2, \cdots, e_m\}$，$\tilde{r}_{e_i} = r_{e_i} - r_{e_i}^- - r_{e_i}^+$，其中，$\tilde{r}_{e_i}$ 和 r_{e_i} 分别为更新后的软集合和原始软集合中 e_j 的重要度；$r_{e_i}^-$ 和 $r_{e_i}^+$ 分别为 e_i 的负变化率和正变化率。

例 5.1　假设有一个软集合 (F,E) 如表 5.1 所示，E 的正则参数约简为 $\{e_3, e_4, e_5, e_6\}$，如表 5.2 所示。冗余参数集 $\{e_1, e_2, e_7\}$ 的某些参数值发生改变，如表 5.3 所示，正则参数约简 $\{e_3, e_4, e_5, e_6\}$ 的某些参数值发生变化，如表 5.4 所示。

表 5.1　例 5.1 的软集合表

U	e_1	e_2	e_3	e_4	e_5	e_6	e_7	$c = f(\cdot)$
h_1	1	0	1	1	1	0	0	4
h_2	0	0	1	1	1	1	1	5
h_3	0	0	0	0	0	1	1	2
h_4	1	0	1	0	0	0	0	2
h_5	1	0	1	0	0	0	0	2
h_6	0	1	1	1	1	0	1	4

表 5.2　表 5.1 的正则参数约简表

U	e_3	e_4	e_5	e_6	$c = f(\cdot)$
h_1	1	1	1	0	3
h_2	1	1	1	1	4
h_3	0	0	0	1	1
h_4	1	0	0	0	1
h_5	1	0	0	0	1
h_6	1	1	0	1	3

表 5.3　例 5.1 改变参数值 $\{e_1, e_2, e_7\}$ 表

U	e_1	e_2	e_3	e_4	e_5	e_6	e_7	$c = f(\cdot)$
h_1	0	1	1	1	1	0	0	4
h_2	0	0	1	1	1	1	1	5
h_3	0	0	0	0	0	1	1	2
h_4	1	0	1	0	0	0	0	2
h_5	1	0	1	0	0	0	0	2
h_6	0	1	1	1	0	1	0	4

表 5.4　例 5.1 改变参数值 $\{e_3, e_4, e_5, e_6\}$ 表

U	e_1	e_2	e_3	e_4	e_5	e_6	e_7	$c = f(\cdot)$
h_1	1	0	0	1	1	0	0	3
h_2	0	0	1	1	1	1	1	5
h_3	0	0	0	1	0	1	1	3
h_4	1	0	1	0	0	0	0	2
h_5	1	0	1	0	0	0	0	2
h_6	0	1	1	1	0	1	0	4

对比表 5.1 和表 5.3 可以看出 h_{11} 的重要度从 1 变到 0，h_{12} 的重要度从 0 变到 1。通过表 5.1 和表 5.3 可以计算出 $\tilde{r}_{e_1} = \frac{2}{6}$，$r_{e_1} = \frac{3}{6}$，$r_{e_1}^- = 0$，$r_{e_1}^+ = \frac{1}{6}$，$\tilde{r}_{e_2} = \frac{2}{6}$，$r_{e_2} = \frac{1}{6}$，$r_{e_2}^- = -\frac{1}{6}$，$r_{e_2}^+ = 0$。因此 $\tilde{r}_{e_1} = r_{e_1} - r_{e_1}^- - r_{e_1}^+$，$\tilde{r}_{e_2} = r_{e_2} - r_{e_2}^- - r_{e_2}^+$。

通过表 5.1 和表 5.4 可以计算出 $\tilde{r}_{e_3} = \frac{4}{6}$，$r_{e_3} = -\frac{5}{6}$，$r_{e_3}^- = 0$，$r_{e_3}^+ = \frac{1}{6}$，$\tilde{r}_{e_4} = \frac{4}{6}$，$r_{e_4} = \frac{3}{6}$，$r_{e_1}^- = -\frac{1}{6}$，$r_{e_4}^+ = 0$。因此 $r_{e_3}^- = r_{e_3} - r_{e_3}^- - r_{e_3}^+$，$\tilde{r}_{e_4} = r_{e_4} - r_{e_4}^- - r_{e_4}^+$。

性质 5.3　当且仅当 $r_{e_j} = 0$，$\tilde{r}_{e_j} = 1$ 时，$r_{e_j}^- = -1$；当且仅当 $r_{e_j} = 1$，$\tilde{r}_{e_j} = 0$ 时，$r_{e_j}^+ = 1$。其中，$\tilde{r}_{e_j}$ 和 r_{e_j} 分别为更新后的软集合和原始软集合中 e_j 的重要度。

性质 5.4　对于软集合 (F, E)，参数集 $E = \{e_1, e_2, \cdots, e_m\}$，负变化率为

$$r^-_{\{e_1,e_2,\cdots,e_m\}} = \sum_{k=1}^{m} r^-_{e_k}$$

正变化率为

$$r^+_{\{e_1,e_2,\cdots,e_m\}} = \sum_{k=1}^{m} r^+_{e_k}$$

定理 5.1　对于软集合 (F,E)，参数集 $E = \{e_1,e_2,\cdots,e_m\}$，$E-A$ 为 E 的正则参数约简，非必要集 $A = \{e'_1,e'_2,\cdots,e'_p\} \subseteq E$ 中一个或多个对象的参数值发生改变。如果 E 的正则参数约简不变，那么 $\sum_{j=1}^{p} r^+_{e'_j} + r^-_{e'_j}$ 是整数，其中，p 为 A 中参数的个数。

定理 5.2　对于软集合 (F,E)，参数集 $E = \{e_1,e_2,\cdots,e_m\}$，假设 $A = \{e^n_1,e^n_2,\cdots,e^n_g\}$ 为非必要集，$E-A$ 为 E 的正则参数约简，若子集 $B = \{e'_1,e'_2,\cdots,e'_p\} \subseteq E-A$，$B$ 中一个或多个参数的参数值发生改变。如果 E 的正则参数约简为 $E-A-B$，那么 $\sum_{j=1}^{p} \tilde{r}_{e'_j}$ 是整数，其中，p 为 B 中参数的个数，$\tilde{r}_{e'_j}$ 为参数值发生变化的软集合中 e'_j 的重要度。

例 5.2　假设有一个软集合 (F,E) 如表 5.5 所示，$U = \{h_1,h_2,h_3,h_4,h_5,h_6\}$，$E = \{e_1,e_2,e_3,e_4,e_5,e_6,e_7\}$。

表 5.5　例 5.2 的软集合表

U	e_1	e_2	e_3	e_4	e_5	e_6	e_7	$c = f(\cdot)$
h_1	1	0	1	1	1	0	0	4
h_2	0	0	1	1	1	1	1	5
h_3	0	0	0	0	0	1	1	2
h_4	1	0	1	0	0	0	0	2
h_5	1	0	1	0	0	0	0	2
h_6	0	1	1	1	0	1	0	4

在表 5.5 中，通过正则参数约简方法，我们得到 $r_{e_1} = \dfrac{3}{6}$，$r_{e_2} = \dfrac{1}{6}$，$r_{e_3} = \dfrac{5}{6}$，$r_{e_4} = \dfrac{3}{6}$，$r_{e_5} = \dfrac{2}{6}$，$r_{e_6} = \dfrac{3}{6}$，$r_{e_7} = \dfrac{2}{6}$，所以 $\{e_3,e_4,e_5,e_6\}$ 是 E 的正则参数约简。参数集 $\{e_3,e_4,e_5,e_6\}$ 的一些参数值在表 5.6 中发生改变，h_{34} 和 h_{46} 的重要度从 0 变到 1，h_{43}、h_{63}、h_{25}、h_{26} 的重要度从 1 变到 0，如表 5.6 所示。

表 5.6　例 5.2 改变参数值 $\{e_3, e_4, e_5, e_6\}$ 表

U	e_1	e_2	e_3	e_4	e_5	e_6	e_7	$c = f(\cdot)$
h_1	1	0	1	1	1	0	0	4
h_2	0	0	1	1	0	0	1	3
h_3	0	0	0	1	0	1	1	3
h_4	1	0	0	0	0	1	0	2
h_5	1	0	1	0	0	0	0	2
h_6	0	1	0	1	0	1	0	3

在表 5.6 中 e_3、e_4、e_5 和 e_6 的重要度是 $r'_{e_3} = \dfrac{3}{6}$，$r'_{e_4} = \dfrac{4}{6}$，$r'_{e_5} = \dfrac{1}{6}$ 和 $r'_{e_6} = \dfrac{3}{6}$。根据正则参数约简的定义，可以发现表 5.5 的正则参数约简是 $\{e_3, e_4, e_5, e_6\}$，表 5.6 的正则参数约简是 $\{e_4, e_5\}$，如表 5.7 所示。

表 5.7　表 5.6 的正则参数约简表

U	e_4	e_5	$c = f(\cdot)$
h_1	1	1	2
h_2	1	0	1
h_3	1	0	1
h_4	0	0	0
h_5	0	0	0
h_6	1	0	1

从表 5.6 中可以得到参数的重要度 $r'_{e_3} = \dfrac{3}{6}$，$r'_{e_6} = \dfrac{3}{6}$。r'_{e_3} 与 r'_{e_6} 的和是 1。因此，定理 5.2 通过例 5.2 得到了验证。

5.2　增加对象对软集合正则参数约简的影响

5.2.1　增加对象

本节考虑正则参数约简的另一个问题。在实际的决策系统中，对象集不可能是固定不变的，一些新的对象由于某种需要可能加入到对象集中。下面为了描述问题方便，我们给出一些符号表示。

以表 5.1 中软集合 (F, E) 为例，$U = \{h_1, h_2, h_3, h_4, h_5, h_6\}$，$E = \{e_1, e_2, e_3, e_4, e_5, e_6, e_7\}$。另一个软集合为 (F', E)，其参数集为 E，对象集为 $T = \{h_7, h_8, h_9, h_{10}\}$，如表 5.8 所示，增加对象的参数重要度 e_j 用 $\bar{r}_{e_j}$ 表示。结合新对象集 T 和原始对象集 U 得到对象集 $U \cup T$，参数的重要度 e_j 用 $\hat{r}_{e_j}$ 表示，$U \cup T$ 的软集合表如表 5.9 所示。

参数的重要度 e_1 在对象集 U 和 T 中用 r_{e_i} 和 $\overline{r}_{e_i}$ 表示，参数的重要度 e_i 在对象集 $U \cup T$ 中用 $\hat{r}_{e_i}$ 表示。

表 5.8　新软集合表

U	e_1	e_2	e_3	e_4	e_5	e_6	e_7	$c = f(\cdot)$
h_7	1	0	1	0	0	0	0	2
h_8	0	1	0	1	1	1	0	4
h_9	0	0	0	0	1	0	1	2
h_{10}	1	0	1	0	0	1	0	3

表 5.9　联合表 5.2 和表 5.8 的新表

$U \cup T$	e_1	e_2	e_3	e_4	e_5	e_6	e_7	$c = f(\cdot)$
h_1	1	0	1	1	1	0	0	4
h_2	0	0	1	1	1	1	1	5
h_3	0	0	0	0	0	1	1	2
h_4	1	0	1	0	0	0	0	2
h_5	1	0	1	0	0	0	0	2
h_6	0	1	1	1	0	1	0	4
h_7	1	0	1	0	0	0	0	2
h_8	0	1	0	1	1	1	0	4
h_9	0	0	0	0	1	0	1	2
h_{10}	1	0	1	0	0	1	0	3

5.2.2　增加对象对参数重要度及正则参数约简的影响

下面讨论增加对象后软集合中参数重要度的一些性质和对正则参数约简的影响。

性质 5.5　$\overline{r}_{e_i} \leqslant r'_{e_i} \leqslant r_{e_i}$ 或 $r_{e_i} \leqslant r'_{e_i} \leqslant \overline{r}_{e_i}$ 。

证明：令对象集 U 的重要度 e_i 为

$$r_{e_i} = \frac{1}{|U|}(\alpha_{1,e_i}, \alpha_{2,e_i} + \cdots + \alpha_{s,e_i})$$

其中，$|\cdot|$ 为集合的基数，α_{k,e_i} 为

$$\alpha_{k,e_i} = \begin{cases} |E_{f_k} - \overline{E - e_{i,f_{z'}}}|, & \text{如果存在} z' \text{使得} f_k = f_{z'}, \quad 1 \leqslant z' \leqslant s', \quad 1 \leqslant k \leqslant s \\ |E_{f_k}|, & \text{其他} \end{cases}$$

从参数重要度的定义可知，当选择值 $f(h_j) = f_k$ 时，$|E_{f_k} - \overline{E - e_{i,f_{z'}}}|$ 是 $h_{ij} = 1$ 的个数。所以重要度 $\alpha_{1,e_i}, \alpha_{2,e_i} + \cdots + \alpha_{s,e_i}$ 是 $h_{ij} = 1$ 的数量，$j = 1, 2, \cdots, n$ 。令 $\overline{r}_{e_i} = \frac{1}{|T|}(\overline{a}_{1,e_i} + \overline{a}_{2,e_i} + \cdots + \overline{a}_{s_1,e_i})$，$\hat{r}_{e_i} = \frac{1}{|U \cup T|}(\hat{a}_{1,e_i} + \hat{a}_{2,e_i} + \cdots + \hat{a}_{s_2,e_i})$，从上面的证明可得

$$\sum_{j=1}^{s_2} \hat{a}_{j,e_i} = \sum_{j=1}^{s} a_{j,e_i} + \sum_{j=1}^{s_1} \overline{a}_{j,e_i}$$

并且$|U \cup T| = |U| + |T|$，因此$\overline{r}_{e_i} \leqslant r'_{e_i} \leqslant r_{e_i}$或$r_{e_i} \leqslant r'_{e_i} \leqslant \overline{r}_{e_i}$。

性质 5.6　如果$r_{e_i} \geqslant r_{e_j}$并且$\overline{r}_{e_i} \geqslant \overline{r}_{e_j}$，那么$\hat{r}_{e_i} \geqslant \hat{r}_{e_j}$。

证明：从性质 5.5 的证明可得$\sum_{j=1}^{s_2} \hat{a}_{j,e_i} = \sum_{j=1}^{s} a_{j,e_i} + \sum_{j=1}^{s_1} \overline{a}_{j,e_i}$，并且$r_{e_j} \leqslant r_{e_i} \Rightarrow$

$\sum_{k=1}^{s} a_{k,e_j} \leqslant \sum_{k=1}^{s} a_{k,e_i}$，$\overline{r}_{e_j} \leqslant \overline{r}_{e_i} \Rightarrow \sum_{k=1}^{s_1} \overline{a}_{k,e_j} \leqslant \sum_{k=1}^{s_1} \overline{a}_{k,e_i}$，因此可得

$$\sum_{k=1}^{s} a_{k,e_j} + \sum_{k=1}^{s_1} \overline{a}_{k,e_j} \leqslant \sum_{k=1}^{s} a_{k,e_i} + \sum_{k=1}^{s_1} \overline{a}_{k,e_i}$$

又因为$\sum_{k=1}^{s_2} \hat{a}_{k,e_j} \leqslant \sum_{k=1}^{s_2} \hat{a}_{k,e_i}$，因此$\hat{r}_{e_i} \geqslant \hat{r}_{e_j}$。

为了更好地说明这些性质，给出了表5.10。$\overline{r}_{e_i}$、r_{e_i}和$\hat{r}_{e_i}$代表参数e_i在表5.8、表5.1和表5.9中的重要度。通过$\overline{r}_{e_i}$、r_{e_i}和$\hat{r}_{e_i}$的重要度，就能获得$\overline{r}_{e_i}$、r_{e_i}和$\hat{r}_{e_i}$的关系。

表5.10　表5.1、表5.8和表5.9各参数重要度表

	e_1	e_2	e_3	e_4	e_5	e_6	e_7
$\overline{r}_{e_i}$	2/4	1/4	2/4	1/4	2/4	2/4	1/4
r_{e_i}	3/6	1/6	5/6	3/6	2/6	3/6	2/6
$\hat{r}_{e_i}$	5/6	2/10	7/10	4/10	4/10	5/10	3/10

定理 5.3　对于软集合(F,E)，$U = \{h_1, h_2, \cdots, h_n\}$为对象集，$E = \{e_1, e_2, \cdots, e_m\}$为参数集，$E - A$是对象集$U$的参数集$E$的正则参数约简，$A = \{e'_1, e'_2, \cdots, e'_p\} \subset E$。增加新的对象集$T = \{h_{n+1}, h_{n+2}, \cdots, h_{n+g}\}$之后，如果$E$的正则参数约简不变，那么$\sum_{j=1}^{p} r_{e'_j} = \sum_{j=1}^{p} \overline{r}_{e'_j}$，其中，$r_{e'_j}$和$\overline{r}_{e'_j}$分别为对象集$U$和$T$关于$e'_j$的重要度。

证明：由于E的正则参数约简不变，从定理 3.1 可知

$$\hat{r}_{e'_1} + \hat{r}_{e'_2} + \cdots + \hat{r}_{e'_p} = f_A(\cdot)$$

其中，$\hat{r}_{e'_j}$为论域$U \cup T$的参数集E的重要度，$j = 1, 2, \cdots, p$。也就是说$f_A(h_1) = \cdots = f_A(h_n) = f_A(h_{n+1}) = \cdots = f_A(h_{n+g})$。对于对象集$U$，由$f_A(h_1) = f_A(h_2) = \cdots = f_A(h_n)$可得

$$r_{e'_1} + r_{e'_2} + \cdots + r_{e'_p} = f_A(h_j), \quad j = 1, 2, \cdots, n$$

对于对象集 T，由 $f_A(h_{n+1}) = f_A(h_{n+2}) = \cdots = f_A(h_{n+g})$ 可得

$$\overline{r}_{e_1'} + \overline{r}_{e_2'} + \cdots + \overline{r}_{e_p'} = f_A(h_j), \quad j = n+1, n+2, \cdots, n+g$$

因此 $\displaystyle\sum_{j=1}^{p} r_{e_j'} = \sum_{j=1}^{p} \overline{r}_{e_j'}$。

参数 e_1、e_2 和 e_7 在表 5.10 中的重要度为 $\overline{r}_{e_1} = \dfrac{2}{4}$，$\overline{r}_{e_2} = \dfrac{1}{4}$，$\overline{r}_{e_7} = \dfrac{1}{4}$，$r_{e_1} = \dfrac{3}{6}$，$r_{e_2} = \dfrac{1}{6}$，$r_{e_7} = \dfrac{2}{6}$，其中，$\overline{r}_{e_1} + \overline{r}_{e_2} + \overline{r}_{e_7} = 1$，$r_{e_1} + r_{e_2} + r_{e_7} = 1$。根据定理 5.3 可得 $\overline{r}_{e_1} + \overline{r}_{e_2} + \overline{r}_{e_7} = r_{e_1} + r_{e_2} + r_{e_7}$。

定理 5.4　对于软集合 (F, E)，$U = \{h_1, h_2, \cdots, h_n\}$ 为对象集，$E = \{e_1, e_2, \cdots, e_m\}$ 为参数集，$T = \{h_{n+1}, h_{n+2}, \cdots, h_{n+g}\}$ 为新增加的对象集。令 B 和 C 分别是新对象集 $U \cup T$ 和原始对象集 U 的正则参数约简，那么 $B \subseteq C$。

证明：从定理 5.1 可知若 $C \subseteq E$ 是 E 的正则参数约简，那么 C 是非必要的，并且 $f_{E-C}(h_1) = f_{E-C}(h_2) = \cdots = f_{E-C}(h_n)$，也就是说 $E-C$ 是论域 U 的参数集 E 的最大子集，重要度 $f_{E-C}(\cdot)$ 保持不变。所以对于任意 $e_j \in C$，等式 $f_{e_j}(h_1) = f_{e_j}(h_2) = \cdots = f_{e_j}(h_n)$ 不成立。于是对于论域 $U \cup T$ 中的任意 $e_j \in C$，等式 $f_{e_j}(h_1) = \cdots = f_{e_j}(h_n) = f_{e_j}(h_{n+1}) = f_{e_j}(h_{n+g})$ 也不成立。因此 B 是论域 $U \cup T$ 的参数集 E 的正则参数约简，从而 $B \subseteq C$。

5.3　本　章　小　结

本章基于软集合的正则参数约简，分析了改变参数值和增加对象后的一些性质，并分析了基于上述两种情况对正则参数约简的影响，得到了一些结论，最后通过例子验证了结果的合理性。

第 6 章　模糊软集合的近似正则参数约简

模糊软集合的正则参数约简方法虽然已经被提出，但其对冗余参数的要求非常严格，因此该方法在模糊软集合中删除冗余参数的数量非常少，而且约简性能很差。为了更好地消除冗余参数，模糊软集合的近似正则参数约简被提出，该方法提高了约简的效率。但是，模糊软集合近似正则参数约简的方法需要人工搜索，也就是说，通过试凑法来计算，需要花费大量的时间。对于大量数据而言，实现有效地约简几乎是不可能的。事实上，近似正则参数约简问题属于组合优化问题，而和声搜索算法已经成功应用于组合优化问题，大大节省了时间，提高了效率。因此，本章利用和声搜索算法求解近似正则参数约简问题。

6.1　模糊软集合正则参数约简方法

本节中，我们先回顾模糊软集合的正则参数约简。

定义 6.1[49]　模糊软集合 (F, E)，$E = \{e_1, e_2, \cdots, e_m\}$，如果存在一个子集 $A = \{e_1', e_2', \cdots, e_p'\} \subset E$ 满足 $f_A(h_1) = f_A(h_2) = \cdots = f_A(h_n)$，那么 A 是非必要的，否则，A 是必要的。如果 B 是必要的，那么 $B \subset E$ 是 E 的正则参数约简，$f_{E-B}(h_1) = f_{E-B}(h_2) = \cdots = f_{E-B}(h_n)$，也就是说，$E - B$ 是 E 的最大子集，而且 $f_{E-B}(\cdot)$ 的值保持不变。

例 6.1　$U = \{h_1, h_2, h_3, h_4, h_5, h_6\}$ 是一组具有不同颜色、大小和表面纹理特征的物体。参数集 $E = \{$黑色，深棕色，淡黄色，红色，大的，小的，很小，平均的，很大$\} = \{e_1, e_2, \cdots, e_9\}$。模糊软集合 (F, E) 在论域 U 上的映射如表 6.1 所示，计算参数集 $A = \{e_1, e_6, e_9\}$ 选择值，得到

$$\sum_{e_k \in A} h_{1k} = \sum_{e_k \in A} h_{2k} = \sum_{e_k \in A} h_{3k} = \sum_{e_k \in A} h_{4k} = \sum_{e_k \in A} h_{5k} = \sum_{e_k \in A} h_{6k} = 1.0 \qquad (6.1)$$

$A = \{e_1, e_6, e_9\}$ 的选择值计算如表 6.2 所示。因此，模糊软集合的正则参数约简为 $\{e_2, e_3, e_4, e_5, e_7, e_8\}$，如表 6.3 所示。

表 6.1　例 6.1 的模糊软集合表

U	e_1	e_2	e_3	e_4	e_5	e_6	e_7	e_8	e_9	$c = f(\cdot)$
h_1	0.12	0.38	0.51	0.9	0.44	0.52	0.41	0.32	0.36	3.96
h_2	0.29	0.56	0.18	0.67	0.28	0.43	0.25	0.54	0.28	3.48
h_3	0.33	0.59	0.34	0.81	0.47	0.18	0.21	0.25	0.49	3.67

U	e_1	e_2	e_3	e_4	e_5	e_6	e_7	e_8	e_9	$c = f(\cdot)$
h_4	0.74	0.47	0.19	0.88	0.79	0.12	0.31	0.56	0.14	4.2
h_5	0.81	0.28	0.11	0.94	0.87	0.15	0.54	0.57	0.04	4.31
h_6	0.18	0.68	0.83	0.27	0.81	0.21	0.12	0.64	0.61	4.35

表 6.2　例 6.1 参数集 $\{e_1, e_6, e_9\}$ 表

U	e_1	e_6	e_9	$c = f(\cdot)$
h_1	0.12	0.52	0.36	1.0
h_2	0.29	0.43	0.28	1.0
h_3	0.33	0.18	0.49	1.0
h_4	0.74	0.12	0.14	1.0
h_5	0.81	0.15	0.04	1.0
h_6	0.18	0.21	0.61	1.0

表 6.3　例 6.1 的正则参数约简表

U	e_2	e_3	e_4	e_5	e_7	e_8	$c = f(\cdot)$
h_1	0.38	0.51	0.9	0.44	0.41	0.32	2.96
h_2	0.56	0.18	0.67	0.28	0.25	0.54	2.48
h_3	0.59	0.34	0.81	0.47	0.21	0.25	2.67
h_4	0.47	0.19	0.88	0.79	0.31	0.56	3.2
h_5	0.28	0.11	0.94	0.87	0.54	0.57	3.31
h_6	0.68	0.83	0.27	0.81	0.12	0.64	3.35

模糊软集合正则参数约简算法[49]。

步骤 1：输入模糊软集合 (F, E)，$U = \{h_1, h_2, \cdots, h_n\}$，$E = \{e_1, e_2, \cdots, e_m\}$。

步骤 2：如果子集 $A = \{e_1', e_2', \cdots, e_p'\} \subset E$ 满足式 (6.1)，则 A 是非必要的。将所有非必要集放到集合 D 中。

步骤 3：寻找 D 中最大的非必要集 A。

步骤 4：计算 $E - A$ 作为模糊软集合的正则参数约简。

6.2　模糊软集合近似正则参数约简方法

正则参数约简的核心是找到非必要集，而集合 A 是否是一个非必要集可以利用式 (6.1) 来判断。令 E 为参数集，那么 $E - A$ 是删除非必要集 A 后的子集。如果 A 是最大的一个非必要集，那么 $E - A$ 就是正则参数约简。将对象分别按照 E 和 $E - A$ 的选择值进行排序，可以发现这两个序列是相同的，这就是软集合正则参数约简思想。通过约简，我们可以选择最优决策、次优决策[49]等。

在模糊软集合中，参数值是 0～1 之间的小数，但是在软集合中，参数值是 0

或 1。因此，在模糊软集合和软集合中，选择值分别为小数和整数，从而导致在模糊软集合中，集合 A 的选择值可能非常接近但不相等。如何按照软集合的正则参数约简思想来约简模糊软集合，根据式(6.1)，集合 A 是必要集，但是，在模糊软集合约简中，集合 A 有可能是冗余的。

例 6.2　模糊软集合 (F, E_1) 如表 6.4 所示。在模糊软集合 (F, E_1) 中，$U = \{h_1, h_2, h_3, h_4, h_5, h_6\}$，$E_1 = \{e_2, e_3, e_4, e_5, e_7, e_8\}$，将对象按选择值排序，序列是 $h_6 \succ h_5 \succ h_4 \succ h_1 \succ h_3 \succ h_2$。

表 6.4　例 6.2 的模糊软集合表

U	e_2	e_3	e_4	e_5	e_7	e_8	$c = f(\cdot)$
h_1	0.38	0.51	0.9	0.44	0.41	0.32	2.96
h_2	0.56	0.18	0.67	0.28	0.25	0.54	2.48
h_3	0.59	0.34	0.81	0.47	0.21	0.25	2.67
h_4	0.47	0.19	0.88	0.79	0.31	0.56	3.2
h_5	0.28	0.11	0.94	0.87	0.54	0.57	3.31
h_6	0.68	0.83	0.27	0.81	0.12	0.64	3.35

考虑模糊软集合 (F, E_1) 中的参数集 $\{e_2, e_7\}$，如表 6.5 所示。

表 6.5　例 6.2 参数集 $\{e_2, e_7\}$ 表

U	e_2	e_7	$c = f(\cdot)$
h_1	0.38	0.41	0.79
h_2	0.56	0.25	0.81
h_3	0.59	0.21	0.8
h_4	0.47	0.31	0.78
h_5	0.28	0.54	0.82
h_6	0.68	0.12	0.8

通过表 6.5 可以看出这两个参数的选择值非常接近。从参数集 E_1 中删除子集 $\{e_2, e_7\}$ 后，如表 6.6 所示。

表 6.6　例 6.2 的约简表

U	e_3	e_4	e_5	e_8	$c = f(\cdot)$
h_1	0.51	0.9	0.44	0.32	2.17
h_2	0.18	0.67	0.28	0.54	1.67
h_3	0.34	0.81	0.47	0.25	1.87
h_4	0.19	0.88	0.79	0.56	2.42
h_5	0.11	0.94	0.87	0.57	2.49
h_6	0.83	0.27	0.81	0.64	2.55

将表 6.6 中的对象按照选择值排序，序列是 $h_6 \succ h_5 \succ h_4 \succ h_1 \succ h_3 \succ h_2$，与表 6.4 中的序列相同。因此，参数集 $\{e_2, e_7\}$ 是近似的非必要集。在删除了近似的非必要集 $\{e_2, e_7\}$ 后，序列没有改变，因此 $\{e_2, e_7\}$ 是最大的近似的非必要集，近似的正则参数约简是 $\{e_3, e_4, e_5, e_8\}$。

因此，表 6.1 中的模糊软集合 (F, E)，$U = \{h_1, h_2, h_3, h_4, h_5, h_6\}$，$E = \{e_1, e_2, \cdots, e_9\}$ 的正则参数约简是表 6.3 中的 $E_1 = \{e_2, e_3, e_4, e_5, e_7, e_8\}$，而近似正则参数约简是表 6.6 中的 $E_2 = \{e_3, e_4, e_5, e_8\}$。

通过以上分析，我们发现在模糊软集合中，判定条件（$\sum\limits_{e_k \in A} h_{1k} = \sum\limits_{e_k \in A} h_{2k} = \cdots = \sum\limits_{e_k \in A} h_{nk}$）是十分严格的，从而导致仍有许多的冗余参数。为了有效地提高模糊软集合的约简效率，本章讨论模糊软集合近似正则参数约简问题。

6.2.1　模糊软集合近似正则参数约简的定义

下面给出模糊软集合近似正则参数约简的定义。

定义 6.2　模糊软集合 (F, E)，$U = \{h_1, h_2, \cdots, h_n\}$，$E = \{e_1, e_2, \cdots, e_m\}$，$A = \{e_1', e_2', \cdots, e_p'\} \subseteq E$，参数集 A 的期望选择值为 $\bar{C}_A = \dfrac{1}{n} \sum\limits_{i=1}^{n} f_A(h_i)$。

期望选择值 $\bar{C}_A$ 为参数集 A 的参考值。我们把 A 的每一个选择值和 $\bar{C}_A$ 进行比较，并判断它们的选择值是否足够接近。在表 6.5 中，我们可以计算 $\{e_2, e_7\}$ 的期望选择值 $\bar{C}_{\{e_2, e_7\}} = \dfrac{1}{6}(0.79 + 0.81 + 0.8 + 0.78 + 0.82 + 0.8) = 0.8$。

定义 6.3　模糊软集合 (F, E)，$U = \{h_1, h_2, \cdots, h_n\}$，$E = \{e_1, e_2, \cdots, e_m\}$，参数集 E 中对象 h_i 的选择值为 $f_E(h_i) = \sum\limits_{j} h_{ij}$，最大偏差 ε 为 $\varepsilon = \min\{|f_E(h_i) - f_E(h_j)|/2, i \neq j, i, j = 1, 2, \cdots, n\}$。

计算表 6.4 中的 ε，$f_{E_1}(h_1) - f_{E_1}(h_2) = |2.96 - 2.48| = 0.48$，$f_{E_1}(h_1) - f_{E_1}(h_3) = |2.96 - 2.67| = 0.29$，$\cdots$，$f_{E_1}(h_5) - f_{E_1}(h_6) = |2.31 - 2.35| = 0.04$，$\varepsilon = \min\{0.48, 0.29, 0.24, 0.35, 0.39, 0.19, 0.72, 0.83, 0.87, 0.53, 0.64, 0.68, 0.11, 0.15, 0.04\}/2 = 0.02$。

定义 6.4　模糊软集合 (F, E)，$U = \{h_1, h_2, \cdots, h_n\}$，$E = \{e_1, e_2, \cdots, e_m\}$，如果存在一个子集 $A = \{e_1', e_2', \cdots, e_p'\} \subseteq E$，满足

$$|f_A(h_i) - \bar{C}_A| \leqslant \varepsilon, \quad i = 1, \cdots, n \tag{6.2}$$

那么 A 被称为近似非必要集或近似冗余集。如果 A 是最大的近似非必要集，那么 $E - A$ 就是 E 的近似正则参数约简，其中，ε 为最大偏差，$\bar{C}_A$ 为参数集 A 的期望选择值。

比较定义 6.1 和定义 6.4 可以发现非必要集的判定条件是不同的。在定义 6.1 中，非必要集必须满足式(6.1)，在定义 6.4 中，非必要集必须满足式(6.2)。在定义 6.1 中判定条件式(6.1)中非必要集的选择值是完全相等的，但在定义 6.4 中判定条件式(6.2)中非必要集的选择值是近似相等的，其最大值和最小值分别为 $\bar{C}_A + \varepsilon$ 和 $\bar{C}_A - \varepsilon$。

表 6.5 中，$\varepsilon = 0.02$，$|f_{\{e_2,e_7\}}(h_1) - \bar{C}_{\{e_2,e_7\}}| = |0.79 - 0.8| = 0.01 \leqslant \varepsilon$，$\cdots$，$|f_{\{e_2,e_7\}}(h_6) - \bar{C}_{\{e_2,e_7\}}| = |0.8 - 0.8| = 0 \leqslant \varepsilon$，因此，$\{e_3,e_4,e_5,e_8\}$ 是 $\{e_2,e_3,e_4,e_5,e_7,e_8\}$ 的近似正则参数约简，如表 6.6 所示。

模糊软集合近似正则参数约简算法。

步骤 1：输入模糊软集合 (F,E)，$U = \{h_1,h_2,\cdots,h_n\}$，$E = \{e_1,e_2,\cdots,e_m\}$。

步骤 2：计算最大偏差 ε。

步骤 3：子集 $A = \{e_1',e_2',\cdots,e_p'\} \subset E$，分别计算 A 和 $\bar{C}_A$ 的每个选择值，如果满足式(6.2)，则 A 是非必要集，将所有非必要集放到集合 D 中。

步骤 4：寻找 D 中最大的非必要集 A。

步骤 5：计算 $E - A$ 为模糊软集合的近似正则参数约简。

6.2.2　模糊软集合近似非必要集的分析

接下来，我们将讨论删除模糊软集合近似非必要集之后，为什么序列几乎没有变化？本节给出了一些定理来回答这个问题。

模糊软集合 (F,E)，$U = \{h_1,h_2,\cdots,h_n\}$，$E = \{e_1,e_2,\cdots,e_m\}$。其中，$A = \{e_1',e_2',\cdots,e_p'\} \subset E$ 为近似非必要参数集，$f_A(h_i)$、$f_{E-A}(h_i)$ 和 $f_E(h_i)$ 分别为

$$f_A(h_i) = \sum_{e_j' \in A, j=1}^{p} h_{ij}, \quad f_{E-A}(h_i) = \sum_{e_j'' \in E-A, j=1}^{m-p} h_{ij}, \quad f_E(h_i) = \sum_{e_j \in E, j=1}^{m} h_{ij}$$

有 $f_A(h_i) + f_{E-A}(h_i) = f_E(h_i)$。

排列顺序取决于选择值 $f_E(h_i)$、$f_E(h_j)$ 和 $f_{E-A}(h_i)$、$f_{E-A}(h_j)$ 之间的关系，对于 $f_A(h_i)$ 和 $f_E(h_i)(i,j = 1,2,\cdots,n)$，我们考虑四种情况。

情况 1：$f_A(h_i) \geqslant f_A(h_j)$，$f_E(h_i) \geqslant f_E(h_j)$，$i \neq j$，$i,j = 1,2,\cdots,n$；

情况 2：$f_A(h_i) \geqslant f_A(h_j)$，$f_E(h_i) \leqslant f_E(h_j)$，$i \neq j$，$i,j = 1,2,\cdots,n$；

情况 3：$f_A(h_i) \leqslant f_A(h_j)$，$f_E(h_i) \geqslant f_E(h_j)$，$i \neq j$，$i,j = 1,2,\cdots,n$；

情况 4：$f_A(h_i) \leqslant f_A(h_j)$，$f_E(h_i) \leqslant f_E(h_j)$，$i \neq j$，$i,j = 1,2,\cdots,n$。

对于以上四种情况，$f_{E-A}(h_i)$ 和 $f_{E-A}(h_j)$ 哪一个比较大，给出了如下定理。

定理 6.1　假设 $U = \{h_1,h_2,\cdots,h_n\}$，$E = \{e_1,e_2,\cdots,e_m\}$，$(F,E)$ 是模糊软集合，如果

存在一个近似非必要集 $A=\{e_1',e_2',\cdots,e_p'\}\subset E$ 并满足 $f_A(h_i)\geqslant f_A(h_j)$，$f_E(h_i)\geqslant f_E(h_j)$，$i\neq j$，$i,j=1,2,\cdots,n$，那么 $f_{E-A}(h_i)\geqslant f_{E-A}(h_j)$。

证明：A 是 E 的是近似非必要集，那么对于任何 i,j，$i\neq j$，$i,j=1,2,\cdots,n$，都有 $|f_A(h_i)-\bar{C}_A|\leqslant\varepsilon$，$|f_A(h_j)-\bar{C}_A|\leqslant\varepsilon$。因为 $f_A(h_i)\geqslant f_A(h_j)$，则有

$$\bar{C}_A-\varepsilon\leqslant f_A(h_j)\leqslant f_A(h_i)\leqslant\bar{C}_A+\varepsilon\Rightarrow f_A(h_i)-f_A(h_j)\leqslant2\varepsilon$$

令 $\varepsilon=\min\{|f_E(h_i)-f_E(h_j)|/2,i\neq j,i,j=1,2,\cdots,n\}$，因为 $f_E(h_i)\geqslant f_E(h_j)$，则有 $\varepsilon\leqslant(f_E(h_i)-f_E(h_j))/2$，因此

$$f_A(h_i)-f_A(h_j)\leqslant2\varepsilon\leqslant2((f_E(h_i)-f_E(h_j))/2)=f_E(h_i)-f_E(h_j)$$

也就是说，$f_A(h_i)-f_A(h_j)\leqslant f_E(h_i)-f_E(h_j)$，那么 $f_E(h_j)-f_A(h_j)\leqslant f_E(h_i)-f_A(h_i)$。又因为 $f_{E-A}(h_j)=f_E(h_j)-f_A(h_j)$ 和 $f_{E-A}(h_i)=f_E(h_i)-f_A(h_i)$，于是 $f_{E-A}(h_i)\geqslant f_{E-A}(h_j)$。

定理 6.2　假设 $U=\{h_1,h_2,\cdots,h_n\}$，$E=\{e_1,e_2,\cdots,e_m\}$，(F,E) 是一个模糊软集合，如果存在一个近似非必要集 $A=\{e_1',e_2',\cdots,e_p'\}\subset E$ 满足 $f_A(h_i)\geqslant f_A(h_j)$，$f_E(h_i)\leqslant f_E(h_j)$，$i\neq j$，$i,j=1,2,\cdots,n$，那么 $f_{E-A}(h_i)\leqslant f_{E-A}(h_j)$。

定理 6.3　假设 $U=\{h_1,h_2,\cdots,h_n\}$，$E=\{e_1,e_2,\cdots,e_m\}$，(F,E) 是一个模糊软集合，如果存在一个近似非必要集 $A=\{e_1',e_2',\cdots,e_p'\}\subset E$，满足 $f_A(h_i)\leqslant f_A(h_j)$，$f_E(h_i)\leqslant f_E(h_j)$，$i\neq j$，$i,j=1,2,\cdots,n$，那么 $f_{E-A}(h_i)\leqslant f_{E-A}(h_j)$。

证明：A 是 E 的近似非必要集，对于任意的 i,j，$i\neq j$，$i,j=1,2,\cdots,n$，$|f_A(h_i)-\bar{C}_A|<\varepsilon$，$|f_A(h_j)-\bar{C}_A|<\varepsilon$。因为 $f_A(h_i)\leqslant f_A(h_j)$，那么

$$\bar{C}_A-\varepsilon\leqslant f_A(h_i)\leqslant f_A(h_j)\leqslant\bar{C}_A+\varepsilon\Rightarrow f_A(h_j)-f_A(h_i)\leqslant2\varepsilon$$

令 $\varepsilon=\min\{|f_E(h_i)-f_E(h_j)|/2,i\neq j,i,j=1,2,\cdots,n\}$，因为 $f_E(h_i)\leqslant f_E(h_j)$，则有 $\varepsilon\leqslant(f_E(h_j)-f_E(h_i))/2$，因此

$$f_A(h_j)-f_A(h_i)\leqslant2\varepsilon\leqslant2((f_E(h_j)-f_E(h_i))/2)=f_E(h_j)-f_E(h_i)$$

也就是说，$f_A(h_j)-f_A(h_i)\leqslant f_E(h_j)-f_E(h_i)$，那么 $f_E(h_i)-f_A(h_i)\leqslant f_E(h_j)-f_A(h_j)$。又因为 $f_{E-A}(h_j)=f_E(h_j)-f_A(h_j)$ 和 $f_{E-A}(h_i)=f_E(h_i)-f_A(h_i)$，于是 $f_{E-A}(h_i)\leqslant f_{E-A}(h_j)$。

根据以上四个定理，我们得出（$i\neq j$，$i,j=1,2,\cdots,n$）

$$\left.\begin{array}{l}f_A(h_i)\geqslant f_A(h_j),f_E(h_i)\geqslant f_E(h_j)\\f_A(h_i)\leqslant f_A(h_j),f_E(h_i)\geqslant f_E(h_j)\end{array}\right\}\Rightarrow f_{E-A}(h_i)\geqslant f_{E-A}(h_j)$$

$$\left.\begin{array}{l}f_A(h_i)\geqslant f_A(h_j),f_E(h_i)\leqslant f_E(h_j)\\f_A(h_i)\leqslant f_A(h_j),f_E(h_i)\leqslant f_E(h_j)\end{array}\right\}\Rightarrow f_{E-A}(h_i)\leqslant f_{E-A}(h_j)$$

因此，$f_{E-A}(h_i)$ 和 $f_{E-A}(h_j)$ 的关系取决于 $f_E(h_i)$ 和 $f_E(h_j)$ 之间的关系。

然而也有可能出现以下两种情况

$$f_A(h_i) > f_A(h_j), f_E(h_i) > f_E(h_j) \Rightarrow f_{E-A}(h_i) = f_{E-A}(h_j)$$

$$f_A(h_i) < f_A(h_j), f_E(h_i) < f_E(h_j) \Rightarrow f_{E-A}(h_i) = f_{E-A}(h_j)$$

例 6.3　模糊软集合 (F, E) 如表 6.7 所示，$U = \{h_1, h_2, h_3, h_4, h_5, h_6\}$，$E = \{e_1, e_2, e_3, e_4, e_5, e_6, e_7\}$。

表 6.7　例 6.3 的模糊软集合表

U	e_1	e_2	e_3	e_4	e_5	e_6	e_7	$c = f(\cdot)$	
h_1	0.32	0.11	0.4	0.13	0.44	0.1	0.41	1.91	
h_2	0.28	0.2	0.3	0.32	0.15	0.41	0.14	1.8	
h_3	0.82	0.3	0.18	0.37	0.39	0.22	0.5	2.78	最大偏差
h_4	0.69	0.22	0.3	0.22	0.48	0.17	0.24	2.32	$\varepsilon = 0.02$
h_5	0.26	0.33	0.18	0.43	0.38	0.57	0.26	2.41	
h_6	0.41	0.19	0.29	0.62	0.18	0.33	0.26	2.28	

从表 6.7 中，我们可以计算出 $\{e_2, e_3\}$ 的选择值如表 6.8 所示，参数集 E 的最大偏差值 $\varepsilon = \min\{0.11, 0.87, 0.41, 0.5, 0.37, 0.98, 0.52, 0.61, 0.48, 0.46, 0.37, 0.5, 0.09, 0.04, 0.13\} / 2 = 0.02$。

表 6.8　例 6.3 参数集 $\{e_2, e_3\}$ 表

U	e_2	e_3	$c = f(\cdot)$		偏差
h_1	0.11	0.4	0.51		0.01
h_2	0.2	0.3	0.5		0
h_3	0.3	0.18	0.48	$\bar{C}_{\{e_2, e_3\}} = 0.5$	0.02
h_4	0.22	0.3	0.52		0.02
h_5	0.33	0.18	0.51		0.01
h_6	0.19	0.29	0.48		0.02

$\{e_2, e_3\}$ 的期望值是 $\bar{C}_{\{e_2, e_3\}} = \dfrac{1}{6}(0.51 + 0.5 + 0.48 + 0.52 + 0.51 + 0.48) = 0.5$，由于 $|f_{\{e_2, e_3\}}(h_i) - \bar{C}_{\{e_2, e_3\}}| \leqslant \varepsilon$，$i = 1, 2, \cdots, 6$，则 $\{e_2, e_3\}$ 是近似非必要集。删除 $\{e_2, e_3\}$ 后的模糊软集结果如表 6.9 所示。

表 6.9　例 6.3 的近似正则参数约简表

U	e_1	e_4	e_5	e_6	e_7	$c = f(\cdot)$
h_1	0.32	0.12	0.44	0.1	0.41	1.4
h_2	0.28	0.32	0.15	0.41	0.14	1.3

续表

U	e_1	e_4	e_5	e_6	e_7	$c = f(\cdot)$
h_3	0.82	0.37	0.39	0.22	0.5	2.3
h_4	0.69	0.22	0.48	0.17	0.24	1.8
h_5	0.26	0.43	0.38	0.57	0.26	1.9
h_6	0.41	0.62	0.18	0.33	0.26	1.8

在表 6.7～表 6.9 中，$f_{\{e_2,e_3\}}(h_4)=0.52$，$f_{\{e_2,e_3\}}(h_6)=0.48$，$f_E(h_4)=2.32$，$f_E(h_6)=$ 2.28，$f_{E-\{e_2,e_3\}}(h_4)=f_{E-\{e_2,e_3\}}(h_6)=1.8$，则当 $f_{\{e_2,e_3\}}(h_4)>f_{\{e_2,e_3\}}(h_6)$，$f_E(h_4)>f_E(h_6)$ 时，$f_{E-\{e_2,e_3\}}(h_4)=f_{E-\{e_2,e_3\}}(h_6)$。

现在我们根据选择值来考虑对象的排列顺序。$h_3 \succ h_5 \succ h_4 \succ h_6 \succ h_1 \succ h_2$ 是原始排序序列如表 6.7 所示。$h_3 \succ h_5 \succ h_4 = h_6 \succ h_1 \succ h_2$ 是删除集合 $\{e_2,e_4\}$ 后的排序序列如表 6.9 所示。我们知道这两个排序序列是不同的。这是因为非必要参数的选择值不是完全相等的，虽然它们非常接近，但是它们之间仍存在偏差。如何确定最大偏差，使得删除冗余参数后排序不变，是模糊软集合近似正则参数约简所关心的问题。

6.2.3　最大偏差 ε

在定义 6.4 中，ε 是介于 $f_A(h_i)$ 和 $\bar{C}_A$ 之间的偏差，如果 $|f_A(h_i)-\bar{C}_A| \leqslant \varepsilon$，$i=1,\cdots,n$，那么 A 是近似非必要集。最大偏差是判断模糊软集合中近似非必要集的一个重要参数。本节将讨论假设 $|f_A(h_i)-\bar{C}_A| > \varepsilon$，对结果会有何影响。

例 6.4　模糊软集合 (F,E) 如表 6.10 所示，$U=\{h_1,h_2,h_3,h_4,h_5,h_6\}$，$E=\{e_1,e_2,e_3,e_4,e_5,e_6\}$。

表 6.10　例 6.4 的模糊软集合表

U	e_1	e_2	e_3	e_4	e_5	e_6	$c = f(\cdot)$	
h_1	0.47	0.58	0.83	0.72	0.33	0.56	3.49	
h_2	0.98	0.37	0.31	0.44	0.28	0.63	3.01	
h_3	0.87	0.96	0.74	0.63	0.72	0.17	4.09	最大偏差
h_4	0.49	0.83	0.74	0.74	0.43	0.50	3.73	$\varepsilon = 0.015$
h_5	0.50	0.72	0.93	0.63	0.19	0.73	3.7	
h_6	0.33	0.28	0.41	0.38	0.81	0.11	2.32	

从表 6.10 中，我们可以计算出 $\{e_5,e_6\}$ 的选择值如表 6.11 所示。

表 6.11　　例 6.4 参数集 $\{e_5, e_6\}$ 表

U	e_5	e_6	$c = f(\cdot)$		偏差
h_1	0.33	0.56	0.89		0.02
h_2	0.28	0.63	0.91		0
h_3	0.72	0.17	0.89	$\overline{C}_{\{e_5,e_6\}} = 0.91$	0.02
h_4	0.43	0.50	0.93		0.02
h_5	0.19	0.73	0.92		0.01
h_6	0.81	0.11	0.92		0.01

$\{e_5, e_6\}$ 的期望选择值是 $\overline{C}_{\{e_5,e_6\}} = 0.91$，参数集 E 的最大偏差 ε 是 $\varepsilon = 0.015$。当 $i = 1, 3, 4$ 时，$| f_{\{e_5,e_6\}}(h_i) - \overline{C}_{\{e_5,e_6\}} | > \varepsilon$。因此根据定义 6.4，$\{e_5, e_6\}$ 不是近似非必要集。现在考虑删除参数集 $\{e_5, e_6\}$ 后的情况，如表 6.12 所示。

表 6.12　　例 6.4 参数集 $\{e_5, e_6\}$ 表

U	e_1	e_2	e_3	e_4	$c = f(\cdot)$
h_1	0.47	0.58	0.83	0.72	2.6
h_2	0.98	0.37	0.31	0.44	2.1
h_3	0.87	0.96	0.74	0.63	3.2
h_4	0.49	0.83	0.74	0.74	2.8
h_5	0.50	0.72	0.93	0.63	2.78
h_6	0.33	0.28	0.41	0.38	1.4

根据表 6.10 和表 6.12 中的选择值，分别对两表的对象进行排序，这两个排序序列分别为 $h_3 \succ h_4 \succ h_1 \succ h_5 \succ h_2 \succ h_6$ 和 $h_3 \succ h_4 \succ h_5 \succ h_1 \succ h_2 \succ h_6$。显然，这两个排序序列是不同的。

例 6.5　模糊软集合 (F, E) 如表 6.13 所示，$U = \{h_1, h_2, h_3, h_4, h_5, h_6\}$，$E = \{e_1, e_2, e_3, e_4, e_5, e_6\}$。我们可以计算 $\{e_1, e_5\}$ 的选择值如表 6.14 所示。

表 6.13　　例 6.5 的模糊软集合表

U	e_1	e_2	e_3	e_4	e_5	e_6	$c = f(\cdot)$	
h_1	0.51	0.32	0.47	0.98	0.62	0.63	3.53	
h_2	0.31	0.44	0.29	0.73	0.8	0.93	3.5	
h_3	0.48	0.83	0.69	0.98	0.62	0.7	4.3	最大偏差
h_4	0.14	0.42	0.33	0.15	0.97	0.8	2.81	$\varepsilon = 0.015$
h_5	0.88	0.94	0.83	0.89	0.24	0.84	4.62	
h_6	0.35	0.35	0.98	0.9	0.76	0.57	3.91	

表 6.14　例 6.5 参数集 $\{e_1, e_5\}$ 表

U	e_1	e_5	$c = f(\cdot)$		偏差
h_1	0.51	0.62	1.13		5/300
h_2	0.31	0.8	1.11		1/300
h_3	0.48	0.62	1.1	$\bar{C}_{\{e_1,e_5\}} = \dfrac{334}{300}$	4/300
h_4	0.14	0.97	1.11		1/300
h_5	0.88	0.24	1.12		2/300
h_6	0.35	0.76	1.11		1/300

$\{e_1, e_5\}$ 的期望选择值 $\bar{C}_{\{e_1,e_5\}} = \dfrac{334}{300}$，参数集 E 的最大偏差 $\varepsilon = 0.015$。由于 $| f_{\{e_1,e_5\}}(h_1) - \bar{C}_{\{e_1,e_5\}} | > \varepsilon$，根据定义 6.8，$\{e_1, e_5\}$ 不是近似非必要集，现在我们考虑在删除参数集 $\{e_1, e_5\}$ 后的结果如表 6.15 所示。

表 6.15　例 6.5 的近似正则参数约简表

U	e_2	e_3	e_4	e_6	$c = f(\cdot)$
h_1	0.32	0.47	0.98	0.63	2.4
h_2	0.44	0.29	0.73	0.93	2.39
h_3	0.83	0.69	0.98	0.7	3.2
h_4	0.42	0.33	0.15	0.8	1.7
h_5	0.94	0.83	0.89	0.84	3.5
h_6	0.35	0.98	0.9	0.57	2.8

根据表 6.13 和表 6.15 的选择值分别对进行排序,得到 $h_5 \succ h_3 \succ h_6 \succ h_1 \succ h_2 \succ h_4$ 和 $h_5 \succ h_3 \succ h_6 \succ h_1 \succ h_2 \succ h_4$。显然，两个序列是相同的，$\{e_1, e_5\}$ 是近似的非必要集。

根据上述分析，最大偏差 ε 是阈值。如果所有的差值都在 ε 范围内，那么在模糊软集合中就有近似非必要集。如果某些差值超出了 ε 的范围，那么我们就不能断定模糊软集合中是否有近似非必要集。

6.3　基于和声搜索算法的模糊软集合近似正则参数约简

模糊软集合近似正则参数约简是组合理论中典型的 NP 问题。和声搜索算法[61] 能有效地解决组合优化问题。接下来，我们将使用和声搜索算法来进行模糊软集合近似正则参数约简。然而若没有合适的模型，任何优化算法都无法工作，因此本节首先建立一个近似正则参数约简优化模型，再对其利用和声搜索算法求解。

6.3.1 模糊软集合近似正则参数约简数学模型

（1）目标函数。

$E=\{e_1,e_2,\cdots,e_m\}$ 为模糊软集合的参数集，参数约简的过程就是在参数集 E 中找到最小的必要参数子集的过程。根据模糊软集合近似正则约简参数的特点，将和声搜索算法中参数二进制字符串用于近似正则约简参数。假设每个参数 $e_i \in E$ 都有一个权值 x_i，二进制的形式定义如下：如果 $x_i=1$，则选择相应的参数 e_i；如果 $x_i=0$，则不选择相应的参数 e_i。二进制字符串的长度是参数集 E 中的参数个数。因此，可以通过使用固定的 m 位二进制字符串来表示每个单独的参数是否被选择。例如，有一个参数集 $E=\{e_1,e_2,\cdots,e_6\}$，参数子集 $\{e_1,e_3,e_4,e_6\}$ 是 E 的近似正则参数约简，矢量 $X=[x_1,x_2,\cdots,x_6]$ 可以用 101101 来表示。近似正则参数约简问题是在参数集 E 中找到最小的必要参数子集。因此，目标函数被定义为 x_i $(i=1,\cdots,m)$ 的最小和。对于模糊软集合 (F,E)，$E=\{e_1,e_2,\cdots,e_m\}$，$U=\{h_1,h_2,\cdots,h_n\}$，目标函数可以表示为

$$\min f(X)=\sum_{i=1}^{m}x_i$$

其中，$X=[x_1,x_2,\cdots,x_m]$，$x_i \in \{0,1\}$。

（2）约束条件。

对于向量 $X=[x_1,x_2,\cdots,x_m]$，设定 $x_i=0$ 或 1。在向量 $X=[x_1,x_2,\cdots,x_m]$ 中，如果 $x_i=1$，则选择相应的参数 e_i；如果 $x_i=0$，则删除相应的参数 e_i。然而也许选择的参数并不是近似约简，我们必须通过约束条件来检验。

根据定义 6.4，如果 A 是 E 中最大的近似非必要集，那么 $E-A$ 是近似正则参数约简，并且满足不等式 $|f_A(h_i)-\bar{C}_A| \le \varepsilon$ $(i=1,\cdots,n)$。因此，我们根据不等式 $|f_A(h_i)-\bar{C}_A| \le \varepsilon$ $(i=1,\cdots,n)$ 来检验向量 X。

假设模糊软集合 (F,E)，$U=\{h_1,h_2,\cdots,h_n\}$，$E=\{e_1,e_2,\cdots,e_m\}$，如表 6.16 所示。不等式 $|f_A(h_i)-\bar{C}_A| \le \varepsilon$ $(i=1,\cdots,n)$ 可以转化为 $\left|\sum_{j=1}^{m}(1-x_j)h_{ij}-\bar{C}\right| \le \varepsilon$ $(i=1,\cdots,n)$，其中，$\bar{C}$ 为期望选择值，ε 为最大偏差，$\bar{C}=\dfrac{1}{n}\sum_{i=1}^{n}\sum_{j=1}^{m}(1-x_j)h_{ij}$，$\varepsilon=\min\left\{\sum_{j=1}^{m}h_{ij}-\sum_{j=1}^{m}h_{kj}, i,k=1,2,\cdots,n,\ i \ne k\right\}$，$h_{ij}$ $(h_{ij} \in [0,1])$ 为 (F,E) 表中的参数值。

表 6.16　模糊软集合表

U	e_1	e_2	$\cdots$	e_m
h_1	h_{11}	h_{12}	$\cdots$	h_{1m}
h_2	h_{21}	h_{22}	$\cdots$	h_{2m}
$\cdots$	$\cdots$	$\cdots$	$\cdots$	$\cdots$
h_n	h_{n1}	h_{n2}	$\cdots$	h_{nm}

例 6.6　模糊软集合 (F,E) 如表 6.13 所示,假设 $U=\{h_1,h_2,h_3,h_4,h_5,h_6\}$, $E=\{e_1,e_2,e_3,e_4,e_5,e_6\}$。集合 $\{e_1,e_5\}$ 为 E 的近似非必要集, $\{e_2,e_3,e_4,e_6\}$ 为近似正则参数约简。假设向量 $X=\begin{bmatrix}1 & 0 & 1 & 1 & 0 & 0\end{bmatrix}$,根据不等式 $\left|\sum_{j=1}^{m}(1-x_j)h_{ij}-\overline{C}\right|\leqslant\varepsilon$ 来判断集合 $\{e_1,e_3,e_4\}$ 是否为近似正则参数约简。我们知道最大误差 $\varepsilon=0.015$, $\{e_2,e_5,e_6\}$ 的期望选择值为 $\overline{C}_{\{e_2,e_5,e_6\}}=\dfrac{589}{300}$, $m=n=6$, $\left|\sum_{j=1}^{6}(1-x_j)h_{1j}-\overline{C}\right|$ 计算结果为

$$\left|\sum_{j=1}^{6}(1-x_j)h_{1j}-\overline{C}\right|$$

$$=\left|(1-1)\times0.51+(1-0)\times0.32+(1-1)\times0.47+(1-1)\times0.98+(1-0)\times0.62+(1-0)\times0.63-\frac{589}{300}\right|$$

$$>\varepsilon$$

因此,我们可以用同样的方法来计算其余部分 $\left|\sum_{j=1}^{6}(1-x_j)h_{2j}-\overline{C}\right|>\varepsilon$, $\left|\sum_{j=1}^{6}(1-x_j)h_{3j}-\overline{C}\right|>\varepsilon$, $\left|\sum_{j=1}^{6}(1-x_j)h_{4j}-\overline{C}\right|>\varepsilon$, $\left|\sum_{j=1}^{6}(1-x_j)h_{5j}-\overline{C}\right|>\varepsilon$, $\left|\sum_{j=1}^{6}(1-x_j)h_{6j}-\overline{C}\right|>\varepsilon$ 。通过计算 $\sum_{j=1}^{6}(1-x_j)h_{ij}(i=1,\cdots,6)$ 和 $\overline{C}$ 之间的误差后,我们发现其不满足不等式 $\left|\sum_{j=1}^{m}(1-x_j)h_{ij}-\overline{C}\right|\leqslant\varepsilon$ 。因此, $\{e_1,e_3,e_4\}$ 不是近似正则参数约简。

模糊软集的近似正则参数约简模型为

$$\min\quad f(X)=\sum_{i=1}^{m}x_i$$

$$\text{s.t.}\quad\left|\sum_{j=1}^{m}(1-x_j)h_{ij}-\overline{C}\right|\leqslant\varepsilon,\quad i=1,\cdots,n$$

其中, $X=[x_1,x_2,\cdots,x_m]$, $x_i=0$ 或者 $x_i=1$。m 为参数的数量,n 为对象的数量,$\overline{C}$

为期望选择值，ε 为最大偏差，$\bar{C}$ 和 ε 分别为 $\bar{C} = \dfrac{1}{n}\sum\limits_{i=1}^{n}\sum\limits_{j=1}^{m}(1-x_j)h_{ij}$ ，$\varepsilon = \min\left\{\sum\limits_{j=1}^{m}h_{ij}-\right.$

$\left.\sum\limits_{i\neq k,j=1}^{m}h_{kj},\ i,k=1,2,\cdots,n\right\}$ 。

6.3.2　基于和声搜索算法的近似正则参数约简

我们计算了基于和声搜索算法的近似正则参数约简，模糊软集合如表 6.1 所示。该算法在 MATLAB 程序中实现，执行环境为 Intel Core 2 双核处理器 2.8GHz，内存为 4GB，操作系统是 Windows XP 的 SP3 版本。在和声搜索算法中，参数设置为 HMS=5，最大迭代= 2000，HMCR = 0.8，PAR = 0.8，bw = 0.1。得到的最好的解为 001110010，$\{e_1, e_2, e_6, e_7, e_9\}$ 是近似非必要集，并且 $\{e_3, e_4, e_5, e_8\}$ 是 E 的近似正则参数约简。

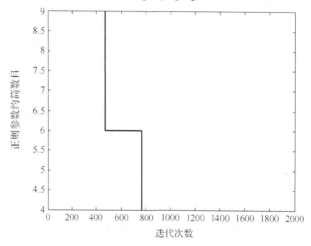

图 6.1　使用和声搜索算法的近似正则参数约简

在图 6.1 中，计算时间为 11.764983s，最好的解决方案是在第 789 次迭代中得到的。仿真结果表明了该方法的有效性和可行性。

6.4　本　章　小　结

模糊软集合正则参数约简可以较好地解决软集合次优选择和附加参数集问题，但是在正则参数约简后仍然存在一些冗余参数。本章提出了一种新的模糊软集合约简方法，即近似正则参数约简。使用这种新方法，可以删除更多的近似冗余参数。在此基础上，建立了模糊软集合近似正则参数约简模型，并且通过和声搜索算法对模型进行约简。

第 7 章　模糊软集合正则参数约简方法

Roy 等针对模糊软集合提出了一种新的决策方法——分值法[27]，该方法不同于选择值法[2]，选择值法主要考虑选择值的和，侧重于选择值的总和，而分值法侧重对象 o_i 的选择值优于对象 o_j 的选择值的个数。本章重点讨论了基于分值法的冗余参数特点和决策方法问题。

7.1　基于分值法的模糊软集合相关定义及正则参数约简方法

下面讨论基于分值法的冗余参数问题。

7.1.1　冗余参数定义

定义 7.1　对于模糊软集合 (F,E)，参数集 $E=\{e_1,e_2,\cdots,e_m\}$，对象集 $U=\{o_1,o_2,\cdots,o_n\}$。根据分值法进行决策，如果存在一个子集 A，模糊软集合 (F,E) 和 $(F,E-A)$ 有相同的决策顺序，那么 $E-A$ 是 E 的分值法参数约简。

定义 7.2　对于模糊软集合 (F,E)，参数集 $E=\{e_1,e_2,\cdots,e_m\}$，对象集 $U=\{o_1,o_2,\cdots,o_n\}$。根据分值法进行决策，如果存在一个子集 A，模糊软集合 (F,E) 和 $(F,E-A)$ 有相同的决策分值，那么 $E-A$ 是 E 的分值法正则参数约简。

在定义 7.2 中，模糊软集合 (F,E) 和 $(F,E-A)$ 有相同的分值，也就是说模糊软集合 (F,E) 和 $(F,E-A)$ 有相同的决策顺序。因此，分值法正则参数约简是分值法参数约简的一种特殊情况。

7.1.2　冗余参数分析

接下来，讨论基于分值法模糊软集合中的冗余参数。

1. 情况 1

首先，我们考虑一个简单的例子。对于模糊软集合表中的某一参数，这一列的选择值是相同的。下面分析这种情况下该参数是否是非必要的。

例 7.1　设 $U=\{o_1,o_2,o_3,o_4,o_5,o_6\}$ 是对象集，参数集为 $E=\{e_1,e_2,e_3,e_4\}$。模糊软集合 (F,E) 如表 7.1 所示。对比表和分值表如表 7.2 和表 7.3 所示。通过表 7.3，可

以看出分值序列是 $\{2,-3,-1,-13,13,2\}$ ，所以决策顺序是 $o_5 \succ o_1 = o_6 \succ o_3 \succ o_2 \succ o_4$ 。

表 7.1　例 7.1 的模糊软集合表

U	e_1	e_2	e_3	e_4
o_1	0.1	0.8	0.6	0.5
o_2	0.1	0.3	0.1	0.7
o_3	0.1	0.4	0.1	0.7
o_4	0.1	0.2	0.1	0.4
o_5	0.1	0.9	0.8	0.7
o_6	0.1	0.8	0.6	0.5

表 7.2　表 7.1 的对比表

	o_1	o_2	o_3	o_4	o_5	o_6
o_1	4	3	3	4	1	4
o_2	2	4	3	4	2	2
o_3	2	4	4	4	2	2
o_4	1	2	2	4	1	1
o_5	4	4	4	4	4	4
o_6	4	3	3	4	1	4

表 7.3　表 7.1 的分值表

	行和 (r_i)	列和 (t_i)	分值 (S_i)
o_1	19	17	2
o_2	17	20	−3
o_3	18	19	−1
o_4	11	24	−13
o_5	24	11	13
o_6	19	17	2

如果删除参数集 $A = \{e_1\}$ ，考虑新的模糊软集合 $(F, E - A)$ 如表 7.4 所示。对比表和分值表分别如表 7.5 和表 7.6 所示。通过表 7.6，可以看出分值序列是 $\{2,-3,-1,-13,13,2\}$ ，所以决策顺序是 $o_5 \succ o_1 = o_6 \succ o_3 \succ o_2 \succ o_4$ 。

表 7.4　例 7.1 删除参数集 A 的表

U	e_2	e_3	e_4
o_1	0.8	0.6	0.5
o_2	0.3	0.1	0.7
o_3	0.4	0.1	0.7
o_4	0.2	0.1	0.4
o_5	0.9	0.8	0.7
o_6	0.8	0.6	0.5

表 7.5　表 7.4 的对比表

	o_1	o_2	o_3	o_4	o_5	o_6
o_1	3	2	2	3	0	3
o_2	1	3	2	3	1	1
o_3	1	3	3	3	1	1
o_4	0	1	1	3	0	0
o_5	3	3	3	3	3	3
o_6	3	2	2	3	0	3

表 7.6　表 7.4 的分值表

	行和 (r_i)	列和 (t_i)	分值 (S_i)
o_1	13	11	2
o_2	11	14	−3
o_3	12	13	−1
o_4	5	18	−13
o_5	18	5	13
o_6	13	11	2

删除参数集 $A = \{e_1\}$ 后，我们发现决策顺序没有改变。因此，根据分值法进行决策，参数集 $A = \{e_1\}$ 在模糊软集合 (F, E) 中是非必要的。

现在分析非必要集 $A = \{e_1\}$，$F(e_1) = \{o_1 / 0.1, o_2 / 0.1, o_3 / 0.1, o_4 / 0.1, o_5 / 0.1, o_6 / 0.1\}$，考虑表 7.2 和表 7.5 中的对比矩阵，对比矩阵中的元素为对比表中的值。假设对比矩阵 C_E 对应表 7.2 中的对比表，而对比矩阵 C_{E-A} 对应表 7.5 中的对比表，C_E 和 C_{E-A} 分别为

$$C_E = \begin{bmatrix} 4 & 3 & 3 & 4 & 1 & 4 \\ 2 & 4 & 3 & 4 & 2 & 2 \\ 2 & 4 & 4 & 4 & 2 & 2 \\ 1 & 2 & 2 & 4 & 1 & 1 \\ 4 & 4 & 4 & 4 & 4 & 4 \\ 4 & 3 & 3 & 4 & 1 & 4 \end{bmatrix}, \quad C_{E-A} = \begin{bmatrix} 3 & 2 & 2 & 3 & 0 & 3 \\ 1 & 3 & 2 & 3 & 1 & 1 \\ 1 & 3 & 3 & 3 & 1 & 1 \\ 0 & 1 & 1 & 3 & 0 & 0 \\ 3 & 3 & 3 & 3 & 3 & 3 \\ 3 & 2 & 2 & 3 & 0 & 3 \end{bmatrix}$$

比较 C_E 和 C_{E-A}，得

$$C_E - \begin{bmatrix} 1 & 1 & 1 & 1 & 1 & 1 \\ 1 & 1 & 1 & 1 & 1 & 1 \\ 1 & 1 & 1 & 1 & 1 & 1 \\ 1 & 1 & 1 & 1 & 1 & 1 \\ 1 & 1 & 1 & 1 & 1 & 1 \\ 1 & 1 & 1 & 1 & 1 & 1 \end{bmatrix} = C_{E-A}$$

如果模糊软集合表中某一列的参数值相同，则对应的参数与非必要集相关。

定理 7.1　对于模糊软集合 (F, E)，参数集 $E = \{e_1, e_2, \cdots, e_m\}$，对象集 $U = \{o_1, o_2, \cdots,$

$o_n\}$，增加参数集 $A = \{e_1', e_2', \cdots, e_p'\} \subset E$，$\forall e_i' \in A$，$F(e_i') = \{o_1 / c_{1i}', o_2 / c_{2i}', \cdots, \ o_n / c_{ni}'\}$，满足 $c_{1i}' = c_{2i}' = \cdots = c_{ni}'$，那么模糊软集合 (F, E) 和 $(F, E \cup A)$ 根据分值法做决策能够得到相同的决策结果。

证明：假设 $A = \{e_1', e_2', \cdots, e_p'\}$，$E - A = \{e_1, e_2, \cdots, e_{m-p}\}$。无论每个参数放在哪个位置，比较结果都是不变的。因此，模糊软集合 (F, E) 如表 7.7 所示。

表 7.7　模糊软集合表

U	e_1'	$\cdots$	e_p'	e_1	$\cdots$	e_{m-p}
o_1	c_{11}'	$\cdots$	c_{1p}'	c_{11}	$\cdots$	$c_{1,m-p}$
o_2	c_{21}'	$\cdots$	c_{2p}'	c_{21}	$\cdots$	$c_{2,m-p}$
$\cdots$	$\cdots$	$\cdots$	$\cdots$	$\cdots$	$\cdots$	$\cdots$
o_n	c_{n1}'	$\cdots$	c_{np}'	c_{n1}	$\cdots$	$c_{n,m-p}$

假设 C_{ij}^E 是模糊软集合 (F, E) 的对比表中第 i 行、第 j 列的值，如果 $i = j$，那么 $C_{ii}^E = m$；如果 $i \neq j$，因为 $\forall e_i' \in A$，$F(e_i') = \{o_1 / c_{1i}', o_2 / c_{2i}', \cdots, o_n / c_{ni}'\}$，$c_{1i}' = c_{2i}' = \cdots = c_{ni}'$，则 $C_{ij}^E = p + x_{ij}$，其中，p 是 A 中参数的个数，x_{ij} 是 $E - A$ 中 o_i 参数值大于或等于 o_j 参数值的参数的个数。假设 $n \times n$ 对比矩阵 C_E 由元素 C_{ij}^E 组成，那么 C_E 表示为

$$C_E = \begin{bmatrix} m & p + x_{12} & \cdots & p + x_{1,n-1} & p + x_{1n} \\ p + x_{21} & m & \cdots & p + x_{2,n-1} & p + x_{2n} \\ \vdots & \vdots & & \vdots & \vdots \\ p + x_{n-1,1} & p + x_{n-1,2} & \cdots & m & p + x_{n-1,n} \\ p + x_{n1} & p + x_{n2} & \cdots & p + x_{n,n-1} & m \end{bmatrix}_{n \times n}$$

因此模糊软集合 (F, E) 的行和、列和与分值分别为

$$r_i^E = m + (n-1)p + \sum_{j=1, i \neq j}^{n} x_{ij}$$

$$t_i^E = m + (n-1)p + \sum_{i=1, i \neq j}^{n} x_{ij}$$

$$S_i^E = r_i^E - t_i^E = \sum_{j=1, i \neq j}^{n} x_{ij} - \sum_{i=1, i \neq j}^{n} x_{ij}$$

在删除参数集 A 后，对比矩阵 C_{E-A} 表示为

$$C_{E-A} = \begin{bmatrix} m - p & x_{12} & \cdots & x_{1,n-1} & x_{1n} \\ x_{21} & m - p & \cdots & x_{2,n-1} & x_{2n} \\ \vdots & \vdots & & \vdots & \vdots \\ x_{n-1,1} & x_{n-1,2} & \cdots & m - p & x_{n-1,n} \\ x_{n1} & x_{n2} & \cdots & x_{n,n-1} & m - p \end{bmatrix}_{n \times n}$$

因此模糊软集合 $(F, E-A)$ 的行和、列和与分值分别为

$$r_i^{E-A} = m - p + \sum_{j=1, i \neq j}^{n} x_{ij}$$

$$t_i^{E-A} = m - p + \sum_{i=1, i \neq j}^{n} x_{ij}$$

$$S_i^{E-A} = r_i^{E-A} - t_i^{E-A} = \sum_{j=1, i \neq j}^{n} x_{ij} - \sum_{i=1, i \neq j}^{n} x_{ij}$$

因为 $\forall i$，$S_i^E = S_i^{E-A}$，A 是最大的一个子集，而且 A 是非必要集，因此 $E-A$ 是 E 的分值法正则参数约简。

从定理 7.1 的证明过程中，我们可以看出对比矩阵 C_E 和 C_{E-A} 之间的一些关系，由此给出性质 7.1。

性质 7.1　对于模糊软集合 (F, E)，参数集 $E = \{e_1, e_2, \cdots, e_m\}$，对象集 $U = \{o_1, o_2, \cdots, o_n\}$，存在一个最大的子集 A，$A = \{e_1', e_2', \cdots, e_p'\} \subset E$，对于 $\forall e_i' \in A$，$F(e_i') = \{o_1 / c_{1i}', o_2 / c_{2i}', \cdots, o_n / c_{ni}'\}$，满足 $c_{1i}' = c_{2i}' = \cdots = c_{ni}'$，那么对比矩阵 C_E 和 C_{E-A} 满足

$$C_E - C_{E-A} = \begin{bmatrix} p & p & \cdots & p & p \\ p & p & \cdots & p & p \\ \vdots & \vdots & & \vdots & \vdots \\ p & p & \cdots & p & p \\ p & p & \cdots & p & p \end{bmatrix}_{n \times n}$$

2. 情况 2

对于模糊软集合表中的两个参数，一列参数中的选择值按升序排列，另一列参数中的选择值按降序排列。下面分析这两个参数是否是非必要的。

例 7.2　令 $U = \{o_1, o_2, o_3, o_4, o_5, o_6\}$ 为对象集，$E = \{e_1, e_2, e_3, e_4, e_5\}$ 为参数集。模糊软集合 (F, E) 如表 7.8 所示，对比表和分值表如表 7.9 和表 7.10 所示。通过表 7.10，可以看出分值序列是 $\{2, -3, -1, -13, 13, 2\}$，所以决策顺序是 $o_5 \succ o_1 = o_6 \succ o_3 \succ o_2 \succ o_4$。

表 7.8　例 7.2 的模糊软集合表

U	e_1	e_2	e_3	e_4	e_5
o_1	0.1	0.9	0.8	0.6	0.5
o_2	0.3	0.8	0.3	0.1	0.7
o_3	0.6	0.6	0.4	0.1	0.7

U	e_1	e_2	e_3	e_4	e_5
o_4	0.65	0.5	0.2	0.1	0.4
o_5	0.7	0.3	0.9	0.8	0.7
o_6	0.9	0.2	0.8	0.6	0.5

表 7.9　表 7.8 的对比表

	o_1	o_2	o_3	o_4	o_5	o_6
o_1	5	3	3	4	1	4
o_2	2	5	3	4	2	2
o_3	2	4	5	4	2	2
o_4	1	2	2	5	1	1
o_5	4	4	4	4	5	4
o_6	4	3	3	4	1	5

表 7.10　表 7.8 的分值表

	行和 (r_i)	列和 (t_i)	分值 (S_i)
o_1	20	18	2
o_2	18	21	−3
o_3	19	20	−1
o_4	12	25	−13
o_5	25	12	13
o_6	20	18	2

如果删除参数集 $A=\{e_1,e_2\}$，考虑新的模糊软集合 $(F,E-A)$ 如表 7.11 所示，对比表和分值表如表 7.12 和表 7.13 所示。通过表 7.13，可以看出分值序列是 $\{2,-3,-1,-13,13,2\}$，所以决策顺序是 $o_5 \succ o_1 = o_6 \succ o_3 \succ o_2 \succ o_4$。

表 7.11　例 7.2 删除参数集 A 的表

U	e_3	e_4	e_5
o_1	0.8	0.6	0.5
o_2	0.3	0.1	0.7
o_3	0.4	0.1	0.7
o_4	0.2	0.1	0.4
o_5	0.9	0.8	0.7
o_6	0.8	0.6	0.5

表 7.12　表 7.11 的对比表

	o_1	o_2	o_3	o_4	o_5	o_6
o_1	3	2	2	3	0	3
o_2	1	3	2	3	1	1
o_3	1	3	3	3	1	1
o_4	0	1	1	3	0	0
o_5	3	3	3	3	3	3
o_6	3	2	2	3	0	3

表 7.13　表 7.11 的分值表

	行和 (r_i)	列和 (t_i)	分值 (S_i)
o_1	13	11	2
o_2	11	14	−3
o_3	12	13	−1
o_4	5	18	−13
o_5	18	5	13
o_6	13	11	2

在删除参数集 $A = \{e_1, e_2\}$ 后我们发现决策顺序并没有改变，分值顺序也没有改变。因此根据分值法做决策时，参数集 $A = \{e_1, e_2\}$ 对于模糊软集合 (F, E) 是非必要的。

现在，让我们分析集 $A = \{e_1, e_2\}$，$F(e_1) = \{o_1 / 0.1, o_2 / 0.3, o_3 / 0.6, o_4 / 0.65, o_5 / 0.7, o_6 / 0.9\}$，$F(e_2) = \{o_1 / 0.9, o_2 / 0.8, o_3 / 0.6, o_4 / 0.5, o_5 / 0.3, o_6 / 0.2\}$，对于参数 e_1，选择值按升序排列，对于参数 e_2，选择值按降序排列。

下面考虑表 7.9 的对比矩阵 C_E 和表 7.12 的对比矩阵 C_{E-A}，即

$$C_E = \begin{bmatrix} 5 & 3 & 3 & 4 & 1 & 4 \\ 2 & 5 & 3 & 4 & 2 & 2 \\ 2 & 4 & 5 & 4 & 2 & 2 \\ 1 & 2 & 2 & 5 & 1 & 1 \\ 4 & 4 & 4 & 4 & 5 & 4 \\ 4 & 3 & 3 & 4 & 1 & 5 \end{bmatrix}, \quad C_{E-A} = \begin{bmatrix} 3 & 2 & 2 & 3 & 0 & 3 \\ 1 & 3 & 2 & 3 & 1 & 1 \\ 1 & 3 & 3 & 3 & 1 & 1 \\ 0 & 1 & 1 & 3 & 0 & 0 \\ 3 & 3 & 3 & 3 & 3 & 3 \\ 3 & 2 & 2 & 3 & 0 & 3 \end{bmatrix}$$

比较 C_E 和 C_{E-A}，得

$$C_E - \begin{bmatrix} 2 & 1 & 1 & 1 & 1 & 1 \\ 1 & 2 & 1 & 1 & 1 & 1 \\ 1 & 1 & 2 & 1 & 1 & 1 \\ 1 & 1 & 1 & 2 & 1 & 1 \\ 1 & 1 & 1 & 1 & 2 & 1 \\ 1 & 1 & 1 & 1 & 1 & 2 \end{bmatrix} = C_{A-E}$$

选择值的分数与非必要集和对比矩阵有关。

定理 7.2　对于模糊软集合 (F, E)，参数集 $E = \{e_1, e_2, \cdots, e_m\}$，对象集 $U = \{o_1, o_2, \cdots, o_n\}$，存在两个最大的子集 A 和 B，$A = \{e_1', e_2', \cdots, e_p'\} \subset E$，$B = \{e_1'', e_2'', \cdots, e_p''\} \subset E$，$A \cap B = \varnothing$，对于 $\forall e_i' \in A$，$F(e_i') = \{o_1 / c_{1i}', o_2 / c_{2i}', \cdots, o_n / c_{ni}'\}$，$\forall e_j' \in B$，$F(e_j'') = \{o_1 / c_{1j}'', o_2 / c_{2j}'', \cdots, o_n / c_{nj}''\}$，且满足 $c_{1i}' > c_{2i}' > \cdots > c_{ni}'$，$c_{1i}'' < c_{2i}'' < \cdots < c_{ni}''$。如果不存在其他非必要集，那么 $A \cup B$ 是非必要集且 $E - A - B$ 是 E 的分值法正则参数约简。

证明：对于 $A \cap B = \varnothing$，$A \subset E$，$B \subset E$，那么 $E = A \cup B \cup (E - A - B)$。假设 $A = \{e_1', e_2', \cdots, e_p'\}$，$B = \{e_1'', e_2'', \cdots, e_p''\}$，$E - A - B = \{e_1, e_2, \cdots, e_{m-2p}\}$，无论每个参数放在哪个位置，比较结果都是不变的。因此，模糊软集合 (F, E) 如表 7.14 所示。

表 7.14　模糊软集合表

U	e_1'	$\cdots$	e_p'	e_1''	$\cdots$	e_p''	e_1	$\cdots$	e_{m-2p}
o_1	c_{11}'	$\cdots$	c_{1p}'	c_{11}''	$\cdots$	$c_{1,p}''$	c_{11}	$\cdots$	$c_{1,m-2p}$
o_2	c_{21}'	$\cdots$	c_{2p}'	c_{21}''	$\cdots$	$c_{2,p}''$	c_{21}	$\cdots$	$c_{2,m-2p}$
$\cdots$	$\cdots$	$\cdots$	$\cdots$	$\cdots$	$\cdots$	$\cdots$	$\cdots$	$\cdots$	$\cdots$
o_n	c_{n1}'	$\cdots$	c_{np}'	c_{n1}''	$\cdots$	$c_{n,p}''$	c_{n1}	$\cdots$	$c_{n,m-2p}$

假设 C_{ij}^E 是模糊软集合 (F, E) 的对比表中第 i 行、第 j 列的参数值，如果 $i = j$，那么 $C_{ii}^E = m$，如果 $i \neq j$，因为 $\forall e_i' \in A$，$F(e_i') = \{o_1 / c_{1i}', o_2 / c_{2i}', \cdots, o_n / c_{ni}'\}$，$c_{1i}' > c_{2i}' > \cdots > c_{ni}'$，$\forall e_j' \in B$，$F(e_j'') = \{o_1 / c_{1j}'', o_2 / c_{2j}'', \cdots, o_n / c_{nj}''\}$，$c_{1i}'' < c_{2i}'' < \cdots < c_{ni}''$，所以 $C_{ij}^E = p + x_{ij}$，其中，p 为 A 或 B 中参数的个数，x_{ij} 为 $E - A - B$ 中 o_i 参数值大于或等于 o_j 参数值的参数的个数。假设 $n \times n$ 对比矩阵 C_E 由元素 C_{ij}^E 组成，那么 C_E 表示为

$$C_E = \begin{bmatrix} m & p + x_{12} & \cdots & p + x_{1,n-1} & p + x_{1n} \\ p + x_{21} & m & \cdots & p + x_{2,n-1} & p + x_{2n} \\ \vdots & \vdots & & \vdots & \vdots \\ p + x_{n-1,1} & p + x_{n-1,2} & \cdots & m & p + x_{n-1,n} \\ p + x_{n1} & p + x_{n2} & \cdots & p + x_{n,n-1} & m \end{bmatrix}_{n \times n}$$

因此 (F, E) 的行和、列和与分值分别为

$$r_i^E = m + (n-1)p + \sum_{j=1, i \neq j}^{n} x_{ij}$$

$$t_i^E = m + (n-1)p + \sum_{i=1, i \neq j}^{n} x_{ij}$$

$$S_i^E = r_i^E - t_i^E = \sum_{j=1,i\neq j}^{n} x_{ij} - \sum_{i=1,i\neq j}^{n} x_{ij}$$

删除参数集 A 和 B 之后，对比矩阵 C_{E-A-B} 表示为

$$C_{E-A-B} = \begin{bmatrix} m-2p & x_{12} & \cdots & x_{1,n-1} & x_{1n} \\ x_{21} & m-2p & \cdots & x_{2,n-1} & x_{2n} \\ \vdots & \vdots & & \vdots & \vdots \\ x_{n-1,1} & x_{n-1,2} & \cdots & m-2p & x_{n-1,n} \\ x_{n1} & x_{n2} & \cdots & x_{n,n-1} & m-2p \end{bmatrix}_{n\times n}$$

$(F, E-A-B)$ 的行和、列和与分值分别为

$$r_i^{E-A-B} = m-2p + \sum_{j=1,i\neq j}^{n} x_{ij}$$

$$t_i^{E-A-B} = m-2p + \sum_{i=1,i\neq j}^{n} x_{ij}$$

$$S_i^{E-A-B} = r_i^{E-A-B} - t_i^{E-A-B} = \sum_{j=1,i\neq j}^{n} x_{ij} - \sum_{i=1,i\neq j}^{n} x_{ij}$$

因为 $\forall i$，$S_i^E = S_i^{E-A-B}$，A 和 B 是最大的子集，$A\cup B$ 是非必要集，因此 $E-A-B$ 是 E 的分值法正则参数约简。

从定理 7.2 的证明过程中，我们可以看到对比矩阵 C_E 和对比矩阵 C_{E-A-B} 的一些关系。

性质 7.2　对于模糊软集合 (F,E)，参数集 $E = \{e_1, e_2, \cdots, e_m\}$，对象集 $U = \{o_1, o_2, \cdots, o_n\}$，存在两个最大的子集 A 和 B，$A = \{e_1', e_2', \cdots, e_p'\} \subset E$，$B = \{e_1'', e_2'', \cdots, e_p''\} \subset E$，$A\cap B = \varnothing$，$\forall e_i' \in A$，$F(e_i') = \{o_1/c_{1i}', o_2/c_{2i}', \cdots, o_n/c_{ni}'\}$，$\forall e_j' \in B$，$F(e_j'') = \{o_1/c_{1j}'', o_2/c_{2j}'', \cdots, o_n/c_{nj}''\}$，满足 $c_{1i}' > c_{2i}' > \cdots > c_{ni}'$，$c_{1i}'' < c_{2i}'' < \cdots < c_{ni}''$，那么对比矩阵 C_E 和 C_{E-A-B} 满足

$$C_E - C_{E-A-B} = \begin{bmatrix} 2p & p & \cdots & p & p \\ p & 2p & \cdots & p & p \\ \vdots & \vdots & & \vdots & \vdots \\ p & p & \cdots & 2p & p \\ p & p & \cdots & p & 2p \end{bmatrix}_{n\times n}$$

3. 情况 3

对于模糊软集合表中的两个参数，一列参数中的选择值按半升序排列，另一列参数中的选择值按半降序排列，下面分析这两个参数是否是非必要的。

例 7.3　令 $U = \{o_1, o_2, o_3, o_4, o_5, o_6\}$ 为对象集，$E = \{e_1, e_2, e_3, e_4, e_5\}$ 为参数集。模糊软集合 (F, E) 如表 7.15 所示。对比表和分值表如表 7.16 和表 7.17 所示。通过表 7.17，可以看出分值序列是 $\{2, -3, -1, -13, 13, 2\}$，所以决策顺序是 $o_5 \succ o_1 = o_6 \succ o_3 \succ o_2 \succ o_4$。

表 7.15　例 7.3 的模糊软集合表

U	e_1	e_2	e_3	e_4	e_5
o_1	0.1	0.9	0.8	0.6	0.5
o_2	0.1	0.9	0.3	0.1	0.7
o_3	0.6	0.6	0.4	0.1	0.7
o_4	0.65	0.5	0.2	0.1	0.4
o_5	0.7	0.3	0.9	0.8	0.7
o_6	0.9	0.2	0.8	0.6	0.5

表 7.16　表 7.15 的对比表

	o_1	o_2	o_3	o_4	o_5	o_6
o_1	5	4	3	4	1	4
o_2	3	5	3	4	2	2
o_3	2	4	5	4	2	2
o_4	1	2	2	5	1	1
o_5	4	4	4	4	5	4
o_6	4	3	3	4	1	5

表 7.17　表 7.15 的分值表

	行和 (r_i)	列和 (t_i)	分值 (S_i)
o_1	21	19	2
o_2	19	22	-3
o_3	19	20	-1
o_4	12	25	-13
o_5	25	12	13
o_6	20	18	2

如果删除参数集 $A = \{e_1, e_2\}$，新的模糊软集合 $(F, E - A)$ 如表 7.11 所示。对比表和分值表如表 7.12 和表 7.13 所示。通过表 7.14，可以看出分值序列是

$\{2,-3,-1,-13,13,2\}$，因此决策顺序是 $o_5 \succ o_1 = o_6 \succ o_3 \succ o_2 \succ o_4$。

在删除参数集 $A=\{e_1,e_2\}$ 后我们发现决策顺序并没有改变，分值顺序也没有改变。因此根据分值法做决策时，参数集 $A=\{e_1,e_2\}$ 对于模糊软集合 (F,E) 是非必要的。

现在我们分析非必要集 $A=\{e_1,e_2\}$，$F(e_1)=\{o_1/0.1,o_2/0.1,o_3/0.6,o_4/0.65,o_5/0.7,$ $o_6/0.9\}$，$F(e_2)=\{o_1/0.9,o_2/0.9,o_3/0.6,o_4/0.5,o_5/0.3,o_6/0.2\}$。对于参数 e_1，选择值以半升序排列，对于参数 e_2，选择值为半降序排列。

下面考虑表 7.16 的对比矩阵 C_E 和表 7.21 的对比矩阵 C_{E-A}，即

$$C_E=\begin{bmatrix}5&4&3&4&1&4\\3&5&3&4&2&2\\2&4&5&4&2&2\\1&2&2&5&1&1\\4&4&4&4&5&4\\4&3&3&4&1&5\end{bmatrix},\quad C_{E-A}=\begin{bmatrix}3&2&2&3&0&3\\1&3&2&3&1&1\\1&3&3&3&1&1\\0&1&1&3&0&0\\3&3&3&3&3&3\\3&2&2&3&0&3\end{bmatrix}$$

比较 C_E 和 C_{E-A}，得

$$C_E-\begin{bmatrix}2&2&1&1&1&1\\2&2&1&1&1&1\\1&1&2&1&1&1\\1&1&1&2&1&1\\1&1&1&1&2&1\\1&1&1&1&1&2\end{bmatrix}=C_{E-A}$$

选择值的分数与非必要集和对比矩阵有关。

定理 7.3　假设模糊软集合 (F,E)，参数集 $E=\{e_1,e_2,\cdots,e_m\}$，对象集 $U=\{o_1,o_2,\cdots,o_n\}$，如果存在两个参数 e_1' 和 e_1''，$e_1',e_1''\subset E$，$F(e_1')=\{o_1/c_{11}',\cdots,o_i/c_{i1}',o_{i+1}/c_{i+1,1}',\cdots,o_{i+q}/c_{i+q,1}',o_{i+q+1}/c_{i+q+1,1}',\cdots,o_n/c_{n1}'\}$，$F(e_1'')=\{o_1/c_{11}'',\cdots,o_i/c_{i1}'',o_{i+1}/c_{i+1,1}'',\cdots,o_{i+q}/c_{i+q,1}'',o_{i+q+1}/c_{i+q+1,1}'',\cdots,o_n/c_{n1}''\}$，且选择值满足

$$c_{11}'>\cdots c_{i1}'>c_{i+1,1}'=\cdots=c_{i+q,1}'>c_{i+q+1,1}'>\cdots>c_{n,1}'$$

$$c_{11}''<\cdots<c_{i1}''<c_{i+1,1}''=\cdots=c_{i+q,1}''<c_{i+q+1,1}''<\cdots<c_{n,1}''$$

那么 e_1' 和 e_1'' 是非必要集。如果没有其他的非必要集，则 $E-e_1'-e_1''$ 是 E 的分值法正则参数约简集。

证明：假设模糊软集合 (F,E) 如表 7.18 所示。

表 7.18　模糊软集合表

U	e_1'	e_1''	e_1	$\cdots$	e_{m-2}
o_1	c_{11}'	c_{11}''	c_{11}	$\cdots$	$c_{1,m-2}$
$\cdots$	$\cdots$	$\cdots$	$\cdots$	$\cdots$	$\cdots$
o_i	c_{i1}'	c_{i1}''	c_{i1}	$\cdots$	$c_{i,m-2}$
o_{i+1}	$c_{i+1,1}'$	$c_{i+1,1}''$	$c_{i+1,1}$	$\cdots$	$c_{i+1,m-2}$
$\cdots$	$\cdots$	$\cdots$	$\cdots$	$\cdots$	$\cdots$
o_{i+q}	$c_{i+q,1}'$	$c_{i+q,1}''$	$c_{i+q,1}$	$\cdots$	$c_{i+q,m-2}$
o_{i+q+1}	$c_{i+q+1,1}'$	$c_{i+q+1,1}''$	$c_{i+q+1,1}$	$\cdots$	$c_{i+q+1,m-2}$
$\cdots$	$\cdots$	$\cdots$	$\cdots$	$\cdots$	$\cdots$
o_n	$c_{n,1}'$	$c_{n,1}''$	$c_{n,1}$	$\cdots$	$c_{n,m-2}$

对于 e_1' 和 e_1''，$e_1', e_1'' \subset E$，选择值满足

$$c_{11}' > \cdots c_{i1}' > c_{i+1,1}' = \cdots = c_{i+q,1}' > c_{i+q+1,1}' > \cdots > c_{n,1}'$$

$$c_{11}'' < \cdots c_{i1}'' < c_{i+1,1}'' = \cdots = c_{i+q,1}'' < c_{i+q+1,1}'' < \cdots < c_{n,1}''$$

则对比矩阵为

$$\left[\begin{array}{ccc} \begin{cases} C_{kv}^E = 1 + x_{kv} \\ k \neq v, k, v = 1, \cdots, i \\ C_{kk}^E = m \\ k = 1, \cdots, i \end{cases} & \begin{array}{c} C_{kv}^E = 1 + x_{kv} \\ k = 1, \cdots, i, \\ v = i+1, \cdots, i+q \end{array} & \begin{array}{c} C_{kv}^E = 1 + x_{kv} \\ k = 1, \cdots, i, \\ v = i+q+1, \cdots, n \end{array} \\[2em] \begin{array}{c} C_{kv}^E = 1 + x_{kv} \\ k = i+1, \cdots, i+q, \\ v = 1, \cdots, q \end{array} & \begin{cases} C_{kv}^E = 2 + x_{kv} \\ k \neq v, k, v = i+1, \cdots, i+q \\ C_{kk}^E = m \\ k = i+1, \cdots, i+q \end{cases} & \begin{array}{c} C_{kv}^E = 1 + x_{kv} \\ k = i+1, \cdots, i+q, \\ v = i+q+1, \cdots, n \end{array} \\[2em] \begin{array}{c} C_{kv}^E = 1 + x_{kv} \\ k = i+q+1, \cdots, n, \\ v = 1, \cdots, i \end{array} & \begin{array}{c} C_{kv}^E = 1 + x_{kv} \\ k = i+q+1, \cdots, n, \\ v = i+1, \cdots, i+q \end{array} & \begin{cases} C_{kv}^E = 1 + x_{kv} \\ k \neq v, k, v = i+q+1, \cdots, n \\ C_{kk}^E = m \\ k = i+q+1, \cdots, n \end{cases} \end{array}\right]_{n \times n}$$

其中，x_{kv} 为 $E - e_1' - e_1''$ 中 o_k 参数值大于或等于 o_v 参数值的参数的个数。因此模糊软集合 (F, E) 的行和与列和与分值分别为

$$r_i^E = \begin{cases} m + (n-1) + \displaystyle\sum_{v=1, k \neq v}^{n} x_{kv}, & k \neq i+1, \cdots, i+q \\[1.5em] m + n + \displaystyle\sum_{v=1, k \neq v}^{n} x_{kv}, & k = i+1, \cdots, i+q \end{cases}$$

$$t_i^E = \begin{cases} m + (n-1) + \displaystyle\sum_{k=1,k\neq v}^{n} x_{kv}, & v \neq i+1, \cdots, i+q \\[4mm] m + n + \displaystyle\sum_{k=1,k\neq v}^{n} x_{kv}, & v = i+1, \cdots, i+q \end{cases}$$

$$S_i^E = r_i^E - t_i^E = \sum_{j=1,i\neq j}^{n} x_{ij} - \sum_{i=1,i\neq j}^{n} x_{ij}$$

删除参数集 e_1' 和 e_1'' 后，对比矩阵 $C_{E-e_1'-e_1''}$ 为

$$C_{E-e_1'-e_1''} = \begin{bmatrix} m-2 & x_{12} & \cdots & x_{1,n-1} & x_{1n} \\ x_{21} & m-2 & \cdots & x_{2,n-1} & x_{2n} \\ \vdots & \vdots & & \vdots & \vdots \\ x_{n-1,1} & x_{n-1,2} & \cdots & m-2 & x_{n-1,n} \\ x_{n1} & x_{n2} & \cdots & x_{n,n-1} & m-2 \end{bmatrix}_{n\times n}$$

因此行和、列和与模糊软集合 $(F, E-e_1'-e_1'')$ 的分值分别为

$$r_i^{E-e_1'-e_1'} = m-2 + \sum_{j=1,i\neq j}^{n} x_{ij}$$

$$t_i^{E-e_1'-e_1'} = m-2 + \sum_{i=1,i\neq j}^{n} x_{ij}$$

$$S_i^{E-e_1'-e_1'} = r_i^{E-e_1'-e_1''} - t_i^{E-e_1'-e_1'} = \sum_{j=1,i\neq j}^{n} x_{ij} - \sum_{i=1,i\neq j}^{n} x_{ij}$$

因为 $\forall i$，$S_i^E = S_i^{E-e_1'-e_1''}$，$\{e_1', e_1''\}$ 是最大的非必要集，所以 $E-e_1'-e''$ 是 E 的分值法正则参数约简。

定理 7.4　假设模糊软集合 (F, E)，参数集 $E=\{e_1, e_2, \cdots, e_m\}$，对象集 $U=\{o_1, o_2, \cdots, o_n\}$。存在两个最大的子集 A 和 B，$A=\{e_1', e_2', \cdots, e_p'\} \subset E$，$B=\{e_1'', e_2'', \cdots, e_p''\} \subset E$，$A \cap B = \varnothing$，对于 $\forall e_r' \in A$，$F(e_r') = \{o_1/c_{1r}', \cdots, o_i/c_{ir}', o_{i+1}/c_{i+1,r}', \cdots, o_{i+q}/c_{i+q,r}', o_{i+q+1}/c_{i+q+1,r}', \cdots, o_n/c_{nr}'\}$，$\forall e_t'' \in B$，满足

$$c_{1r}' > \cdots c_{ir}' > c_{i+1,r}' = \cdots = c_{i+q,r}' > c_{i+q+1,r}' > \cdots > c_{n,r}'$$

$$c_{1t}'' < \cdots c_{it}'' < c_{i+1,t}'' = \cdots = c_{i+q,t}'' < c_{i+q+1,t}'' < \cdots < c_{n,t}''$$

那么 $A \cup B$ 是非必要集。如果不存在其他的非必要集，则 $E-A-B$ 是 E 的分值法正则参数约简。

从定理 7.3 的证明过程中，我们可以看到对比矩阵 C_E 和 $C_{E-e_1'-e_1'}$ 的一些关系，并得到性质 7.3。

性质 7.3　模糊软集合 (F, E)，参数集 $E = \{e_1, e_2, \cdots, e_m\}$，对象集 $U = \{o_1, o_2, \cdots, o_n\}$，如果存在两个参数 e_1' 和 e_1''，$e_1', e_1'' \subset E$，$F(e_1') = \{o_1 / c_{11}', \cdots, o_i / c_{i1}', o_{i+1} / c_{i+1,1}', \cdots, o_{i+q} / c_{i+q,1}', o_{i+q+1} / c_{i+q+1,1}', \cdots, o_n / c_{n1}'\}$，$F(e_1'') = \{o_1 / c_{11}'', \cdots, o_i / c_{i1}'', o_{i+1} / c_{i+1,1}'', \cdots, o_{i+q} / c_{i+q,1}'', o_{i+q+1} / c_{i+q+1,1}'', \cdots, o_n / c_{ni}''\}$，选择值满足

$$c_{11}' > \cdots c_{i1}' > c_{i+1,1}' = \cdots = c_{i+q,1}' > c_{i+q+1,1}' > \cdots > c_{n,1}'$$

$$c_{11}'' < \cdots c_{i1}'' < c_{i+1,1}'' = \cdots = c_{i+q,1}'' < c_{i+q+1,1}'' < \cdots < c_{n,1}''$$

对比矩阵 C_E 和 $C_{E-e_1'-e_1'}$ 满足

$$
\begin{aligned}
&C_E - C_{E-e_1'-e_1'} \\
&= \begin{bmatrix}
\text{ones}(i,i) + \text{eye}(i) & \text{ones}(i,q) & \text{ones}(i,n-i-q) \\
\text{ones}(q,i) & 2 \times \text{ones}(q,q) & \text{ones}(q,n-i-q) \\
\text{ones}(n-i-q,i) & \text{ones}(n-i-q,q) & \text{ones}(n-i-q,n-i-q) + \text{eye}(n-i-q)
\end{bmatrix}_{n \times n}
\end{aligned}
$$

其中，矩阵中元素 $\text{ones}(m.n)$ 的值为 1，$\text{eye}(i)$ 为单位矩阵。

4. 情况 4

对于模糊软集合表中的两个参数，如果两列的选择值满足一定条件，那么这两个参数是非必要的。

例 7.4　令 $U = \{o_1, o_2, o_3, o_4, o_5, o_6\}$ 为对象集，$E = \{e_1, e_2, e_3, e_4, e_5\}$ 为参数集，模糊软集合 (F, E) 如表 7.19 所示，对比表和分值表如表 7.20 和表 7.21 所示。通过表 7.21，可以看出分值序列是 $\{2, -3, -1, -13, 13, 2\}$，所以决策顺序是 $o_5 \succ o_1 = o_6 \succ o_3 \succ o_2 \succ o_4$。

表 7.19　例 7.4 的模糊软集合表

U	e_1	e_2	e_3	e_4	e_5
o_1	0.1	0.9	0.8	0.6	0.5
o_2	0.3	0.6	0.3	0.1	0.7
o_3	0.4	0.5	0.4	0.1	0.7
o_4	0.2	0.8	0.2	0.1	0.4
o_5	0.8	0.3	0.9	0.8	0.7
o_6	0.7	0.35	0.8	0.6	0.5

表 7.20　表 7.19 的对比表

	o_1	o_2	o_3	o_4	o_5	o_6
o_1	5	3	3	4	1	4
o_2	2	5	3	4	2	2
o_3	2	4	5	4	2	2
o_4	1	2	2	5	1	1
o_5	4	4	4	4	5	4
o_6	4	3	3	4	1	5

表 7.21　表 7.19 的分值表

	行和 (r_i)	列和 (t_i)	分值 (S_i)
o_1	20	18	2
o_2	18	21	−3
o_3	19	20	−1
o_4	12	25	−13
o_5	25	12	13
o_6	20	18	2

　　如果删除参数集 $A=\{e_1,e_2\}$，新的模糊软集合 $(F,E-A)$ 如表 7.11 所示。对比表和分值表如表 7.12 和表 7.13 所示，可以看出分值序列是 $\{2,-3,-1,-13,13,2\}$，所以决策顺序是 $o_5\succ o_1=o_6\succ o_3\succ o_2\succ o_4$。

　　删除参数集 $A=\{e_1,e_2\}$ 后，发现决策顺序没有改变，分值顺序也没有改变。因此根据分值法做决策时，参数集 $A=\{e_1,e_2\}$ 是模糊软集合 (F,E) 的非必要集。

　　接下来，我们分析非必要集 $A=\{e_1,e_2\}$，$F(e_1)=\{o_1/0.1,o_2/0.3,o_3/0.4,o_4/0.2,o_5/0.8,o_6/0.7\}$，$F(e_2)=\{o_1/0.9,o_2/0.6,o_3/0.5,o_4/0.8,o_5/0.3,o_6/0.35\}$，对于参数 e_1，选择值按重要度排序，结果是 $\{1,3,4,2,6,5\}$。对于参数 e_2，选择值按重要度排序，结果是 $\{6,4,3,5,1,2\}$。通过观察两个序列 $\{1,3,4,2,6,5\}$ 和 $\{6,4,3,5,1,2\}$，可以发现相应位置的和是相等的，和是 7。

　　对比矩阵 C_E 和 C_{E-A} 为

$$C_E=\begin{bmatrix}5&3&3&4&1&4\\2&5&3&4&2&2\\2&4&5&4&2&2\\1&2&2&5&1&1\\4&4&4&4&5&4\\4&3&3&4&1&5\end{bmatrix},\quad C_{E-A}=\begin{bmatrix}3&2&2&3&0&3\\1&3&2&3&1&1\\1&3&3&3&1&1\\0&1&1&3&0&0\\3&3&3&3&3&3\\3&2&2&3&0&3\end{bmatrix}$$

对比矩阵 C_E 和 C_{E-A} 满足

$$C_E - \begin{bmatrix} 2 & 1 & 1 & 1 & 1 & 1 \\ 1 & 2 & 1 & 1 & 1 & 1 \\ 1 & 1 & 2 & 1 & 1 & 1 \\ 1 & 1 & 1 & 2 & 1 & 1 \\ 1 & 1 & 1 & 1 & 2 & 1 \\ 1 & 1 & 1 & 1 & 1 & 2 \end{bmatrix} = C_{E-A}$$

定理 7.5 假设模糊软集合 (F,E)，参数集 $E = \{e_1, e_2, \cdots, e_m\}$，对象集 $U = \{o_1, o_2, \cdots, o_n\}$，如果存在两个参数 e_1' 和 e_1''，$e_1', e_1'' \subset E$，$F(e_1') = \{o_1 / c_{11}', \cdots, o_n / c_{ni}'\}$，$F(e_1'') = \{o_1 / c_{11}'', \cdots, o_n / c_{ni}''\}$，对于 e_1' 和 e_1''，对选择值进行排序，假设排序的序列是 S_1' 和 S_1''，如果两序列对应位置的和是相等的，且选择值 $c_{i1}' \neq c_{j1}'$，$c_{i1}'' \neq c_{j1}''$，$i \neq j$，$i, j = 1, \cdots, n$，那么 e_1' 和 e_1'' 是冗余参数。如果不存在其他冗余参数，那么 $E - e_1' - e_1''$ 是 E 的分值法正则参数约简。

证明：模糊软集合 (F,E) 如表 7.22 所示。

表 7.22　模糊软集合表

U	e_1'	e_1''	e_1	$\cdots$	e_{m-2p}
o_1	c_{11}'	c_{11}''	c_{11}	$\cdots$	$c_{1,m-2p}$
o_2	c_{21}'	c_{21}''	c_{21}	$\cdots$	$c_{2,m-2p}$
$\cdots$	$\cdots$	$\cdots$	$\cdots$	$\cdots$	$\cdots$
o_n	c_{n1}'	c_{n1}''	c_{n1}	$\cdots$	$c_{n,m-2p}$

假设 C_{ij}^E 是模糊软集合 (F,E) 的对比表中第 i 行第 j 列的参数值，如果 $i = j$，那么 $C_{ii}^E = m$。对于 e_1' 和 e_1''，将它们的选择值进行排序，并假设排序序列是 S_1' 和 S_1''，如果两序列对应位置的和是相等的，选择值 $c_{i1}' \neq c_{j1}'$，$c_{i1}'' \neq c_{j1}''$，$i \neq j$，$i, j = 1, \cdots, n$，也就是说，对于每一个参数，选择值是不同的。假设 $S_1' = \{s_1', \cdots, s_n'\}$ 和 $S_1'' = \{s_1'', \cdots, s_n''\}$ 分别是 $c_{1i}', c_{2i}', \cdots, c_{ni}'$ 和 $c_{1i}'', c_{2i}'', \cdots, c_{ni}''$ 的排列顺序，其中，$\forall s_i', s_k', s_j'', s_v''$，$s_i' \neq s_k'$，$s_j'' \neq s_v''$，$s_i', s_k', s_j'', s_v'' \in \{1, 2, \cdots, n\}$。因为 $S_1' = \{s_1', \cdots, s_n'\}$ 和 $S_1'' = \{s_1'', \cdots, s_n''\}$ 对应位置的和是相等的，也就是说，$\forall s_i', s_i'', s_j', s_j''$，$s_i' + s_i'' = s_j' + s_j''$，$s_i' > s_j' \Rightarrow s_i'' < s_j''$，所以 $c_{i1}' > c_{j1}' \Rightarrow c_{i1}'' < c_{j1}''$。因此如果 $i \neq j$，那么 $C_{ij}^E = 1 + x_{ij}$，这里 x_{ij} 是在 $E - e_1' - e_1''$ 中 o_i 参数值大于或等于 o_j 参数值的参数的个数。假设 $n \times n$ 对比矩阵 C_E 的元素是由 C_{ij}^E 构成的，那么 C_E 为

$$C_E = \begin{bmatrix} m & 1+x_{12} & \cdots & 1+x_{1,n-1} & 1+x_{1n} \\ 1+x_{21} & m & \cdots & 1+x_{2,n-1} & 1+x_{2n} \\ \vdots & \vdots & & \vdots & \vdots \\ 1+x_{n-1,1} & 1+x_{n-1,2} & \cdots & m & 1+x_{n-1,n} \\ 1+x_{n1} & 1+x_{n2} & \cdots & 1+x_{n,n-1} & m \end{bmatrix}_{n \times n}$$

因此模糊软集合 (F,E) 的行和、列和与分值分别为

$$r_i^E = m + n - 1 + \sum_{j=1,i\neq j}^{n} x_{ij}$$

$$t_i^E = m + n - 1 + \sum_{i=1,i\neq j}^{n} x_{ij}$$

$$S_i^E = r_i^E - t_i^E = \sum_{j=1,i\neq j}^{n} x_{ij} - \sum_{i=1,i\neq j}^{n} x_{ij}$$

删除参数集 e_1' 和 e_1'' 后，对比矩阵 $C_{E-e_1'-e_1''}$ 为

$$C_{E-e_1'-e_1''} = \begin{bmatrix} m-2 & x_{12} & \cdots & x_{1,n-1} & x_{1n} \\ x_{21} & m-2 & \cdots & x_{2,n-1} & x_{2n} \\ \vdots & \vdots & & \vdots & \vdots \\ x_{n-1,1} & x_{n-1,2} & \cdots & m-2 & x_{n-1,n} \\ x_{n1} & x_{n2} & \cdots & x_{n,n-1} & m-2 \end{bmatrix}_{n\times n}$$

因此模糊软集合 $(F, E-e_1'-e_1'')$ 的行和、列和与分值表示为

$$r_i^{E-e_1'-e_1''} = m - 2 + \sum_{j=1,i\neq j}^{n} x_{ij}$$

$$t_i^{E-e_1'-e_1''} = m - 2 + \sum_{i=1,i\neq j}^{n} x_{ij}$$

$$S_i^{E-e_1'-e_1''} = r_i^{E-e_1'-e_1''} - t_i^{E-e_1'-e_1''} = \sum_{j=1,i\neq j}^{n} x_{ij} - \sum_{i=1,i\neq j}^{n} x_{ij}$$

对于 $\forall i$，$S_i^E = S_i^{E-e_1'-e_1''}$，$e_1'$ 和 e_1'' 是冗余参数，因此 $E - e_1' - e_1''$ 是 E 的分值法正则参数约简。

性质 7.4　假设模糊软集合 (F,E)，参数集 $E = \{e_1, e_2, \cdots, e_m\}$，对象集 $U = \{o_1, o_2, \cdots, o_n\}$，如果存在两个参数 e_1' 和 e_1''，$e_1', e_1'' \subset E$，$F(e_1') = \{o_1 / c_{11}', \cdots, o_n / c_{ni}'\}$，$F(e_1'') = \{o_1 / c_{11}'', \cdots, o_n / c_{ni}''\}$，对于 e_1' 和 e_1''，对选择值进行排序并假设排序序列是 S_1' 和 S_1''，如果两序列对应位置的和是相等的且选择值 $c_{i1}' \neq c_{j1}'$，$c_{i1}'' \neq c_{j1}''$，$i \neq j$，$i, j = 1, \cdots, n$，那么对比矩阵 C_E 和 $C_{E-e_1'-e_1''}$ 满足

$$C_E - C_{E-e_1'-e_1''} = \begin{bmatrix} 2 & 1 & 1 & 1 \\ 1 & \ddots & \ddots & 1 \\ 1 & \ddots & \ddots & 1 \\ 1 & 1 & 1 & 2 \end{bmatrix}$$

性质7.5　假设模糊软集合 (F,E)，参数集 $E=\{e_1,e_2,\cdots,e_m\}$，对象集 $U=\{o_1, o_2,\cdots, o_n\}$，如果存在两个参数 e_1' 和 e_1''，$e_1',e_1''\subset E$，$F(e_1')=\{o_1/c_{11}',\cdots,o_n/c_{ni}'\}$，$F(e_1'')=\{o_1/c_{11}'',\cdots,o_n/c_{ni}''\}$，对于 e_1' 和 e_1''，对选择值进行排序并假设排序序列是 S_1' 和 S_1''，如果两序列对应位置的和相等，那么这个和就是 n。

5. 情况5

对于模糊软集合表中的两个参数，如果两列的选择值比情况4更一般化，且满足一定的条件，那么这两个参数是非必要的。

例7.5　令 $U=\{o_1,o_2,o_3,o_4,o_5,o_6\}$ 为对象集，$E=\{e_1,e_2,e_3,e_4,e_5\}$ 为参数集，模糊软集 (F,E) 如表7.23所示。对比表和分值表如表7.24和表7.25所示，通过表7.25，可以看出分值序列是 $\{2,-3,-1,-13,13,2\}$，所以决策顺序是 $o_5\succ o_1=o_6\succ o_3\succ o_2\succ o_4$。

表7.23　例7.5的模糊软集合表

U	e_1	e_2	e_3	e_4	e_5
o_1	0.1	0.9	0.8	0.6	0.5
o_2	0.2	0.8	0.3	0.1	0.7
o_3	0.4	0.5	0.4	0.1	0.7
o_4	0.2	0.8	0.2	0.1	0.4
o_5	0.8	0.3	0.9	0.8	0.7
o_6	0.7	0.35	0.8	0.6	0.5

表7.24　表7.23的对比表

	o_1	o_2	o_3	o_4	o_5	o_6
o_1	5	3	3	4	1	4
o_2	2	5	3	5	2	2
o_3	2	4	5	4	2	2
o_4	1	3	2	5	1	1
o_5	4	4	4	4	5	4
o_6	4	3	3	4	1	5

表7.25　表7.23的分值表

	行和 (r_i)	列和 (t_i)	分值 (S_i)
o_1	20	18	2
o_2	19	22	-3
o_3	19	20	-1
o_4	12	25	-13
o_5	25	12	13
o_6	20	18	2

如果删除参数集 $A=\{e_1,e_2\}$，新的模糊软集合 $(F,E-A)$ 如表 7.11 所示，对比表和分值表如表 7.12 和表 7.13 所示。通过表 7.13，可以看出分值序列是 $\{2,-3,-1,-13,13,2\}$，所以决策顺序是 $o_5\succ o_1=o_6\succ o_3\succ o_2\succ o_4$。

但删除参数集 $A=\{e_1,e_2\}$ 后，我们发现决策顺序没有改变，分值顺序也没有改变。因此，根据分值法进行决策时，参数集 $A=\{e_1,e_2\}$ 在模糊软集合 (F,E) 中是非必要的。

现在我们分析非必要集 $A=\{e_1,e_2\}$，$F(e_1)=\{o_1/0.1,o_2/0.2,o_3/0.4,o_4/0.2,o_5/0.8,o_6/0.7\}$，$F(e_2)=\{o_1/0.9,o_2/0.8,o_3/0.5,o_4/0.8,o_5/0.3,o_6/0.35\}$，对于参数 e_1，选择值按重要度排序，那么排序结果是 $\{1,2,3,2,5,4\}$。对于参数 e_2，选择值按重要度排序，那么排序结果是 $\{5,4,3,4,1,2\}$。考虑两个序列 $\{1,2,3,2,5,4\}$ 和 $\{5,4,3,4,1,2\}$，可以发现对应位置的和是相等的，和是 6。其中，两个序列中有两个相同的值，而且位置也是一样的。

此外，表 7.25 的对比矩阵 C_E 和表 7.12 的对比矩阵 C_{E-A} 分别为

$$C_E=\begin{bmatrix} 5 & 3 & 3 & 4 & 1 & 4 \\ 2 & 5 & 3 & 5 & 2 & 2 \\ 2 & 4 & 5 & 4 & 2 & 2 \\ 1 & 3 & 2 & 5 & 1 & 1 \\ 4 & 4 & 4 & 4 & 5 & 4 \\ 4 & 3 & 3 & 4 & 1 & 5 \end{bmatrix},\quad C_{E-A}=\begin{bmatrix} 3 & 2 & 2 & 3 & 0 & 3 \\ 1 & 3 & 2 & 3 & 1 & 1 \\ 1 & 3 & 3 & 3 & 1 & 1 \\ 0 & 1 & 1 & 3 & 0 & 0 \\ 3 & 3 & 3 & 3 & 3 & 3 \\ 3 & 2 & 2 & 3 & 0 & 3 \end{bmatrix}$$

对比 C_E 矩阵和 C_{E-A}，我们发现 $C_E-B=C_{E-A}$，对于矩阵 B，$b_{ii}=2$（$i=1,\cdots,6$），$b_{24}=b_{42}=2$，其他值是 1，即

$$B=\begin{bmatrix} 2 & 1 & 1 & 1 & 1 & 1 \\ 1 & 2 & 1 & 2 & 1 & 1 \\ 1 & 1 & 2 & 1 & 1 & 1 \\ 1 & 2 & 1 & 2 & 1 & 1 \\ 1 & 1 & 1 & 1 & 2 & 1 \\ 1 & 1 & 1 & 1 & 1 & 2 \end{bmatrix}$$

两个序列 $\{1,2,3,2,5,4\}$ 和 $\{5,4,3,4,1,2\}$ 中，同样的值出现在第二个位置和第四个位置，对应 b_{24} 和 b_{42}。

定理 7.6　假设模糊软集合 (F,E)，参数集 $E=\{e_1,e_2,\cdots,e_m\}$，对象集 $U=\{o_1,o_2,\cdots,o_n\}$，如果存在两个参数 e_1' 和 e_1''，$e_1',e_1''\subset E$，$F(e_1')=\{o_1/c_{11}',\cdots,o_n/c_{ni}'\}$，$F(e_1'')=\{o_1/c_{11}'',\cdots,o_n/c_{ni}''\}$，对于 e_1' 和 e_1''，假设在 $F(e_1')$ 和 $F(e_1'')$ 中存在相同的选择值 l，$l\in\{2,\cdots,n\}$，对选择值进行排序，排序序列是 S_1' 和 S_1''，如果两个序列对应位

置的和是相等的，那么 e'_1 和 e''_1 是非必要集。如果不存在其他的非必要集，那么 $E - e'_1 - e''_1$ 是 E 的分值法正则参数约简。

证明：假设在 $F(e'_1)$ 和 $F(e''_1)$ 中存在相同的选择值 l，$l \in \{2, \cdots, n\}$。为便于说明，在下面的证明过程中设 $l = 2$，$l \neq 2$ 的证明过程是相同的。模糊软集合 (F, E) 如表 7.26 所示。

表 7.26 模糊软集合表

U	e'_1	e''_1	e_1	$\cdots$	e_{m-2p}
o_1	c'_{11}	c''_{11}	c_{11}	$\cdots$	$c_{1,m-2p}$
$\cdots$	$\cdots$	$\cdots$	$\cdots$	$\cdots$	$\cdots$
o_2	c'_{21}	c''_{21}	c_{21}	$\cdots$	$c_{2,m-2p}$
$\cdots$	$\cdots$	$\cdots$	$\cdots$	$\cdots$	$\cdots$
o_n	c'_{n1}	c''_{n1}	c_{n1}	$\cdots$	$c_{n,m-2p}$

假设 C^E_{ij} 是模糊软集合 (F, E) 的对比表中第 i 行第 j 列的参数值，如果 $i = j$，那么 $C^E_{ii} = m$。对于 e'_1 和 e''_1，将选择值进行排序并假设在 $F(e'_1)$ 和 $F(e''_1)$ 中存在相同的选择值 $l = 2$，排序序列是 S'_1 和 S''_1。因为两序列对应位置的和是相等的，假设选择值 $c'_{i1} = c'_{j1}$，则有 $c''_{i1} = c''_{j1}$，$i \neq j$，$i, j = 1, \cdots, n$。因此如果 $i = j$ 那么 $C^E_{ij} = 2 + x_{ij}$，$C^E_{ji} = 2 + x_{ji}$，这里 x_{ij} 是在 $E - e'_1 - e''_1$ 中 o_i 参数值大于或等于 o_j 参数值的参数的数目。

假设 $n \times n$ 对比矩阵 C_E 由参数 C^E_{ij} 组成，那么 C_E 为

$$C_E = \begin{bmatrix} m & \cdots & 1+x_{1,i-1} & 1+x_{1,i} & 1+x_{1,i+1} & \cdots & 1+x_{1,j-1} & 1+x_{1,j} & 1+x_{1,j+1} & \cdots & 1+x_{1,n} \\ \vdots & & \vdots & \vdots & \vdots & & \vdots & \vdots & \vdots & & \vdots \\ 1+x_{i-1,1} & \cdots & m & \vdots & & & 1+x_{i-1,j-1} & 1+x_{i-1,j} & 1+x_{i-1,j+1} & \cdots & 1+x_{i-1,n} \\ 1+x_{i,1} & \cdots & \vdots & m & \vdots & & 1+x_{i,j-1} & 2+x_{i,j} & 1+x_{i,j+1} & \cdots & 1+x_{i,n} \\ 1+x_{i-1,1} & \cdots & \vdots & & m & & 1+x_{i+1,j-1} & 1+x_{i+1,j} & 1+x_{i+1,j+1} & \cdots & 1+x_{i+1,n} \\ \vdots & & \vdots & \vdots & \vdots & & \vdots & \vdots & \vdots & & \vdots \\ 1+x_{j-1,1} & \cdots & 1+x_{j-1,i-1} & 1+x_{j-1,i} & 1+x_{j-1,i+1} & & m & \vdots & \vdots & & 1+x_{j-1,n} \\ 1+x_{j,1} & \cdots & 1+x_{j,i-1} & 2+x_{j,i} & 1+x_{j,i+1} & & \vdots & m & \vdots & & 1+x_{j,n} \\ 1+x_{j+1,1} & \cdots & 1+x_{j+1,i-1} & 1+x_{j+1,i} & 1+x_{j+1,i+1} & & \vdots & & m & & 1+x_{j+1,n} \\ \vdots & & \vdots & \vdots & \vdots & & \vdots & \vdots & \vdots & & \vdots \\ 1+x_{n,1} & \cdots & 1+x_{n,i-1} & 1+x_{n,i} & 1+x_{n,i+1} & \cdots & 1+x_{n,j-1} & 1+x_{n,j} & 1+x_{n,j+1} & \cdots & m \end{bmatrix}$$

因此 (F, E) 的行和、列和与分值分别为

$$r^E_p = \begin{cases} m+n-1+\sum\limits_{q=1, p \neq q}^{n} x_{pq}, & p \neq i, j \\ m+n+\sum\limits_{q=1, p \neq q}^{n} x_{pq}, & p = i, j \end{cases}$$

$$t_p^E = \begin{cases} m+n-1+\sum\limits_{p=1,p\neq q}^{n} x_{pq}, & p \neq i,j \\[3mm] m+n+\sum\limits_{p=1,p\neq q}^{n} x_{pq}, & p = i,j \end{cases}$$

$$S_p^E = r_p^E - t_p^E = \sum_{q=1,p\neq q}^{n} x_{pq} - \sum_{p=1,p\neq q}^{n} x_{pq}$$

删除参数集 e_1' 和 e_1'' 后，对比矩阵 $C_{E-e_1'-e_1''}$ 表示为

$$C_{E-e_1'-e_1''} = \begin{bmatrix} m-2 & x_{12} & \cdots & x_{1,n-1} & x_{1n} \\ x_{21} & m-2 & \cdots & x_{2,n-1} & x_{2n} \\ \vdots & \vdots & & \vdots & \vdots \\ x_{n-1,1} & x_{n-1,2} & \cdots & m-2 & x_{n-1,n} \\ x_{n1} & x_{n2} & \cdots & x_{n,n-1} & m-2 \end{bmatrix}_{n\times n}$$

因此行和、列和与模糊软集合 $(F, E-e_1'-e_1'')$ 的分值为

$$r_i^{E-e_1'-e_1''} = m-2 + \sum_{j=1,i\neq j}^{n} x_{ij}$$

$$t_i^{E-e_1'-e_1''} = m-2 + \sum_{i=1,i\neq j}^{n} x_{ij}$$

$$S_i^{E-e_1'-e_1''} = r_i^{E-e_1'-e_1''} - t_i^{E-e_1'-e_1''} = \sum_{j=1,i\neq j}^{n} x_{ij} - \sum_{i=1,i\neq j}^{n} x_{ij}$$

对于 $\forall i$，$S_i^E = S_i^{E-e_1'-e_1''}$，$e_1'$ 和 e_1'' 是非必要的，因此 $E-e_1'-e_1''$ 是 E 的分值法正则参数约简。

性质 7.6 假设模糊软集合 (F,E)，参数集 $E=\{e_1,e_2,\cdots,e_m\}$，对象集 $U=\{o_1,o_2,\cdots,o_n\}$，如果存在两个参数 e_1' 和 e_1''，$e_1',e_1''\subset E$，$F(e_1')=\{o_1/c_{11}',\cdots,o_n/c_{ni}'\}$，$F(e_1'')=\{o_1/c_{11}'',\cdots,o_n/c_{ni}''\}$，对于 e_1' 和 e_1''，对选择值进行排序并假设排序序列是 S_1' 和 S_1''，在 $F(e_1')$ 和 $F(e_1'')$ 中存在 l 个相同的参数值，$l\in\{2,\cdots,n\}$，并且 l 个相同的选择值的位置是 $v_1,v_2,\cdots,v_l$，如果两序列对应位置的和是相等的，那么对比矩阵 C_E 和 $C_{E-e_1'-e_1''}$ 存在关系 $B=C_E-C_{E-e_1'-e_1''}$，其中，$B=\{b_{ij}\}$，b_{ij} 为

$$b_{ij} = \begin{cases} 2, & i=j, \quad i,j=\{v_1,v_2,\cdots v_l\} \\ 1, & \text{其他} \end{cases}$$

性质 7.7 假设模糊软集合 (F,E)，参数集 $E=\{e_1,e_2,\cdots,e_m\}$，对象集 $U=\{o_1, o_2,\cdots,$

$o_n\}$，如果存在两个参数 e_1' 和 e_1''，$e_1', e_1'' \subset E$，$F(e_1') = \{o_1 / c_{11}', \cdots, o_n / c_{ni}'\}$，$F(e_1'') = \{o_1 / c_{11}'', \cdots, o_n / c_{mi}''\}$，对于 e_1' 和 e_1''，对选择值进行排序并假设排序序列是 S_1' 和 S_1''，在 $F(e_1')$ 和 $F(e_1'')$ 中存在 l 个相同的选择值，$l \in \{2, \cdots, n\}$。如果两序列对应位置的和相等，那么和是 $n - l + 1$。

7.1.3　基于分值法的模糊软集合正则参数约简方法

通过上面冗余参数的分析，我们得出下面分值法的模糊软集合正则参数约简方法，其步骤如下。

步骤1：输入模糊软集合 (F, E) 的对象集 $U = \{h_1, h_2, \cdots, h_n\}$ 和参数集 $E = \{e_1, e_2, \cdots, e_m\}$。

步骤2：对任意的子集 $A \subset E$，计算对比矩阵 C_{E-A}，并检查矩阵 $C_E - C_{E-A}$ 是否是对称矩阵，如果 $C_E - C_{E-A}$ 是对称矩阵，则将 A 放入的冗余参数集 R 中。

步骤3：如果 R 是最大的冗余参数集，则 $E - R$ 是 E 的分值法正则参数约简。

7.2　两种正则参数约简方法的比较

选择值法的模糊软集合正则参数约简方法已在 6.1 节中做过介绍，下面我们讨论分值法的模糊软集合正则参数约简方法。

例 7.6　令 $U = \{o_1, o_2, o_3, o_4, o_5, o_6\}$ 为对象集，$E = \{e_1, e_2, e_3, e_4, e_5, e_6, e_7, e_8\}$ 为参数集。模糊软集合 (F, E) 如表 7.27 所示。

$$f_{\{e_3, e_4, e_7, e_8\}}(o_1) = 0.1 + 0.3 + 0.4 + 0.1 = 0.9$$

$$f_{\{e_3, e_4, e_7, e_8\}}(o_2) = 0.3 + 0.4 + 0.1 + 0.1 = 0.9$$

$$f_{\{e_3, e_4, e_7, e_8\}}(o_3) = 0.2 + 0.1 + 0.5 + 0.1 = 0.9$$

$$f_{\{e_3, e_4, e_7, e_8\}}(o_4) = 0.1 + 0.2 + 0.5 + 0.1 = 0.9$$

$$f_{\{e_3, e_4, e_7, e_8\}}(o_5) = 0.2 + 0.3 + 0.3 + 0.1 = 0.9$$

$$f_{\{e_3, e_4, e_7, e_8\}}(o_6) = 0.2 + 0.2 + 0.4 + 0.1 = 0.9$$

那么参数集 $\{e_1, e_2, e_5, e_6\}$ 是 E 的选择值正则参数约简。

将每一个参数 e_i 排序，排序表如表 7.28 所示。表 7.27 中最后一列的参数值是相同的，那么 $\{e_8\}$ 是非必要集。让我们考虑参数集 $\{e_1, e_2\}$，对于参数 e_1，序列是 $\{1, 2, 3, 2, 5, 4\}$，对于参数 e_2，序列是 $\{5, 4, 3, 4, 1, 2\}$。两序列对应位置的和是相等的，即 $1+5+2=4+1+3=3+3+2=2+4+2=5+2+1=8$。参数集 $\{e_3, e_4, e_5, e_6, e_7\}$ 是 E 的分值法正则参数约简。

表 7.27　例 7.6 的模糊软集合表

U	e_1	e_2	e_3	e_4	e_5	e_6	e_7	e_8
o_1	0.1	0.9	0.1	0.3	0.05	0.2	0.4	0.1
o_2	0.2	0.8	0.3	0.4	0.2	0.2	0.1	0.1
o_3	0.4	0.5	0.2	0.1	0.1	0.1	0.5	0.1
o_4	0.2	0.8	0.1	0.2	0.1	0.9	0.5	0.1
o_5	0.8	0.3	0.2	0.3	0.1	0.1	0.3	0.1
o_6	0.7	0.35	0.2	0.2	0.5	0.8	0.4	0.1

表 7.28　表 7.27 的排序表

U	e_1	e_2	e_3	e_4	e_5	e_6	e_7	e_8
o_1	1	5	1	3	1	2	3	1
o_2	2	4	3	4	3	2	1	1
o_3	3	3	2	1	2	1	4	1
o_4	2	4	1	2	2	4	4	1
o_5	5	1	2	3	2	1	2	1
o_6	4	2	2	2	4	3	3	1

对于选择值法和分值法的正则参数约简，说明如下。

(1) 选择值法的正则参数约简和分值法的正则参数约简是两种不同的参数约简方法。对于同一模糊软集，其约简结果通常是不同的。

(2) 对于一个子集 $A=\{e_1,e_2,\cdots,e_p\}$，$\forall e_i \in A$，$F(e_i)=\{o_1/c_{1i},o_2/c_{2i},\cdots,o_n/c_{ni}\}$，如果 $c_{1i}=c_{2i}=\cdots=c_{ni}$，那么 A 是选择值法正则参数约简和分值法正则参数约简的共同非必要集，如表 7.28 中的子集 $\{e_8\}$。

(3) 对于分值法正则参数约简的非必要集，这种方法只关注选择值的排序关系。如果选择值的排序关系没有改变，一个选择值可以在一个特定的范围内变化，那么非必要集是不变的。对于表 7.28 中的例子，$f_{e_1}(o_1)=0.1$，$f_{e_1}(o_2)=0.2$，如果 $\forall f_{e_1}(o_1) \in [0,0.2)$，对于参数 e_1，排序关系是不变的。而对于选择值法正则参数约简的非必要集，这种情况是不存在的。如果将选择值法正则参数约简的非必要集的一个选择值改变，那么非必要集就变成必要集。

7.3　基于分值法的模糊软集合正则参数约简应用

在这一节中，我们将根据新的算法计算模糊软集合的正则参数约简。

例 7.7　医生希望评估残疾老人的自理能力。假设有六位老人在考虑之中，令对象集 $U=\{R_1,R_2,R_3,R_4,R_5,R_6\}$，参数集 $E=\{e_1,e_2,\cdots,e_{16}\}$，这里 e_i 代表吃饭、搬东西、个人卫生、去浴室、洗澡、步行水平、楼梯活动、穿衣脱衣、大便控制、尿控制、认知能力、攻击性、意识水平、视力、听觉、沟通。隶属度值为"1"表示良好，这是上限；"0"表示糟糕，这是下限。模糊软集合如表 7.29 所示，排序表如表 7.30 所示。采用新的正则参数约简法，$\{e_1, e_4, e_5, e_7, e_8, e_{10}, e_{13}, e_{15}\}$ 是非必要集，$\{e_2, e_3, e_6, e_9, e_{11}, e_{12}, e_{14}, e_{16}\}$ 是 E 的正则参数约简，如表 7.31 所示，基于分值法我们可以得到决策顺序 $R_6 \succ R_5 \succ R_4 \succ R_3 \succ R_1 \succ R_2$，最优结果是 R_6，最差结果是 R_2。

表 7.29　例 7.7 的模糊软集合表

U	e_1	e_2	e_3	e_4	e_5	e_6	e_7	e_8
R_1	0.6	0.4	0.2	0.3	0.4	0.1	0.35	0.1
R_2	0.6	0.1	0.1	0.5	0.4	0.5	0.2	0.45
R_3	0.6	0.3	0.3	0.1	0.4	0.8	0.9	0.4
R_4	0.6	0.1	0.5	0.4	0.4	0.4	0.3	0.4
R_5	0.6	0.8	0.6	0.8	0.4	0.35	0.1	0.7
R_6	0.6	0.8	0.4	0.2	0.4	0.2	0.5	0.6
U	e_9	e_{10}	e_{11}	e_{12}	e_{13}	e_{14}	e_{15}	e_{16}
R_1	0.1	0.2	0.6	0.3	0.7	0.5	0.8	0.1
R_2	0.1	0.6	0.2	0.2	0.65	0.5	0.4	0.2
R_3	0.2	0.7	0.4	0.1	0.5	0.2	0.6	0.8
R_4	0.2	0.75	0.2	0.2	0.3	0.8	0.6	0.8
R_5	0.1	0.9	0.1	0.3	0.2	0.9	0.3	0.5
R_6	0.5	0.92	0.8	0.5	0.15	0.4	0.35	0.6

表 7.30　表 7.29 的排序表

U	e_1	e_2	e_3	e_4	e_5	e_6	e_7	e_8
R_1	1	3	2	3	1	1	4	1
R_2	1	1	1	5	1	5	2	3
R_3	1	2	3	1	1	6	6	2
R_4	1	1	5	4	1	4	3	2
R_5	1	4	6	6	1	3	1	5
R_6	1	4	4	2	1	2	5	4
U	e_9	e_{10}	e_{11}	e_{12}	e_{13}	e_{14}	e_{15}	e_{16}
R_1	1	1	4	3	6	3	5	1
R_2	1	2	4	2	5	3	3	2
R_3	2	3	3	1	4	1	4	5
R_4	2	4	2	2	3	4	4	5
R_5	1	5	4	3	2	5	1	3
R_6	3	6	5	4	1	2	2	4

表 7.31　例 7.7 的分值法正则参数约简表

U	e_2	e_3	e_6	e_9	e_{11}	e_{12}	e_{14}	e_{16}
R_1	0.4	0.2	0.1	0.1	0.6	0.3	0.5	0.1
R_2	0.1	0.1	0.5	0.1	0.6	0.2	0.5	0.2
R_3	0.3	0.3	0.8	0.2	0.4	0.1	0.2	0.8
R_4	0.1	0.5	0.4	0.2	0.2	0.2	0.8	0.8
R_5	0.8	0.6	0.35	0.1	0.1	0.3	0.9	0.5
R_6	0.8	0.4	0.2	0.5	0.8	0.5	0.4	0.6

7.4　本 章 小 结

　　本章对 Roy 和 Maji 提出的分值法进行了分析,并讨论了非必要集和冗余参数的特征。根据分值法,提出了一种新的正则参数约简方法。我们比较了新的正则参数约简法和选择值法的正则参数约简法,并给出了相应的结论。最后根据新的约简方法对一个实例进行了模糊软集合正则参数约简计算。

第8章 基于灰理论和模糊软集合理论的决策问题研究

基于模糊软集合方法决策问题的研究，研究人员通常采用一种决策方法来进行决策分析，但决策方法不同，得到的决策结果也不同。决策方法多种多样，因此并不容易判断哪个决策结果是正确的。此外，我们也不知道应该选择哪种方法来做出决策。下面列举了两种情况，分别利用选择值法和分值法进行分析。假设有 6 个对象集 $\{o_1, \cdots, o_6\}$，分别计算它们的选择值和分值。情况 1，选择值序列 $c = \{1.0, 1.0, 1.1, 1.2, 2.1, 2.2\}$，分值序列 $s = \{-13, -5, -6, 2, 16, 6\}$。对于情况 1，使用选择值法决策的结果是 o_6，使用分值法决策的结果是 o_5。我们不知道哪个决策结果是正确的，因为这两个结果是从不同的角度分析该问题的。对于对象 o_5 和 o_6，我们知道 $c_5 = 2.1$，$c_6 = 2.2$，$s_5 = 16$，$s_6 = 6$。由于 $c_5 = 2.1$ 和 $c_6 = 2.2$ 的值很接近，而 $s_5 = 16$ 和 $s_6 = 6$ 的值差别很大。因此综合考虑这两种方法，通常选择 o_5 为最优解。情况 2，选择值序列 $c = \{1.4, 1.3, 1.3, 1.8, 1.9, 2.9\}$，分值序列 $s = \{-1, -7, -4, -5, 8, 7\}$。对于情况 2，使用选择值方法的结果是 o_6，而使用分值法的决策结果是 o_5。由于评估方法不同，评价结果也就不一致。综合考虑到情况 2 的选择值和分值，方案 o_6 更好。

综合以上分析，使用不同的决策方法可以获得不同的结果。然而，单一的决策方法简单、片面，缺乏对决策信息的全面考虑。只使用一种决策方法可能会获得极端的决策结果。为提高决策质量，需要综合考虑多种决策方法，多种决策方法的决策结果中包含更多的信息。本章研究了一种基于灰理论的求解决策问题的新方法，新的决策方法的考虑了多种决策准则，可以得到一种综合的决策结果。

解决这一问题的关键是如何将两个或多个不同的方法组合在一起，灰理论可以有效解决这一问题。灰色系统理论是邓聚龙于 1982 年提出的[63]。通过定量分析，探讨动态发展过程中因素之间的相似性和非相似性。该理论提出了一种度量因素关联度的依赖关系；相似性越大，因素关联越多[64]。灰关联分析是一种在小样本和不确定条件下推广估计的方法。我们利用灰理论的灰关联分析方法，将多种决策结果结合为一个评价值。最后，利用评价值进行决策。

在本章中，以选择值法和分值法为例，将两种决策方法综合起来，利用灰关联分析对模糊软集合进行决策，并计算每个对象的相关度。最后，利用关系等级作为评估依据，应用这种新方法，可以有效地解决上述两个问题。

本章提出的新方法适用于求解基于软集合和模糊软集合理论的决策问题。在多种评价方法中，无论我们选择哪种决策方法，只要给出每种决策方法的决策结果，就可以使用这种新方法做出综合决策。每个评价序列对应一种决策方法，因此这种新方法是一种综合的决策方法。该方法客观、科学、准确，可以通过比较得到最优选择、次优选择等。

8.1　灰理论基础知识

本节首先介绍一些灰理论的常识性定义和灰关联分析法。

定义 8.1　若 α 出现、被承认，则 β 消失，记为 $\alpha \, \mathrm{Emg} \Rightarrow \beta \, \mathrm{Vns}$。

定义 8.2　默认 α 在 L 准则、L 命题、L 意义、L 背景与前提下接近 β，记为 $\alpha \, \mathrm{Apr} \, \beta \, \mathrm{FOR} \, L$。

定义 8.3　令 $\&(\theta)$ 为 $\&$ 的命题信息域，$\&$ 为数域，$\otimes$ 为 $\&$ 下不确定数，$\tilde{\otimes}$ 为 $\otimes$ 的白化默认数(简称白化数)，d° 为 $\otimes$ 的唯一真值，$d^{\sim}$ 为 d° 的潜数，则灰数 $\otimes$ 定义为

$$\forall \, \tilde{\otimes} \in \otimes \Rightarrow \tilde{\otimes} \in \&$$

$$\& = \{\tilde{\otimes} \, | \, \exists \, \tilde{\otimes} = d^{\circ}, \tilde{\otimes} \, \mathrm{Apr} \, d^{\sim} \, \mathrm{FOR} \, \&(\theta), d^{\circ} \, \mathrm{Emg} \Rightarrow \otimes \, \mathrm{Vns}\}$$

$\tilde{\otimes}$ 的集合称为 $\otimes$ 的信息覆盖，记为 D，并认为 $D \subset \&$。

定义 8.4　白化数 $\tilde{\otimes}$ 在 $\&$ 中出现，称 $\&$ 对 $\tilde{\otimes}$ 显性包含。真值 d° 隐含在 $\&$ 中，称 $\&$ 对 d°(或者 $d^{\sim}$)隐性包含。称 $d^{\sim}$ 为 $\otimes$ 的潜默认数，即潜数。

命题 8.1　$\otimes$ 中潜数 $d^{\sim}$，具有性质：①符合数学概念；②符合公数运算。

定义 8.5　设 $S = \{s_{ij} = (a_i, b_j) \, | \, a_i \in A, b_j \in B\}$ 为决策方案集，决策方案 $u_{i_0 j_0} = \{u_{i_0 j_0}^{(1)}, u_{i_0 j_0}^{(2)}, \cdots, u_{i_0 j_0}^{(s)}\}$ 为最优效果向量，若 $u_{i_0 j_0}$ 所对应的决策方案 $u_{i_0 j_0} \notin S$，则称 $u_{i_0 j_0}$ 为理想最优效果向量，相应的 $s_{i_0 j_0}$ 称为理想最优决策方案。

命题 8.2　设 $S = \{s_{ij} = (a_i, b_j) \, | \, a_i \in A, b_j \in B\}$ 为决策方案集，决策方案 s_{ij} 对应的效果向量为

$$u_{ij} = \{u_{ij}^{(1)}, u_{ij}^{(2)}, \cdots, u_{ij}^{(s)}\}, \quad i = 1, 2, \cdots, n, \quad j = 1, 2, \cdots, m$$

① 当目标 k 为效果值越大越好的目标时，取 $u_{i_0 j_0}^{(k)} = \max\limits_{1 \leqslant i \leqslant n, 1 \leqslant j \leqslant m} \{u_{ij}^{(k)}\}$；

② 当目标 k 为效果值越接近某一适中值 u_0 越好的目标值时，取 $u_{i_0 j_0}^{(k)} = u_0$；

③ 当目标 k 为效果值越小越好的目标时，取 $u_{i_0 j_0}^{(k)} = \min\limits_{1 \leqslant i \leqslant n, 1 \leqslant j \leqslant m} \{u_{ij}^{(k)}\}$；

则 $u_{i_0 j_0} = \{u_{i_0 j_0}^{(1)}, u_{i_0 j_0}^{(2)}, \cdots, u_{i_0 j_0}^{(s)}\}$ 为理想最优效果向量。

命题 8.3　设 $S = \{s_{ij} = (a_i, b_j) \, | \, a_i \in A, b_j \in B\}$ 为决策方案集，决策方案 s_{ij} 对应的效果向量为

$$u_{ij} = \{u_{ij}^{(1)}, u_{ij}^{(2)}, \cdots, u_{ij}^{(s)}\}, \quad i = 1, 2, \cdots, n, \quad j = 1, 2, \cdots, m$$

$u_{i_0 j_0} = \{u_{i_0 j_0}^{(1)}, u_{i_0 j_0}^{(2)}, \cdots, u_{i_0 j_0}^{(s)}\}$ 为理想最优效果向量，ε_{ij}（$i = 1, 2, \cdots, n$，$j = 1, 2, \cdots, m$）为 u_{ij} 与 $u_{i_0 j_0}$ 的灰色绝对关联度，若 $\varepsilon_{i_0 j_0}$ 满足对任意 $i \in \{1, 2, \cdots, n\}$ 且 $i \neq i_1$ 和任意 $j \in \{1, 2, \cdots, m\}$ 且 $j \neq j_1$，恒有 $\varepsilon_{i_1 j_1} \geq \varepsilon_{ij}$，则 $u_{i_1 j_1}$ 为次优效果向量，对应的 $s_{i_1 j_1}$ 为次优决策方案。

8.2　基于灰理论和模糊软集合的多准则评判方法

目前处理模糊软集合决策问题的方法有两种，一种是分值方法，另一种是选择值方法。文献[27]中决策者依据对象的分值 s_i 进行决策，其中，s_i 表示对象 o_i 的相对较大的参数值的个数。文献[28]中决策者依据选择值 c_i 进行决策，其中，c_i 表示对象 o_i 的所有参数的参数值的总和。根据得分值和选择值这两种方法，得出的结果并不总是相同的。然而，有时也可以得到相同的决策结果。这两种决策方法是依据不同的角度对研究对象进行分析，因此得到的结论可能不一致。

针对这一问题，考虑以下两种情况。令 $U = \{o_1, o_2, \cdots, o_n\}$ 是对象集合，$c = \{c_1, c_2, \cdots, c_n\}$ 是选择值序列，$s = \{s_1, s_2, \cdots, s_n\}$ 是分值序列。假设 c_i 是选择值序列中的最优值，c_j 是次优值；s_j 是分值序列中的最优值，s_i 是次优值。情况 1，如果两个对象的选择值几乎相等（$c_i > c_j$），但分值差异很大 $s_j > s_i$，通常选择 o_j 作为最优对象，而不是 o_i。情况 2，如果两个对象的分值几乎相等，但选择值差别很大，通常选择 o_i 作为最优对象，而不是 o_j。

但是，当根据选择值和分值做出决策时，哪一个才是最优的对象？本章针对此问题进行讨论，下面举例进行说明。

例 8.1　令 $U = \{o_1, o_2, o_3, o_4, o_5, o_6\}$ 为对象集，参数集 $E = \{e_1, e_2, e_3, e_4, e_5\}$。选择值是 $c_i = \sum_{j=1}^{5} o_{ij}$。模糊软集合如表 8.1 所示，模糊软集合的对比表如表 8.2 所示，对象 o_i 的行和、列和与分值如表 8.3 所示。

表 8.1　例 8.1 的模糊软集合表

U	e_1	e_2	e_3	e_4	e_5	$c = f(\cdot)$
o_1	0.1	0.1	0.1	0.1	0.6	1.0
o_2	0.3	0.2	0.1	0.2	0.2	1.0
o_3	0.1	0.3	0.1	0.1	0.5	1.1
o_4	0.3	0.2	0.2	0.2	0.3	1.2
o_5	0.1	0.3	0.4	0.4	0.9	2.1
o_6	0.9	0.2	0.1	0.2	0.8	2.2

表 8.2　表 8.1 的对比表

	o_1	o_2	o_3	o_4	o_5	o_6
o_1	5	2	4	1	1	1
o_2	4	5	3	3	1	3
o_3	4	3	5	2	2	2
o_4	4	5	3	5	1	3
o_5	5	4	5	4	5	4
o_6	5	5	4	4	1	5

表 8.3　表 8.1 的分值表

	行和 (r_i)	列和 (t_i)	分值 (S_i)
o_1	14	27	−13
o_2	19	24	−5
o_3	18	24	−6
o_4	21	19	2
o_5	27	11	16
o_6	24	18	6

对比表是一个正方形表格，其中，行数和列数相等，行和列都由论域对象 $o_1, o_2, \cdots, o_6$ 组成，对比表内的值 c_{ij} $(i, j = 1, 2, \cdots, 6)$ 表示对象 o_i 的参数值优于或等于对象 o_j 的参数值的个数。然后计算对象 o_i 的行和、列和与分值，如表 8.3 所示。

对象 o_i 的行和用 r_i 表示，并通过 $r_i = \sum\limits_{j=1}^{6} c_{ij}$ 来计算。r_i 表示 o_i 优于或等于论域 U 内其他对象的所有参数值的总数。对象 o_j 的列和由 t_i 表示，并通过 $t_i = \sum\limits_{i=1}^{6} c_{ij}$ 来计算，分值 $s_i = r_i - t_i$。

从表 8.1～表 8.3 可以看出，选择值序列为 $\{c_1, c_2, \cdots, c_6\} = \{1.0, 1.0, 1.1, 1.2, 2.1, 2.2\}$，分值序列为 $\{s_1, s_2, \ldots, s_6\} = \{-13, -5, -6, 2, 16, 6\}$，其中，$c_5 = 2.1$，$c_6 = 2.2$，$s_5 = 16$，$s_6 = 6$。一般来说，$o_5$ 是同时考虑选择值和分值时的最优选择。

例 8.2　令 $U = \{o_1, o_2, o_3, o_4, o_5, o_6\}$ 为对象集，参数集 $E = \{e_1, e_2, e_3, e_4, e_5\}$，模糊软集合的二维表如表 8.4 所示，模糊软集合的对比表如表 8.5 所示，对象 o_i 的行和、列和与分值如表 8.6 所示。

表 8.4　例 8.2 的模糊软集合表

U	e_1	e_2	e_3	e_4	e_5	$c = f(\cdot)$
o_1	0.2	0.3	0.2	0.3	0.4	1.4
o_2	0.6	0.2	0.3	0.1	0.1	1.3
o_3	0.1	0.2	0.4	0.2	0.4	1.3

U	e_1	e_2	e_3	e_4	e_5	选择值
o_4	0.6	0.1	0.1	0.9	0.1	1.8
o_5	0.5	0.3	0.4	0.3	0.4	1.9
o_6	0.1	0.9	0.9	0.9	0.1	2.9

表 8.5　表 8.4 的对比表

	o_1	o_2	o_3	o_4	o_5	o_6
o_1	5	3	4	3	3	2
o_2	2	5	2	4	1	2
o_3	2	4	5	3	2	2
o_4	2	3	2	5	2	3
o_5	5	4	5	3	5	2
o_6	3	4	4	4	3	5

表 8.6　表 8.4 的分值表

	行和 (r_i)	列和 (t_i)	分值 (S_i)
o_1	20	19	1
o_2	16	23	−7
o_3	18	22	−4
o_4	17	22	−5
o_5	24	16	8
o_6	23	16	7

　　从表 8.4～表 8.6 可以看出,选择值序列为 $\{c_1,c_2,\cdots,c_6\}=\{1.4,1.3,1.3,1.8,1.9,2.9\}$,分值序列为 $\{s_1,s_2,\cdots,s_6\}=\{1,-7,-4,-5,8,7\}$,其中,$c_5=1.9$,$c_6=2.9$,$s_5=8$,$s_6=7$。一般而言,$o_6$ 是最佳选择。

　　为了解决上述问题,下面利用灰关联分析法研究此问题,提出下列方法。

　　步骤 1:输入某种评估要求,例如,选择值序列 $\{c_1,c_2,\cdots,c_n\}$ 和分值序列 $\{s_1,s_2,\cdots,s_n\}$,其中 c_i 和 s_i 与对象 o_i 相关联。

　　步骤 2:灰关联生成。计算 c_i' 和 s_i' 为

$$c_i'=\frac{c_i-\min\{c_i,i=1,\cdots,n\}}{\max\{c_i,i=1,\cdots,n\}-\min\{c_i,i=1,\cdots,n\}}$$

$$s_i'=\frac{s_i-\min\{s_i,i=1,\cdots,n\}}{\max\{s_i,i=1,\cdots,n\}-\min\{s_i,i=1,\cdots,n\}}$$

　　步骤 3:重新排序。$\{c_1',s_1'\},\cdots,\{c_n',s_n'\}$,其中,$\{c_i',s_i'\}$ 与对象 o_i 相关联。

　　步骤 4:计算差值。计算 $c_{\max}=\max\{c_i',i=1,\cdots,n\}$,$s_{\max}=\max\{s_i',i=1,\cdots,n\}$,$\Delta c_i'=|c_{\max}-c_i'|$,$\Delta s_i'|s_{\max}-s_i'|$,$\Delta_{\max}=\max\{\Delta c_i',\Delta s_i',i=1,\cdots,n\}$,$\Delta_{\min}=\min\{\Delta c_i',\Delta s_i',i=1,\cdots,n\}$。

步骤 5：计算灰关联系数。$\gamma(c,c_i) = \dfrac{\Delta_{\min} + \xi \times \Delta_{\max}}{\Delta c_i' + \xi \times \Delta_{\max}}$，$\gamma(s,s_i) = \dfrac{\Delta_{\min} + \xi \times \Delta_{\max}}{\Delta s_i' + \xi \times \Delta_{\max}}$，

其中，ξ 是判别系数，$\xi \in [0,1]$。判别系数的作用是增大或减小灰关联系数的幅度。本书中，$\xi = 0.5$。

步骤 6：灰关联度。$\gamma(o_i) = (\omega_1 \times \gamma(c,c_i) + \omega_2 \times \gamma(s,s_i))$，其中，$\omega_i$ $(i = 1,2)$ 是评估因子的权重，$\omega_1 + \omega_2 = 1$。本书中，$\omega_1 = \omega_2 = 0.5$。

步骤 7：决策。如果 $o_k = \max \gamma(o_k)$，则 o_k 为最优决策方案。如果有更多对象与最大值相等，则最佳选择有多个对象。

根据上面的方法分析例 8.1 和例 8.2。

（1）计算例 8.1。

步骤 1：选择值序列为 $\{c_1, c_2, \cdots, c_6\} = \{1.0, 1.0, 1.1, 1.2, 2.1, 2.2,\}$，分值序列为 $\{s_1, s_2, \cdots, s_6\} = \{-13, -5, -6, 2, 16, 6\}$。

步骤 2：$\min\{c_i, i = 1, \cdots, 6\} = 1.0$，$\max\{c_i, i = 1, \cdots, 6\} = 2.2$，$c_i' = (c_i - 1.0)/1.2$，$\{c_1', c_2', \cdots, c_6'\} = \{0, 0, 0.083, 0.167, 0.917, 1\}$，$\{s_1', s_2', \cdots, s_6'\} = \{0, 0.276, 0.241, 0.517, 1, 0.655\}$

步骤 3：$\{c_1', s_1'\} = \{0, 0\}$，$\{c_2', s_2'\} = \{0, 0.276\}$，$\{c_3', s_3'\} = \{0.083, 0.241\}$，$\{c_4', s_4'\} = \{0.167, 0.517\}$，$\{c_5', s_5'\} = \{0.917, 1\}$，$\{c_6', s_6'\} = \{1, 0.655\}$。

步骤 4：$c_{\max} = 1$，$s_{\max} = 1$，$\Delta c_1' = 1$，$\Delta c_2' = 1$，$\Delta c_3' = 0.917$，$\Delta c_4' = 0.833$，$\Delta c_5' = 0.083$，$\Delta c_6' = 0$，$\Delta s_1' = 1$，$\Delta s_2' = 0.724$，$\Delta s_3' = 0.759$，$\Delta s_4' = 0.483$，$\Delta s_5' = 0$，$\Delta s_6' = 0.345$，$\Delta_{\max} = 1$，$\Delta_{\min} = 0$。

步骤 5：$\gamma(c,c_1) = 0.333$，$\gamma(c,c_2) = 0.333$，$\gamma(c,c_3) = 0.353$，$\gamma(c,c_4) = 0.375$，$\gamma(c,c_5) = 0.858$，$\gamma(c,c_6) = 1$；$\gamma(s,s_1) = 0.333$，$\gamma(s,s_2) = 0.408$，$\gamma(s,s_3) = 0.397$，$\gamma(s,s_4) = 0.509$，$\gamma(s,s_5) = 1$，$\gamma(s,s_6) = 0.529$。

步骤 6：$\gamma(o_1) = 0.333$，$\gamma(o_2) = 0.371$，$\gamma(o_3) = 0.375$，$\gamma(o_4) = 0.442$，$\gamma(o_5) = 0.929$，$\gamma(o_6) = 0.796$。

步骤 7：$\gamma(o_5) = 0.929$ 是最大值，因此决策结果是 o_5，此结果与我们的分析结果是一致的。

（2）计算例 8.2。

步骤 1：选择值序列 $\{c_1, c_2, \cdots, c_6\} = \{1.4, 1.3, 1.3, 1.8, 1.9, 2.9,\}$，分值序列为 $\{s_1, s_2, \cdots, s_6\} = \{1, -7, -4, -5, 8, 7\}$。

步骤 2：$\min\{c_i = 1, \cdots, 6\} = 1.3$，$\max\{c_i, i = 1, \cdots, 6\} = 2.9$。$c_i' = (c_i - 1.3)/1.6$，$\{c_1', c_2', \cdots, c_6'\} = \{0.063, 0, 0, 0.313, 0.375, 1\}$。$\{s_1', s_2', \cdots, s_6'\} = \{0.533, 0, 0.2, 0.133, 1, 0.933\}$。

步骤 3：$\{c_1', s_1'\} = \{0.063, 0.533\}$，$\{c_2', s_2'\} = \{0, 0\}$，$\{c_3', s_3'\} = \{0, 0.2\}$，$\{c_4', s_4'\} = \{0.313, 0.133\}$，$\{c_5', s_5'\} = \{0.375, 1\}$，$\{c_6', s_6'\} = \{1, 0.933\}$。

步骤 4：$c_{\max} = 1$，$s_{\max} = 1$，$\Delta c_1' = 0.937$，$\Delta c_2' = 1$，$\Delta c_3' = 1$，$\Delta c_4' = 0.687$，$\Delta c_5' = 0.625$，

$\Delta c_6' = 0$；$\Delta s_1' = 0.467$，$\Delta s_2' = 1$，$\Delta s_3' = 0.8$，$\Delta s_4' = 0.867$，$\Delta s_5' = 0$，$\Delta s_6' = 0.067$，$\Delta_{max} = 1$，$\Delta_{min} = 0$。

步骤 5：$\gamma(c,c_1)=0.348$，$\gamma(c,c_2)=0.333$，$\gamma(c,c_3)=0.333$，$\gamma(c,c_4)=0.421$，$\gamma(c,c_5)=0.444$，$\gamma(c,c_6)=1$；$\gamma(s,s_1)=0.517$，$\gamma(s,s_2)=0.333$，$\gamma(s,s_3)=0.385$，$\gamma(s,s_4)=0.366$，$\gamma(s,s_5)=1$，$\gamma(s,s_6)=0.882$。

步骤 6：$\gamma(o_1)=0.433$，$\gamma(o_2)=0.333$，$\gamma(o_3)=0.359$，$\gamma(o_4)=0.393$，$\gamma(o_5)=0.722$，$\gamma(o_6)=0.941$。

步骤 7：$\gamma(o_6)=0.941$是最大值，因此决策结果是o_6，此结果与我们的分析结果是一致的。

8.3　灰理论和模糊软集合理论在决策问题上的应用

本节主要将上述方法用于解决实际中的决策问题。为了说明该方法的基本思想，我们将其应用于文献[65]中的人员选择决策问题，本例针对此问题进行分析，对该问题描述如下。

例 8.3　假设一家公司想要填补一个职位，有 48 名候选人填写表格以便正式申请职位，有两个决策者，其中一人来自人力资源部，另一人来自董事会。假设候选人集合为 $U = \{u_1, u_2, \cdots, u_{48}\}$，参数集为 $E = \{e_1, e_2, \cdots, e_7\}$。对于 $i = 1, 2, \cdots, 7$，参数 e_i 分别表示经验、计算机知识、专业性、年龄、高等教育、婚姻状况和身体状况，如表 8.7 所示。

表 8.7　例 8.3 的评价表

	u_1	u_2	u_3	u_4	u_5	u_6	u_7	u_8	u_9	u_{10}	u_{11}	u_{12}
c_{Ai}	2	1	2	1	1	0	1	0	0	0	0	1
c_{Bi}	1	1	1	3	1	0	1	2	1	1	1	1
	u_{13}	u_{14}	u_{15}	u_{16}	u_{17}	u_{18}	u_{19}	u_{20}	u_{21}	u_{22}	u_{23}	u_{24}
c_{Ai}	4	0	1	0	1	2	1	1	2	1	1	2
c_{Bi}	2	2	1	1	1	0	0	0	3	1	1	0
	u_{25}	u_{26}	u_{27}	u_{28}	u_{29}	u_{30}	u_{31}	u_{32}	u_{33}	u_{34}	u_{35}	u_{36}
c_{Ai}	1	0	0	4	1	1	1	2	1	1	0	4
c_{Bi}	0	1	1	1	1	0	1	0	1	0	1	1	2
	u_{37}	u_{38}	u_{39}	u_{40}	u_{41}	u_{42}	u_{43}	u_{44}	u_{45}	u_{46}	u_{47}	u_{48}
c_{Ai}	0	1	1	0	2	2	2	2	1	1	1	1
c_{Bi}	1	0	0	1	0	1	1	1	1	1	0	0

考虑文献[65]例 4 中人员选择决策问题，方法如下。

步骤 1：决策者分别考虑参数集 $A = \{x_1, x_2, x_4, x_7\}$ 和 $B = \{x_1, x_2, x_5\}$ 来评估候选人。

步骤 2：决策者认真调查候选人的简历，经过认真讨论，根据选择的子集 $A, B \subseteq E$ 最终目的和限制条件的角度对每个候选人进行严格评估。于是，决策者根据参数对论域 U 上的对象集构造了两个软集合

$$F_A = \{(x_1, \{u_4, u_7, u_{13}, u_{21}, u_{28}, u_{31}, u_{32}, u_{36}, u_{39}, u_{41}, u_{43}, u_{44}, u_{48}\}),$$
$$(x_2, \{u_1, u_3, u_{13}, u_{18}, u_{19}, u_{21}, u_{22}, u_{24}, u_{28}, u_{32}, u_{36}, u_{42}, u_{44}, u_{46}\})$$
$$(x_4, \{u_2, u_3, u_{13}, u_{15}, u_{18}, u_{23}, u_{25}, u_{28}, u_{30}, u_{33}, u_{36}, u_{38}, u_{42}, u_{43}\})$$
$$(x_7, \{u_1, u_5, u_{12}, u_{13}, u_{17}, u_{20}, u_{24}, u_{28}, u_{29}, u_{34}, u_{36}, u_{41}, u_{45}, u_{47}\})\}$$

$$F_B = \{(x_1, \{u_3, u_4, u_5, u_8, u_{14}, u_{21}, u_{22}, u_{26}, u_{27}, u_{34}, u_{35}, u_{37}, u_{40}, u_{42}, u_{46}\}),$$
$$(x_2, \{u_1, u_4, u_7, u_{10}, u_{11}, u_{13}, u_{15}, u_{21}, u_{29}, u_{30}, u_{32}, u_{36}, u_{42}, u_{43}, u_{45}\})$$
$$(x_5, \{u_2, u_4, u_8, u_9, u_{12}, u_{13}, u_{14}, u_{16}, u_{17}, u_{21}, u_{23}, u_{28}, u_{36}, u_{42}, u_{44}\})\}$$

步骤 3：软集合 F_A 和 F_B 的 $F_A \wedge F_B$ 计算结果为 $\{((x_1, x_1), \{u_4, u_{21}\}), ((x_1, x_2), \{u_4, u_7, u_{13}, u_{21}, u_{32}, u_{36}, u_{43}\}), ((x_1, x_5), \{u_4, u_{13}, u_{21}, u_{28}, u_{36}, u_{44}\}), ((x_2, x_1), \{u_3, u_{21}, u_{22}, u_{42}, u_{46}\})\}, \{((x_2, x_2), \{u_1, u_{13}, u_{21}, u_{32}, u_{36}, u_{42}\}), ((x_2, x_5), \{u_{13}, u_{21}, u_{28}, u_{36}, u_{42}, u_{44}\})\}, \{((x_4, x_1), \{u_3, u_{42}\}), ((x_4, x_2), \{u_{13}, u_{15}, u_{30}, u_{36}, u_{42}, u_{43}\})\}, \{((x_4, x_5), \{u_2, u_{13}, u_{23}, u_{28}, u_{36}, u_{42}\}), ((x_7, x_1), \{u_5, u_{34}\})\}, \{((x_7, x_2), \{u_1, u_{13}, u_{29}, u_{36}, u_{45}\}), ((x_7, x_5), \{u_{12}, u_{13}, u_{17}, u_{28}, u_{36}\})\}\}$。

步骤 4：最后，我们可以找到一个决策集 uni-int($F_A \wedge F_B$)，即

$$\text{uni}_x \text{int}_y(F_A \wedge F_B) = \cup_{x \in A}(\cap_{y \in B}(f_{A \wedge B}(x, y)))$$

$$= \cup \left\{ \begin{array}{l} \cap\{\{u_4, u_{21}\}, \{u_4, u_7, u_{13}, u_{21}, u_{32}, u_{36}, u_{43}\}, \\ \{u_4, u_{13}, u_{21}, u_{28}, u_{36}, u_{44}\}\}, \\ \cap\{\{u_3, u_{21}, u_{22}, u_{42}, u_{46}\}, \{u_1, u_{13}, u_{21}, u_{32}, u_{36}, u_{42}\}, \\ \{u_{13}, u_{21}, u_{28}, u_{36}, u_{42}, u_{44}\}\}, \\ \cap\{\{u_3, u_{42}\}, \{u_{13}, u_{15}, u_{30}, u_{36}, u_{42}, u_{43}\}, \\ \{u_2, u_{13}, u_{23}, u_{28}, u_{36}, u_{42}\}\}, \\ \cap\{\{u_5, u_{34}\}, \{u_1, u_{13}, u_{29}, u_{36}, u_{45}\}, \\ \{u_{12}, u_{13}, u_{17}, u_{28}u_{36}\}\} \end{array} \right\}$$

$$= \cup\{\{u_4, u_{21}\}, \{u_{21}, u_{42}\}, \{u_{42}\}, \varnothing\} = \{u_4, u_{21}, u_{42}\}$$

$$\text{uni}_y \text{int}_x (F_A \wedge F_B) = \cup_{y \in B} (\cap_{x \in A} (f_{A \wedge B}(x,y)))$$

$$= \cup \left\{ \begin{array}{l} \cap\{\{u_4,u_{21}\},\{u_3,u_{21},u_{22},u_{42},u_{46}\},\{u_3,u_{42}\},\{u_5,u_{34}\}\}, \\ \cap\{\{u_4,u_7,u_{13},u_{21},u_{32},u_{36},u_{43}\},\{u_1,u_{13},u_{21},u_{32},u_{36},u_{42}\}, \\ \{u_{13},u_{15},u_{30},u_{36},u_{42},u_{43}\},\{u_1,u_{13},u_{29},u_{36},u_{45}\}\}, \\ \cap\{\{u_4,u_{13},u_{21},u_{28},u_{36},u_{44}\},\{u_{13},u_{21},u_{28},u_{36},u_{42},u_{44}\}, \\ \{u_2,u_{13},u_{23},u_{28},u_{36},u_{42}\},\{u_{12},u_{13},u_{17},u_{28},u_{36}\}\} \end{array} \right\},$$

$$= \cup\{\varnothing,\{u_{13},u_{36}\},\{u_{13},u_{28},u_{36}\}\} = \{u_{13},u_{28},u_{36}\}$$

因此，决策人员进行面试时，会邀请以下单元决策集中的候选人参加面试，决策集为

$$\text{uni-int}(F_A \wedge F_B)$$
$$= \text{uni}_x \text{int}_y (F_A \wedge F_B) \cup \text{uni}_y \text{int}_x (F_A \wedge F_B)$$
$$= \{\{u_4,u_{21},u_{42}\} \cup \{u_{13},u_{28},u_{36}\}\}$$
$$= \{u_4,u_{13},u_{21},u_{28},u_{36},u_{42}\}$$

因此，$u_4,u_{13},u_{21},u_{28},u_{36},u_{42}$ 中的一个为最佳决策结果。

假设决策者使用选择值评估参数集 $A = \{x_1,x_2,x_4,x_7\}$ 和 $B = \{x_1,x_2,x_5\}$，并应用基于灰理论的软集决策。

步骤 1：输入两种评估准则。

步骤 2：灰关系生成如表 8.8 所示。

步骤 3：重新排序 $\{c'_{A1},x'_{B1}\},\cdots,\{c'_{A48},c'_{B48}\}$。

步骤 4：计算差值，如表 8.9 所示。

步骤 5：计算灰关联系数，如表 8.10 所示。

步骤 6：设定灰关联度。$\omega_1 = \omega_2 = 0.5$，如表 8.11 所示。

步骤 7：决策。通过计算，我们可以得到 u_{13} 和 u_{36} 是最佳决策结果。

表 8.8　表 8.7 的灰关联表

	u_1	u_2	u_3	u_4	u_5	u_6	u_7	u_8	u_9	u_{10}	u_{11}	u_{12}
c'_{Ai}	0.5	0.25	0.5	0.25	0.25	0	0.25	0	0	0	0	0.25
c'_{Bi}	0.33	0.33	0.33	1	0.33	0	0.33	0.67	0.33	0.33	0.33	0.33
	u_{13}	u_{14}	u_{15}	u_{16}	u_{17}	u_{18}	u_{19}	u_{20}	u_{21}	u_{22}	u_{23}	u_{24}
c'_{Ai}	1	0	0.25	0	0.25	0.5	0.25	0.25	0.5	0.25	0.25	0.5
c'_{Bi}	0.67	0.67	0.33	0.33	0.33	0	0	0	1	0.33	0.33	0
	u_{25}	u_{26}	u_{27}	u_{28}	u_{29}	u_{30}	u_{31}	u_{32}	u_{33}	u_{34}	u_{35}	u_{36}
c'_{Ai}	0.25	0	0	1	0.25	0.25	0.25	0.5	0.25	0.25	0	1
c'_{Bi}	0	0.33	0.33	0.33	0.33	0.33	0	0.33	0	0.33	0.33	0.67

	u_{37}	u_{38}	u_{39}	u_{40}	u_{41}	u_{42}	u_{43}	u_{44}	u_{45}	u_{46}	u_{47}	u_{48}
c'_{Ai}	0	0.25	0.25	0	0.5	0.5	0.5	0.5	0.25	0.25	0.25	0.25
c'_{Bi}	0.33	0	0	0.33	0	1	0.33	0.33	0.33	0.33	0	0

表 8.9　表 8.7 的差异信息表

	u_1	u_2	u_3	u_4	u_5	u_6	u_7	u_8	u_9	u_{10}	u_{11}	u_{12}
$\Delta c'_{Ai}$	0.5	0.75	0.5	0.75	0.75	1	0.75	1	1	1	1	0.75
$\Delta c'_{Bi}$	0.67	0.67	0.67	0	0.67	1	0.67	0.33	0.67	0.67	0.67	0.67

	u_{13}	u_{14}	u_{15}	u_{16}	u_{17}	u_{18}	u_{19}	u_{20}	u_{21}	u_{22}	u_{23}	u_{24}
$\Delta c'_{Ai}$	0	1	0.75	1	0.75	0.5	0.75	0.75	0.5	0.75	0.75	0.5
$\Delta c'_{Bi}$	0.33	0.33	0.67	0.67	0.67	1	1	1	0	0.67	0.67	1

	u_{25}	u_{26}	u_{27}	u_{28}	u_{29}	u_{30}	u_{31}	u_{32}	u_{33}	u_{34}	u_{35}	u_{36}
$\Delta c'_{Ai}$	0.75	1	1	0	0.75	0.75	0.75	0.5	0.75	0.75	1	0
$\Delta c'_{Bi}$	1	0.67	0.67	0.67	0.67	0.67	1	0.67		0.67	0.67	0.33

	u_{37}	u_{38}	u_{39}	u_{40}	u_{41}	u_{42}	u_{43}	u_{44}	u_{45}	u_{46}	u_{47}	u_{48}
$\Delta c'_{Ai}$	1	0.75	0.75	1	0.5	0.5	0.5	0.5	0.75	0.75	0.75	0.75
$\Delta c'_{Bi}$	0.67	1	1	0.67	1	0	0.67	0.67	0.67	0.67	1	1

表 8.10　表 8.7 的灰关联系数表

	u_1	u_2	u_3	u_4	u_5	u_6	u_7	u_8	u_9	u_{10}	u_{11}	u_{12}
$\gamma(c,c_{Ai})$	0.5	0.4	0.5	0.4	0.4	0.33	0.4	0.33	0.33	0.33	0.33	0.4
$\gamma(c,c_{Bi})$	0.43	0.43	0.43	1	0.43	0.33	0.43	0.6	0.43	0.43	0.43	0.43

	u_{13}	u_{14}	u_{15}	u_{16}	u_{17}	u_{18}	u_{19}	u_{20}	u_{21}	u_{22}	u_{23}	u_{24}
$\gamma(c,c_{Ai})$	1	0.33	0.4	0.33	0.4	0.5	0.4	0.4	0.5	0.4	0.4	0.5
$\gamma(c,c_{Bi})$	0.6	0.6	0.43	0.43	0.43	0.33	0.33	0.33	1	0.42	0.43	0.33

	u_{25}	u_{26}	u_{27}	u_{28}	u_{29}	u_{30}	u_{31}	u_{32}	u_{33}	u_{34}	u_{35}	u_{36}
$\gamma(c,c_{Ai})$	0.4	0.33	0.33	1	0.4	0.4	0.4	0.5	0.4	0.4	0.33	1
$\gamma(c,c_{Bi})$	0.33	0.43	0.43	0.43	0.43	0.43	0.33	0.43	0.33	0.43	0.43	0.6

	u_{37}	u_{38}	u_{39}	u_{40}	u_{41}	u_{42}	u_{43}	u_{44}	u_{45}	u_{46}	u_{47}	u_{48}
$\gamma(c,c_{Ai})$	0.33	0.4	0.4	0.33	0.5	0.5	0.5	0.5	0.4	0.4	0.4	0.4
$\gamma(c,c_{Bi})$	0.43	0.33	0.33	0.43	0.33	1	0.43	0.43	0.43	0.43	0.33	0.33

表 8.11　表 8.7 的灰关联度表

	u_1	u_2	u_3	u_4	u_5	u_6	u_7	u_8	u_9	u_{10}	u_{11}	u_{12}
$\gamma(u_i)$	0.46	0.41	0.46	0.7	0.41	0.33	0.41	0.47	0.38	0.38	0.38	0.41

	u_{13}	u_{14}	u_{15}	u_{16}	u_{17}	u_{18}	u_{19}	u_{20}	u_{21}	u_{22}	u_{23}	u_{24}
$\gamma(u_i)$	0.8	0.47	0.41	0.38	0.41	0.42	0.37	0.37	0.75	0.41	0.41	0.42

	u_{25}	u_{26}	u_{27}	u_{28}	u_{29}	u_{30}	u_{31}	u_{32}	u_{33}	u_{34}	u_{35}	u_{36}
$\gamma(u_i)$	0.37	0.38	0.38	0.72	0.41	0.41	0.37	0.46	0.37	0.41	0.38	0.8

	u_{37}	u_{38}	u_{39}	u_{40}	u_{41}	u_{42}	u_{43}	u_{44}	u_{45}	u_{46}	u_{47}	u_{48}
$\gamma(u_i)$	0.38	0.37	0.37	0.38	0.42	0.75	0.46	0.46	0.41	0.41	0.41	0.37

如果我们选择 $\gamma(u_i) \geqslant 0.5$，则 $u_4 = 0.7$，$u_{13} = 0.8$，$u_{21} = 0.75$，$u_{28} = 0.72$，$u_{36} = 0.8$ 和 $u_{42} = 0.75$ 满足要求，这与文献[65]中的决策方法的结果是一致的。此外，文献[65]中的决策方法能处理软集决策问题却不能对模糊软集做出决策。本节提出的方法适用于软集合和模糊软集合决策问题，并且不受评估准则的约束。无论选择哪种评估方法，只要给出每个评估序列(如选择值序列，分值序列或其他序列)，就可以使用这种新方法做出决策。每个评估序列对应一种评估准则，因此这种新方法是一种综合性评价的方法。

8.4　本　章　小　结

模糊软集合常用于解决实际生产和生活中的不确定决策问题，目前的决策方法很多，而相同的决策问题可以通过使用不同的决策方法得到不同的结果。针对这种情况，我们提出了一种基于灰理论的模糊软集决策问题的综合评价方法，使用多个评估准则对不确定决策问题进行分析。该方法适用于求解基于软集合和模糊软集合理论的决策问题。在多种评价方法中，无论我们选择哪种评价方法，只要给出每个评价序列，就可以使用这种新方法做出决策。通过实例验证，该方法是客观、科学和准确的。

第9章 两类序列模糊软集合理论及应用研究

区间值模糊软集合和直觉模糊软集合作为软集合的一种扩展模型，是处理不确定性问题的重要数学工具。但两种模糊软集合都是处理决策问题的静态模型，不能表征某一对象在不同属性下的过去信息，因此本章定义了一种可以表征对象属性过去信息的集合：序列区间值模糊软集合和序列直觉模糊软集合。它们可以将对象的过去信息与当下信息结合，从而给出更有说服力的决策。之后探讨了两种模糊软集合的交、并、补等代数运算，最后将两种模糊软集合应用于实际问题。

9.1 序列区间值模糊软集合理论及其应用

9.1.1 基本定义及性质

定义 9.1 设 U 为有限非空论域，E 为参数集，$\widetilde{SIF}(U)$ 为 U 的所有序列区间值的模糊集集合，$A \subseteq E$，则称有序对 (SIF, A) 为论域 U 上的序列区间值模糊软集合，其中，SIF 为映射，$SIF: A \rightarrow \widetilde{SIF}(U)$。

序列区间值模糊软集合可以看成由论域 U 的区间值模糊子集构成的参数族，因此，对于 $\forall e \in A$，$SIF(e)$ 可以看成序列区间值模糊软集合 (SIF, A) 的 e-近似集。序列区间值模糊软集合是区间值模糊软集合的扩展模型。定义 $u_{SIF(e)}(h)$ 为对象 h 在参数 e 上的隶属度（$\forall e \in A$，$\forall h \in U$），即 $SIF(e)$ 可以看成如下区间值模糊集：$SIF(e) = \{< h, u_{SIF(e)}(h) >: h \in U\}$，$u_{SIF(e)}(h) = [\Delta(t_1), \Delta(t_1), \cdots, \Delta(t_n)]$，其中，$\Delta(t_k) \in [a_k, b_k]$，$0 \leq a_k \leq b_k \leq 1$。$\Delta(t_1), \Delta(t_2), \cdots, \Delta(t_n)$ 分别为对象 h 在参数 e 上所考察的时间序列 $t_1, t_2, \cdots, t_n$ 的隶属度，$\Delta(t_k) \in [a_k, b_k]$ 为时间点 t_k 的区间值，其中，a_k 为序列区间值模糊软集合任一对象 h 在参数 e 上的至少隶属度。类似地，b_k 为序列区间值模糊软集合任一对象 h 在参数 e 上的至多隶属度。

下面用例 9.1 来解释序列区间值模糊软集合。

例 9.1 假设 U 为李先生考虑购买某股票的集合，参数集 $E = \{e_1, e_2, e_3, e_4, e_5\}$，每一个参数表示所购股票对应企业体系指标的模糊属性（一个模糊词或一个包含模糊词的句子），假设论域 U 表示 5 只股票，$U = \{c_1, c_2, c_3, c_4, c_5\}$，$E = \{$投资利润率(财务层面指标)，市场占有率(技术层面指标)，净利润增长率(发展潜力层面指标），产品生产周转效率（业务流程层面指标），经济风险率（如市场供求、财务、融资等）（风险层面指标）$\} = \{e_1, e_2, e_3, e_4, e_5\}$，在这里定义序列区间值模糊软集合以指出投资利润率、市场占有率、净利润增长率、产品生产周转效率、经济风险率分别在当月、前一个月及前两个月的模糊属性值，如表 9.1 所示。

表 9.1 例 9.1 的序列区间值模糊软集合表

U	投资利润率	市场占有率	净利润增长率	产品生产周转效率	经济风险率
c_1	[0.3, 0.7] [0.4, 0.9] [0.6, 1.0]	[0.1, 0.3] [0.2, 0.6] [0.0, 1.0]	[0.0, 0.5] [0.2, 0.6] [0.3, 0.4]	[0.3, 0.5] [0.0, 0.3] [0.1, 0.4]	[0.3, 0.5] [0.4, 0.5] [0.6, 1.0]
c_2	[0.2, 0.5] [0.1, 0.9] [0.3, 0.6]	[0.3, 0.7] [0.7, 0.8] [0.1, 0.3]	[0.5, 0.7] [0.8, 0.9] [0.0, 0.3]	[0.4, 0.5] [0.4, 0.6] [0.3, 0.6]	[0.6, 0.7] [0.2, 0.6] [0.3, 0.5]
c_3	[0.0, 0.8] [0.2, 0.9] [0.6, 0.9]	[0.0, 0.2] [0.2, 0.6] [0.4, 0.5]	[0.5, 0.6] [0.7, 0.8] [0.1, 0.5]	[0.2, 0.6] [0.0, 0.3] [0.8, 1.0]	[0.6, 0.8] [0.4, 0.6] [0.7, 1.0]
c_4	[0.3, 0.5] [0.1, 0.5] [0.3, 1.0]	[0.3, 0.4] [0.5, 0.9] [0.1, 0.2]	[0.7, 1.0] [0.2, 0.5] [0.6, 0.8]	[0.3, 0.5] [0.5, 0.6] [0.8, 0.9]	[0.5, 0.8] [0.1, 0.2] [0.0, 0.3]
c_5	[0.4, 0.8] [0.5, 0.6] [0.1, 0.3]	[0.3, 0.5] [0.4, 0.5] [0.6, 0.8]	[0.5, 0.6] [0.7, 0.9] [0.4, 0.6]	[0.6, 0.7] [0.2, 0.5] [0.0, 0.3]	[0.2, 0.4] [0.2, 0.6] [0.0, 0.6]

定义 9.2 设 $E = \{e_1, e_2, e_3, \cdots, e_n\}$ 为参数集，E 的否定记作 $\neg E$，定义 $\neg E = \{\neg e_1, \neg e_2, \neg e_3, \cdots, \neg e_n\}$，$\neg e_i = \text{not } e_i$，$\forall i$（如例 9.1），则 $\neg E = \{\text{not } e_1, \text{not } e_2, \text{not } e_3, \text{not } e_4, \text{not } e_5\}$。

定义 9.3 序列区间值模糊软集合 (SIF, A) 的余记作 $(SIF, A)^C$。定义 $(SIF, A)^C = (SIF^C, \neg A)$，$SIF^C : \neg A \to \widetilde{SIF}(U)$ 为映射，定义 $SIF^C(\neg \alpha) = \neg SIF(\alpha)$，即 $SIF^C(\neg \alpha)(h) = \neg SIF(\alpha)(h)$，$\forall \alpha \in A$，$\forall h \in U$。也就是说，$(SIF, A)^C = [1 - b_k, 1 - a_k]$，其中，$a_k$ 为考察时间序列 t_k 任一对象 h 在参数 e 上的至少隶属度，同理 b_k 为至多隶属度。

表 9.1 中，序列中的区间值 $[a_k, b_k]$ 与企业 c_i、参数 e_j 和考察时间序列 t_k 有关。下面用例 9.2 说明序列区间值模糊软集合的余 $(SIF, A)^C$。

例 9.2 考虑例 9.1，序列区间值模糊软集合在考察参数投资利润率 e_1 上的余

$$(SIF, e_1)^C = \text{not } e_1 = \begin{cases} c_1 / \big[[0.3, 0.7], [0.1, 0.6], [0.0, 0.4] \big] \\ c_2 / \big[[0.5, 0.8], [0.1, 0.9], [0.4, 0.7] \big] \\ c_3 / \big[[0.2, 1.0], [0.1, 0.8], [0.1, 0.4] \big] \\ c_4 / \big[[0.5, 0.7], [0.5, 0.9], [0.0, 0.7] \big] \\ c_5 / \big[[0.2, 0.6], [0.4, 0.5], [0.7, 0.9] \big] \end{cases}$$

定义 9.4 与定义 9.5 分别给出了两种理想情况下的序列区间值模糊软集合。

定义 9.4 对于 U 上的序列区间值模糊软集合 (SIF, A)，若 $\forall \varepsilon \in A$，SIF($\varepsilon$) 为 U 的空序列区间值模糊集，即 $\forall h \in U$，SIF(ε) = {[0,0],[0,0],[0,0],$\cdots$,[0,0]}，则此软集合称为空序列区间模糊软集合，记作 $\varnothing$。

定义 9.5 对于 U 上的序列区间值模糊软集合 (SIF, A)，若 $\forall \varepsilon \in A$，SIF($\varepsilon$) = U，即 SIF(ε) = {[1,1],[1,1],[1,1],$\cdots$,[1,1]}，则此软集合称为绝对序列区间模糊软集合，记作 $\tilde{A}$。显然 $\tilde{A}^C = \varnothing$，$\varnothing^C = \tilde{A}$。

定义 9.6 与定义 9.7 分别给出了两个序列区间值模糊软集合的且运算、或运算。

定义 9.6 若 (F,A)、(G,B) 为两个序列区间值模糊软集合，则 (F,A) 与 (G,B) 的且仍为序列区间值模糊软集合，记作 $(F,A) \wedge (G,B)$。定义 $(F,A) \wedge (G,B) = (H, A \times B)$。其中，$H(\alpha, \beta) = F(\alpha) \tilde{\cap} G(\beta)$，$\forall \alpha \in A$，$\forall \beta \in B$。$\tilde{\cap}$ 为两个 SIFS 的交运算。下面用例 9.3 来说明定义 9.6。

例 9.3 假设序列区间值模糊软集合 (F,A) 描述了家庭轿车的价格，序列区间值模糊软集合 (G,B) 描述了汽车的燃油性能，设 $U = \{c_1, c_2, \cdots c_{10}\}$ 表示考察的 10 辆车。A = {较贵, 贵, 便宜}，B = {油耗低, 整车美观, 便宜}，F(较贵) = $\{c_2, c_4, c_7, c_8\}$，F(贵) = $\{c_1, c_3, c_5\}$，F(便宜) = $\{c_6, c_9, c_{10}\}$，G(油耗低) = $\{c_2, c_3, c_7\}$，G(整车美观) = $\{c_5, c_6, c_8\}$，G(便宜) = $\{c_6, c_9, c_{10}\}$，于是，$(F,A) \wedge (G,B) = (H, A \times B)$。这里，$H$(较贵, 油耗低) = $\{c_2, c_7\}$，H(较贵, 整车美观) = $\{c_8\}$，H(较贵, 便宜) = $\varnothing$，H(贵, 油耗低) = $\{c_3\}$，H(贵, 整车美观) = $\{c_5\}$，H(贵, 便宜) = $\varnothing$，H(便宜, 油耗低) = $\varnothing$，H(便宜, 整车美观) = $\varnothing$，H(便宜, 便宜) = $\{c_6, c_9, c_{10}\}$。

定义 9.7 若 (F,A)、(G,B) 为两个序列区间值模糊软集合，则 (F,A) 与 (G,B) 的或仍为序列区间值模糊软集合，记作 $(F,A) \vee (G,B)$。定义 $(F,A) \vee (G,B) = (O, A \times B)$。这里 $O(\alpha, \beta) = F(\alpha) \tilde{\cup} G(\beta)$，$\forall \alpha \in A, \forall \beta \in B$，$\tilde{\cup}$ 为两个 SIFS 的并运算。下面用例 9.4 来说明定义 9.7。

例 9.4 同例 9.3，于是 $(F,A) \vee (G,B) = (O, A \times B)$。这里，$O$(较贵, 油耗低) = $\{c_2, c_3, c_4, c_7, c_8\}$，$O$(较贵, 整车美观) = $\{c_2, c_4, c_5, c_6, c_7, c_8\}$，$O$(较贵, 便宜) = $\{c_2, c_4, c_6, c_7, c_8, c_9, c_{10}\}$，$O$(贵, 油耗低) = $\{c_1, c_2, c_3, c_5, c_7\}$，$O$(贵, 整车美观) = $\{c_1, c_3, c_5, c_6, c_8\}$，$O$(贵, 便宜) = $\{c_1, c_3, c_5, c_6, c_9, c_{10}\}$，$O$(便宜, 油耗低) = $\{c_2, c_3, c_6, c_7, c_9, c_{10}\}$，$O$(便宜, 整车美观) = $\{c_5, c_6, c_8, c_9, c_{10}\}$，$O$(便宜, 便宜) = $\{c_6, c_9, c_{10}\}$。

通过数学上集合的通用性质可以很容易总结序列区间值模糊软集合具有性质 9.1 和性质 9.2。

性质 9.1 $((F,A) \vee (G,B))^C = (F,A)^C \wedge (G,B)^C$。

性质 9.2 $((F,A) \wedge (G,B))^C = (F,A)^C \vee (G,B)^C$。

定义 9.8　同一论域 U 上的两个序列区间模糊软集合 (F,A) 和 (G,B) 的并 (H,C) 是序列区间值模糊软集合。其中，$C = A \cup B$，$\forall e \in C$

$$M(e) = \begin{cases} F(e), & e \in A - B \\ G(e), & e \in B - A \\ F(e) \,\tilde{\cup}\, G(e), & e \in A \cap B \end{cases}$$

记作 $(F,A) \,\tilde{\cup}\, (G,B) = (H,C)$。

下面用例 9.5 来说明定义 9.8。

例 9.5　同例 9.3，两个序列区间值模糊软集合的并 $M(e)$，$M(较贵) = \{c_2, c_4, c_7, c_8\}$，$M(贵) = \{c_1, c_3, c_5\}$，$M(便宜) = \{c_6, c_9, c_{10}\}$，$M(油耗低) = \{c_2, c_3, c_7\}$，$M(整车美观) = \{c_5, c_6, c_8\}$。

定义 9.9　同一论域 U 上的两个序列区间模糊软集合 (F,A) 和 (G,B) 的交 (H,C) 是序列区间值模糊软集合。这里 $C = A \cap B$，$\forall e \in C$，$H(e) = F(e) \cap G(e)$，记作 $(F,A) \,\tilde{\cap}\, (G,B) = (H,C)$。

下面用例 9.6 来说明定义 9.9。

例 9.6　同例 9.3，两个序列区间值模糊软集合的交 $I(e) = H(C)$，其中，$C = \{便宜\}$，$I(便宜) = \{c_6, c_9, c_{10}\}$。

序列区间值模糊软集合的性质如下。

性质 9.3　$(\text{SIF}, A) \,\tilde{\cup}\, (\text{SIF}, A) = (\text{SIF}, A)$。

性质 9.4　$(\text{SIF}, A) \,\tilde{\cap}\, (\text{SIF}, A) = (\text{SIF}, A)$。

性质 9.5　$(\text{SIF}, A) \,\tilde{\cup}\, \varnothing = \varnothing$（$\varnothing$ 为空软集合）。

性质 9.6　$(\text{SIF}, A) \,\tilde{\cap}\, \varnothing = \varnothing$。

性质 9.7　$(\text{SIF}, A) \,\tilde{\cup}\, \tilde{A} = \tilde{A}$（$\tilde{A}$ 为绝对软集合）。

性质 9.8　$(\text{SIF}, A) \,\tilde{\cap}\, \tilde{A} = (\text{SIF}, A)$。

9.1.2　序列区间值模糊软集合的转换

要将序列区间值模糊软集合应用于决策问题，就需要将序列区间值模糊软集合转换为单区间值模糊软集合，即通常意义上的区间值模糊软集合，然后再用区间值模糊软集合的方法处理，下面介绍序列区间值模糊软集合转换为单区间值模糊软集合的方法。

定义 9.10　由区间灰数 $\otimes(t_k) \in [a_k, b_k]$ $(k = 1, 2, \cdots, n)$ 构成的序列称为区间灰数序列，记作 $X(\otimes) = (\otimes(t_1), \otimes(t_2), \cdots, \otimes(t_n))$，将区间灰数序列 $X(\otimes)$ 中的元素在二维平面直角坐标系中进行映射，依次连接相邻区间灰数的上界点和下界点而围成的图形，

称为灰数带；相邻区间灰数之间的灰数带称为灰数层[66]。根据灰数层在灰数带中的位置，依次记为灰数层 1、灰数层 2 等等，如图 9.1 所示。

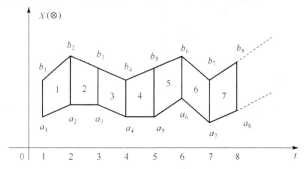

图 9.1　区间灰数的灰数带及灰数层图

应用权重转换法，如图 9.2 所示，即利用在序列区间值中离当下时间点越近的区间值，在转换后的单区间值所占比例越大的方法，将 (SIF, A) 的序列区间值转化为单一区间值，即将 $\{[a_1, b_1], [a_2, b_2], \cdots, [a_n, b_n]\}$ 转化为 $[a, b]$，具体方法如下。

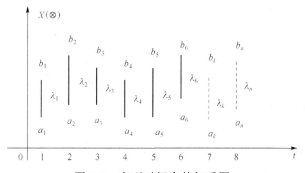

图 9.2　序列时间点的权重图

设区间灰数序列为 $X(\otimes) = (\otimes(t_1), \otimes(t_2), \cdots, \otimes(t_n)) = ([a_1, b_1], [a_2, b_2], \cdots, [a_n, b_n])$，其中，$t_1, t_2, \cdots, t_n$ 为区间值的序列时间点，由于越靠近当下考察时间，数据越准确，即随着时间点 t_k 的往后推移，数据 $\otimes(t_k) = [a_k, b_k]$ 对考察对象越具有参考性，即在转换后的区间值中所占权重越大。

假设 $[a_k, b_k]$ 在灰数序列 $X(\otimes) = ([a_1, b_1], [a_2, b_2], \cdots, [a_n, b_n])$ 所占权重为 λ_k，其中，$\lambda_k = k / M$，$M = 1 + 2 + \cdots + n$，规定 $h_k = [a_k, b_k]$ 为时间点 t_k 的区间值，所有实数序列记为 H，即 $H = (h(t_1), h(t_2), \cdots, h(t_n))$，其中，$h(t_k) = \lambda \cdot [a_k, b_k]$，$k = 1, 2, \cdots, n$。于是

$$r(H_1(\otimes), H_i(\otimes)) = \lambda_1 \cdot [a_1, b_1] + \lambda_2 \cdot [a_2, b_2] + \cdots \lambda_n \cdot [a_n, b_n]$$

$$= \sum_{k=1}^{n} \lambda_K \cdot r(s_1(t_k), s_i(t_k))$$

其中，$\lambda_k = k / M$，$M = 1 + 2 + \cdots + n$。

9.1.3　序列区间值模糊软集合的应用

　　研究序列区间值模糊软集合在实际生活中的应用时，将利用数学中的转化思想。方法是首先利用 9.1 节中的权重转换法，将序列区间值模糊软集合转换为单区间值模糊软集合，然后应用区间值模糊软集合中的决策值排序方法解决，从而实现序列区间值模糊软集合的实际应用。

　　1.　序列区间值模糊软集合在股票优选问题中的应用

　　(1) δ 优势关系。
　　定义 9.11　设 $(\tilde{\mathrm{IF}}, E)$ 是区间值模糊软集合，对于 $A \in E, \delta \in [0.5,1]$，令 $R_A^{\delta+} = \{(h_i, h_j) \in U \times U\} \mid p_{u_{\tilde{\mathrm{IF}}(e)}}(h_i) \geqslant p_{u_{\tilde{\mathrm{IF}}(e)}}(h_j) \geqslant \delta, \forall e \in A\} \cup \{(h_i, h_i) \mid h_i \in U\}$，$R_A^{\delta+}$ 称为区间值模糊软集合 $(\tilde{\mathrm{IF}}, E)$ 上的 δ 优势关系[67]。其中，$p_{u_{\tilde{\mathrm{IF}}(e)}}(h_i) \geqslant p_{u_{\tilde{\mathrm{IF}}(e)}}(h_j)$ 的计算类似于概率 $p_{\alpha \geqslant \beta}$ 的计算。对于任意的两个区间值 $\alpha = [\alpha^-, \alpha^+](\alpha^- < \alpha^+)$ 和 $\beta = [\beta^-, \beta^+](\beta^- < \beta^+)$，设 $p_{\alpha \geqslant \beta}$ 为 α 不小于 β 的概率，概率 $p_{\alpha \geqslant \beta}$[68]定义为

$$p_{\alpha \geqslant \beta} = \begin{cases} 1, & \alpha^- \geqslant \beta^+ \\ \dfrac{\alpha^+ - \beta^+}{\alpha^+ - \alpha^-} + \dfrac{\beta^+ - \alpha^-}{\alpha^+ - \alpha^-} \cdot \dfrac{\alpha^- - \beta^-}{\beta^+ - \beta^-} + \dfrac{1}{2} \dfrac{\beta^+ - \alpha^-}{\alpha^+ - \alpha^-} \cdot \dfrac{\beta^+ - \alpha^-}{\beta^+ - \beta^-}, & \beta^- \leqslant \alpha^- \leqslant \beta^+ \leqslant \alpha^+ \\ \dfrac{\alpha^+ - \beta^+}{\alpha^+ - \alpha^-} + \dfrac{1}{2} \dfrac{\beta^+ - \alpha^-}{\alpha^+ - \alpha^-}, & \alpha^- \leqslant \beta^- \leqslant \beta^+ \leqslant \alpha^+ \end{cases}$$

　　定义 9.12　根据定义 9.11 的 δ 优势关系，由 $R_A^{\delta+}$ 产生论域 U 上的优势类 $U / R_A^{\delta+} = \{[h_i]_A^{\delta+} \mid h_i \in U\}(\delta \in (0.5,1])$，其中，$[h_i]_A^{\delta+} = \{h_j \in U(h_j, h_i) \in R_A^{\delta+}\} = \{h_j \in U \mid p_{u_{\tilde{\mathrm{IF}}(e)}}(h_i) \leqslant p_{u_{\tilde{\mathrm{IF}}(e)}}(h_i) \geqslant \delta, \forall e \in A\}$。因此，可以得出区间值模糊软集合 $(\tilde{\mathrm{IF}}, E)$ 上任一对象 h_i 的优势类[68]。这里 $[h_i]_A^{\delta+}$ 描述的是满足式子 $p_{u_{\tilde{\mathrm{IF}}(e)}}(h_i) \leqslant p_{u_{\tilde{\mathrm{IF}}(e)}}(h_i) \geqslant \delta(h_i, h_j \in U, \forall e \in A)$ 中所有的 h_j。

　　(2) 构建优势度。
　　定义 9.13　设 $(\tilde{\mathrm{IF}}, E)$ 是区间值模糊软集合，$A \in E$，$\delta \in (0.5,1]$，称 $M_A(h_i, h_j)$ 为对象 h_i 和 h_j 在优势关系 $R_A^{\delta+}$ 的优势度[68]。$M_A(h_i, h_j) = \dfrac{|\sim [h_i]_A^{\delta+} \cup [h_j]_A^{\delta+}|}{m}, h_i, h_j \in U$，其中，$m$ 为考察对象的个数，$|\cdot|$ 表示集合的基数，$\sim [h_i]_A^{\delta+}$ 表示 $[h_i]_A^{\delta+}$ 的补集。

　　定义 9.14　设 $(\tilde{\mathrm{IF}}, E)$ 是区间模糊软集合，$A \in E, \delta \in (0.5,1]$，称 $M = M(M_A(h_i, h_j))$ 为区间值模糊软集合的优势矩阵，其中，$M_A(h_i, h_j)$ 为区间值模糊软集合的优势度[68]。优势矩阵 $M = M(M_A(h_i, h_j))$ 是方阵，且对角线元素都为 1。

定义 9.15　设 $(I\tilde{F}, E)$ 是区间值模糊软集合，$A \subset E$，$\delta \in [0.5, 1]$，$M_A(h_i) = \frac{1}{m-1} \sqrt{\sum_{j \neq i} M_A(h_i, h_j)^2}$，$h_i, h_j \in U$，称 $M_A(h_i)$ 为任一对象在参数子集 A 上的整体度量[68]。

（3）排序步骤。

输入：序列区间模糊软集合 $(SI\tilde{F}, E)$。

输出：对象的排序。

步骤 1：根据需要选择参数集 $A(A \subset E)$。

步骤 2：将序列区间值模糊软集合 $(SI\tilde{F}, E)$ 利用 9.1.2 节的权重转换法转换为区间模糊软集合 $(I\tilde{F}, E)$。

步骤 3：根据优势关系 $R_A^{\delta+}$ 得到相应的优势类集合 $U / R_A^{\delta+}$。

步骤 4：计算任意两对象的优势度 $M_A(h_i, h_j)$，构建优势矩阵 $M = (M_A(h_i, h_j))$。

步骤 5：根据优势矩阵，计算任一对象在参数子集 A 的整体度量 $M_A(h_i) = \frac{1}{m-1} \sum_{j \neq i} M_A(h_i, h_j)(h_i, h_j \in U)$。

步骤 6：比较 $M_A(h_i) = \frac{1}{m-1} \sqrt{\sum_{j \neq i} M_A(h_i, h_j)^2}(h_i, h_j \in U)$ 的值，按 $M_A(h_i)(i = 1, 2, \cdots, m)$ 值从大到小的顺序将研究对象从优到劣进行排序。

步骤 7：输出相应 $h_i(i = 1, 2, \cdots, m)$ 的排序。

（4）应用举例。

下面通过一个实例说明序列区间值模糊软集合 $(SI\tilde{F}, E)$ 的排序步骤。

例 9.7　对例 9.1 中的序列区间值模糊软集合进行排序，如表 9.2 所示，$\delta = 0.51$。排序的步骤如下。

步骤 1：选择参数子集 $A = \{e_1, e_2, e_3, e_4, e_5\}$。

步骤 2：应用权重转换法将表 9.2 中的序列区间值模糊软集合 $(SI\tilde{F}, E)$ 转换为区间模糊软集合 $(I\tilde{F}, E)$，如表 9.3 所示。

表 9.2　例 9.7 的序列区间值模糊软集合表

U	投资利润率	市场占有率	净利润增长率	产品生产周转效率	经济风险率
c_1	[0.3, 0.7]	[0.1, 0.3]	[0.0, 0.5]	[0.3, 0.5]	[0.3, 0.5]
	[0.4, 0.9]	[0.2, 0.6]	[0.2, 0.6]	[0.0, 0.3]	[0.4, 0.5]
	[0.6, 1.0]	[0.0, 1.0]	[0.3, 0.4]	[0.1, 0.4]	[0.6, 1.0]
c_2	[0.2, 0.5]	[0.3, 0.7]	[0.5, 0.7]	[0.4, 0.5]	[0.6, 0.7]
	[0.1, 0.9]	[0.7, 0.8]	[0.8, 0.9]	[0.4, 0.6]	[0.2, 0.6]
	[0.3, 0.6]	[0.1, 0.3]	[0.0, 0.3]	[0.3, 0.6]	[0.3, 0.5]

U	投资利润率	市场占有率	净利润增长率	产品生产周转效率	经济风险率
	[0.0, 0.8]	[0.0, 0.2]	[0.5, 0.6]	[0.2, 0.6]	[0.6, 0.8]
c_3	[0.2, 0.9]	[0.2, 0.6]	[0.7, 0.8]	[0.0, 0.3]	[0.4, 0.6]
	[0.6, 0.9]	[0.4, 0.5]	[0.1, 0.5]	[0.8, 1.0]	[0.7, 1.0]
	[0.3, 0.5]	[0.3, 0.4]	[0.7, 1.0]	[0.3, 0.5]	[0.5, 0.8]
c_4	[0.1, 0.5]	[0.5, 0.9]	[0.2, 0.5]	[0.5, 0.6]	[0.1, 0.2]
	[0.3, 1.0]	[0.1, 0.2]	[0.6, 0.8]	[0.8, 0.9]	[0.0, 0.3]
	[0.4, 0.8]	[0.3, 0.5]	[0.5, 0.6]	[0.6, 0.7]	[0.2, 0.4]
c_5	[0.5, 0.6]	[0.4, 0.5]	[0.7, 0.9]	[0.2, 0.5]	[0.2, 0.6]
	[0.1, 0.3]	[0.6, 0.8]	[0.4, 0.6]	[0.0, 0.3]	[0.0, 0.6]

表 9.3　表 9.2 的转换表

U	投资利润率	市场占有率	净利润增长率	产品生产周转效率	经济风险率
c_1	[0.5, 0.9]	[0.1, 0.8]	[0.2, 0.5]	[0.1, 0.4]	[0.5, 0.8]
c_2	[0.2, 0.7]	[0.3, 0.5]	[0.4, 0.6]	[0.4, 0.6]	[0.3, 0.6]
c_3	[0.4, 0.9]	[0.3, 0.5]	[0.4, 0.6]	[0.4, 0.7]	[0.6, 0.8]
c_4	[0.2, 0.8]	[0.3, 0.5]	[0.5, 0.6]	[0.6, 0.7]	[0.1, 0.4]
c_5	[0.3, 0.5]	[0.5, 0.7]	[0.5, 0.6]	[0.2, 0.6]	[0.1, 0.6]

步骤 3：优势类集合 $U/R_A^{0.51+}$，$U/R_A^{0.51+}=\{\{c_1\},\{c_2,c_3\},\{c_3\},\{c_3,c_4\},\{c_5\}\}$。

步骤 4：计算优势度，根据 $M_A(c_i,c_j)=\dfrac{|\sim[c_i]_A^{\delta+}\cup[c_j]_A^{\delta+}|}{m}(c_i,c_j\in U)$，可得

$$M_A(c_1,c_1)=\frac{|\sim[c_1]_A^{0.5+}\cup[c_1]_A^{0.5+}|}{m}=\frac{5}{5}=1$$

$$M_A(c_1,c_2)=\frac{|\sim[c_1]_A^{0.5+}\cup[c_2]_A^{0.5+}|}{m}=\frac{4}{5}=0.8$$

$$M_A(c_1,c_3)=\frac{|\sim[c_1]_A^{0.5+}\cup[c_3]_A^{0.5+}|}{m}=\frac{4}{5}=0.8$$

$$M_A(c_1,c_4)=\frac{|\sim[c_1]_A^{0.5+}\cup[c_4]_A^{0.5+}|}{m}=\frac{4}{5}=0.8$$

$$M_A(c_1,c_5)=\frac{|\sim[c_1]_A^{0.5+}\cup[c_5]_A^{0.5+}|}{m}=\frac{4}{5}=0.8$$

$$\vdots$$

$$M_A(c_5,c_3)=\frac{|\sim[c_5]_A^{0.5+}\cup[c_3]_A^{0.5+}|}{m}=\frac{4}{5}=0.8$$

$$M_A(c_5, c_4) = \frac{|\sim[c_5]_A^{0.5+} \cup [c_4]_A^{0.5+}|}{m} = \frac{4}{5} = 0.8$$

$$M_A(c_5, c_5) = \frac{|\sim[c_5]_A^{0.5+} \cup [c_5]_A^{0.5+}|}{m} = \frac{5}{5} = 1$$

构建优势矩阵 $M = (M_A(c_i, c_j))$，即

$$M = \begin{bmatrix} 1.0 & 0.8 & 0.8 & 0.8 & 0.8 \\ 0.6 & 1.0 & 0.8 & 0.8 & 0.6 \\ 0.8 & 1.0 & 1.0 & 1.0 & 0.8 \\ 0.6 & 0.8 & 0.8 & 1.0 & 0.6 \\ 0.8 & 0.8 & 0.8 & 0.8 & 1.0 \end{bmatrix}$$

步骤5：计算任一对象在参数子集 A 的整体度量，根据 $M_A(c_i) = \frac{1}{m-1}\sqrt{\sum_{j \neq i} M_A(c_i, c_j)^2}$

$(c_i, c_j \in U)$，可得

$$M_A(c_1) = \frac{1}{m-1}\sqrt{\sum_{j \neq 1} M_A(c_1, c_j)^2} = 0.400$$

$$M_A(c_2) = \frac{1}{m-1}\sqrt{\sum_{j \neq 2} M_A(c_2, c_j)^2} = 0.354$$

$$M_A(c_3) = \frac{1}{m-1}\sqrt{\sum_{j \neq 3} M_A(c_3, c_j)^2} = 0.453$$

$$M_A(c_4) = \frac{1}{m-1}\sqrt{\sum_{j \neq 4} M_A(c_4, c_j)^2} = 0.354$$

$$M_A(c_5) = \frac{1}{m-1}\sqrt{\sum_{j \neq 5} M_A(c_5, c_j)^2} = 0.400$$

步骤6：比较 $M_A(c_i) = \frac{1}{m-1}\sqrt{\sum_{j \neq i} M_A(c_i, c_j)^2}(c_i, c_j \in U)$ 的值，可以得到 0.453>

0.400>0.354。

步骤7：输出相应的排序，$c_3 \succ \begin{pmatrix} c_1 \\ c_5 \end{pmatrix} \succ \begin{pmatrix} c_2 \\ c_4 \end{pmatrix}$，因此，李先生买某一公司股票时，

可以按上面的顺序进行选购。

2. 序列区间值模糊软集合在 PID 控制器中的应用

序列区间值模糊软集合由区间值模糊软集合与时间序列相结合，它在 PID 控制器的优选问题中都可以得到很好的应用。下面首先介绍序列软集合 PID 控制器方面知识，然后介绍序列区间值模糊软集合在 PID 控制器的应用。

PID 控制器是根据自动控制原理对整个控制系统进行偏差调节，从而使被控变量的实际值与工艺要求的预定值一致。不同的控制规律适用于不同的生产过程，必须合理选择相应的控制规律，否则 PID 控制器将达不到预期的控制效果。PID 控制器的控制输出由三部分组成，即比例控制输出、积分控制输出与微分控制输出，其控制算法为

$$u(t) = K_p e(t) + K_i \int_0^t e(t)\mathrm{d}t + K_d \frac{\mathrm{d}e(t)}{\mathrm{d}t} = u_p + u_i + u_d$$

因为一个比例控制器可以实施比例控制作用 u_p，一个积分控制器可以实施积分控制作用 u_i，一个微分控制器可以实施微分控制作用 u_d，此时可把 PID 控制器看成一个比例控制器、一个积分控制器和一个微分控制器的控制作用的叠加来实施。

序列软集合 PID 的控制方法先应用外部的测试信号激励系统来获取数据，然后在传统 PID 控制的基础上，应用粗糙集理论从输入输出数据中通过学习构建比例控制规则库、积分控制规则库和微分控制规则库，这三个控制规则库通过三个参数 K_1、K_2 和 K_3 联系起来形成 PID 控制规则库，设计基于规则的控制器，使计算机能根据控制系统的实际响应情况(即输入)经过基于序列软集合的模糊推理，对被控对象进行控制。序列软集合 PID 控制器的基本结构如图 9.3 所示。其中，r 为外部测试信号，g 为给定信号，x 为控制器输出，y 为系统输出。序列软集合 PID 控制器共包括测试信号、PID、比例控制规则库、积分控制规则库、微分控制规则库、三个可调参数(K_1、K_2 和 K_3)、数据处理、基于序列软集合推理、被控对象等几个重要组成部分。数据预处理部分是将采集到的数据转化为软集合信息系统能处理的形式。这种情况是针对连续控制系统的决策表，需要先将属性值离散化得到离散决策信息表。

基于序列软集合推理部分是在决策表中找出与当前各个输入变量值匹配的规则，即各个输入变量的值与这条规则中对应的条件属性值都相同，根据系统知识库将规则集映射到控制模态集得出相应的规则输出。规则库由比例控制规则库、积分控制规则库和微分控制规则库三部分组成，这三个控制规则库通过三个参数 K_1、K_2 和 K_3 联系起来最终形成序列软集合 PID 控制规则库。序列软集合 PID 控

制器设计的核心就是建立合适的序列软集合 PID 规则库。

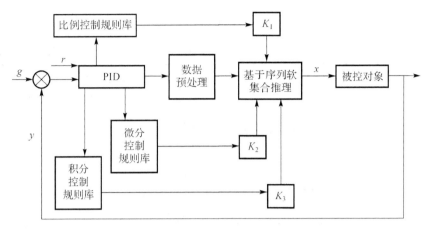

图 9.3　序列软集合 PID 控制系统的结构

例 9.8　某技术员准备选择一个最优 PID 控制器，假设有 5 个 PID 控制器，即全集 $U = \{c_1, c_2, \cdots, c_5\}$ 和参数集 $E = \{e_1, e_2, \cdots, e_5\}$，其中，$e_i$ 分别表示相位裕量、调节时间、延迟时间、相对误差和截止频率。而序列区间值模糊软集合对应的二维表中的数据代表每一个 PID 控制器所对应的参数 $e_i(i = 1, 2, \cdots, 5)$ 与理想值的误差百分比(%)最小最大值。其中，相位裕量考察控制系统的稳定性，调节时间和延迟时间考察控制系统的快速性，相对误差考察控制系统的准确性，截止频率考察控制系统的相应速度。序列区间值模糊软集合表如表 9.4 所示，$\delta = 0.6$。

表 9.4　例 9.8 的序列区间值模糊软集合表

U	e_1	e_2	e_3	e_4	e_5
c_1	[0.4, 0.7] [0.8, 1.0] [0.7, 0.9]	[0.4, 0.4] [0.7, 0.8] [0.6, 0.7]	[0.2, 0.3] [0.2, 0.6] [0.4, 0.5]	[0.3, 0.6] [0.6, 0.9] [0.5, 0.8]	[0.4, 1.0] [0.8, 1.0] [0.7, 1.0]
c_2	[0.4, 0.6] [0.7, 0.9] [0.6, 0.8]	[0.6, 1.0] [0.9, 1.0] [0.8, 1.0]	[0.6, 0.7] [0.9, 1.0] [0.8, 0.9]	[0.7, 1.0] [1.0, 1.0] [0.9, 1.0]	[0.6, 0.7] [0.9, 1.0] [0.8, 0.9]
c_3	[0.3, 0.4] [0.6, 0.7] [0.5, 0.6]	[0.1, 0.3] [0.1, 0.3] [0.3, 0.5]	[0.3, 0.4] [0.6, 0.8] [0.5, 0.7]	[0.4, 0.7] [0.8, 1.0] [0.7, 0.9]	[0.3, 0.4] [0.6, 0.8] [0.5, 0.7]
c_4	[0.4, 0.6] [0.7, 0.9] [0.6, 0.8]	[0.0, 0.4] [0.0, 0.1] [0.0, 0.0]	[0.4, 1.0] [0.8, 1.0] [0.7, 1.0]	[0.4, 0.6] [0.7, 0.9] [0.6, 0.8]	[0.4, 0.6] [0.7, 0.9] [0.6, 0.8]

续表

U	e_1	e_2	e_3	e_4	e_5
c_5	[0.6, 0.7] [0.9, 1.0] [0.8, 0.9]	[0.4, 0.5] [0.0, 0.2] [0.1, 0.3]	[0.7, 1.0] [1.0, 1.0] [0.9, 1.0]	[0.1, 0.3] [0.1, 0.6] [0.3, 0.5]	[0.1, 0.3] [0.1, 0.3] [0.3, 0.5]

经过基于优势度排序法排序后，计算得出任一对象在参数集 A 的整体度量值 $M_A(c_i)$ 如表 9.5 所示。可选的 PID 控制器决策值 c_i 从大到小排列，$c_2 \succ c_5 \succ \begin{pmatrix} c_4 \\ c_3 \end{pmatrix} \succ c_1$，因此控制器 2 为最优 PID 控制器。

表 9.5　整体度量值表

U	c_1	c_2	c_3	c_4	c_5
$M_A(c_i)$	0.250	0.312	0.278	0.278	0.300

9.2　序列直觉模糊软集合理论及其应用

9.2.1　基本定义及性质

定义 9.16　设 X 为非空论域，称 $E = \{\wedge(t_1), \wedge(t_2), \cdots, \wedge(t_n)\}$ 为考察对象 X 上的序列直觉模糊集，其中，$\wedge(t_i) = \{(x, \mu_A^i(x), \nu_A^i(x)) \mid x \in X\}$ 为 X 在序列考察时间点 t_i 的直觉模糊集，其中，$\mu_A^i : X \to [0,1]$，$\nu_A^i : X \to [0,1]$，且 $x \in X : 0 \leqslant \mu_A^i(x) + \nu_A^i(x) \leqslant 1$，$\mu_A^i(x)$ 称为 x 对 A 在序列考察时间点 t_i 的隶属度，$\nu_A^i(x)$ 称为 x 对 A 在序列考察时间点 t_i 的非隶属度。X 上序列直觉模糊集的全体记为 SIFS(X)。

定义 9.17　设 A, B 为 X 上的序列直觉模糊集，即 $A = \{(\mu_A^1(x), \nu_A^1(x)), (\mu_A^2(x), \nu_A^2(x)), \cdots, (\mu_A^k(x), \nu_A^k(x)) \mid x \in X\}$，$B = \{(\mu_B^1(x), \nu_B^1(x)), (\mu_B^2(x), \nu_B^2(x)), \cdots, (\mu_B^k(x), \nu_B^k(x)) \mid x \in X\}$，那么

① $A \cup B = \{\max(\mu_A^i(x), \mu_B^i(x)), \min(\nu_A^i(x), \nu_B^i(x)) \mid x \in X, i = 1, 2, \cdots, k\}$；

② $A \cap B = \{\min(\mu_A^i(x), \mu_B^i(x)), \max(\nu_A^i(x), \nu_B^i(x)) \mid x \in X, i = 1, 2, \cdots, k\}$；

③ $\text{com}(A) = \{\nu_A^i(x), \mu_B^i(x), x \in X, i = 1, 2, \cdots, k\}$；

④ $A \subset B$ 当且仅当 $\mu_A^i(x) \leqslant \mu_B^i(x), \nu_A^i(x) \geqslant \nu_B^i(x), \forall x \in X, i = 1, 2, \cdots, k$；

⑤ $A \supset B$ 当且仅当 $A \subset B$；

⑥ $A = B$ 当且仅当 $\mu_A^i(x) = \mu_B^i(x), \nu_A^i(x) = \nu_B^i(x), \forall x \in X, i = 1, 2, \cdots, k$；

⑦ $A \leqslant B$ 当且仅当 $\mu_A^i(x) \leqslant \mu_B^i(x), \nu_A^i(x) \leqslant \nu_B^i(x), \forall x \in X, i = 1, 2, \cdots, k$。

例 9.9　假如公司需要在 5 名技术主管中选择 1 名技术总监，考察时间为 6 个月，考察形式为民主选举，考察参数为工作经验、处理突发事件能力、业务接洽能力和教育背景，如表 9.6 所示。

表9.6　例9.9的序列直觉模糊软集合表

U	工作经验	处理突发事件能力	业务接洽能力	教育背景
p_1	(0.5, 0.1)	(0.5, 0.3)	(0.7, 0.1)	(0.6, 0.1)
	(0.4, 0.2)	(0.7, 0.0)	(0.4, 0.1)	(0.6, 0.2)
	(0.6, 0.1)	(0.4, 0.1)	(0.4, 0.2)	(0.5, 0.1)
	(0.5, 0.2)	(0.7, 0.1)	(0.5, 0.1)	(0.5, 0.1)
	(0.7, 0.2)	(0.3, 0.1)	(0.5, 0.5)	(0.4, 0.4)
	(0.7, 0.1)	(0.3, 0.3)	(0.4, 0.2)	(0.5, 0.1)
p_2	(0.6, 0.2)	(0.5, 0.0)	(0.7, 0.0)	(0.8, 0.0)
	(0.8, 0.1)	(0.8, 0.2)	(0.4, 0.2)	(0.4, 0.4)
	(0.6, 0.1)	(0.5, 0.1)	(0.6, 0.4)	(0.4, 0.4)
	(0.7, 0.2)	(0.5, 0.0)	(0.7, 0.0)	(0.7, 0.1)
	(0.6, 0.0)	(0.7, 0.1)	(0.5, 0.2)	(0.7, 0.0)
	(0.5, 0.1)	(0.5, 0.2)	(0.9, 0.1)	(0.6, 0.2)
p_3	(0.7, 0.0)	(0.6, 0.1)	(0.5, 0.3)	(0.4, 0.4)
	(0.4, 0.1)	(0.5, 0.1)	(0.4, 0.2)	(0.5, 0.2)
	(0.4, 0.1)	(0.3, 0.6)	(0.7, 0.0)	(0.5, 0.5)
	(0.6, 0.2)	(0.2, 0.8)	(0.4, 0.2)	(0.7, 0.0)
	(0.4, 0.3)	(0.4, 0.3)	(0.1, 0.6)	(0.7, 0.3)
	(0.5, 0.1)	(0.5, 0.1)	(0.7, 0.0)	(0.5, 0.5)
p_4	(0.5, 0.4)	(0.9, 0.1)	(0.8, 0.2)	(0.5, 0.4)
	(0.9, 0.0)	(0.6, 0.4)	(0.8, 0.0)	(0.3, 0.3)
	(0.5, 0.5)	(0.7, 0.2)	(0.8, 0.1)	(0.7, 0.2)
	(0.9, 0.0)	(0.8, 0.0)	(0.6, 0.4)	(0.5, 0.4)
	(0.5, 0.1)	(0.6, 0.2)	(0.9, 0.0)	(0.4, 0.1)
	(0.0, 1.0)	(0.4, 0.4)	(0.9, 0.0)	(0.8, 0.2)
p_5	(0.5, 0.2)	(0.9, 0.1)	(0.9, 0.0)	(0.9, 0.1)
	(0.5, 0.2)	(0.4, 0.4)	(0.5, 0.4)	(0.4, 0.4)
	(0.8, 0.2)	(0.8, 0.1)	(0.8, 0.1)	(0.4, 0.1)
	(0.8, 0.2)	(0.5, 0.5)	(0.4, 0.6)	(0.7, 0.0)
	(1.0, 0.0)	(0.6, 0.3)	(0.7, 0.2)	(0.6, 0.1)
	(0.6, 0.4)	(0.8, 0.2)	(0.4, 0.6)	(0.7, 0.2)

表 9.6 中，序列中的直觉值 $(\mu_A(x), \nu_A(x))$ 与考察人员 p_i、参数 e_j 和考察时间序列 t_k 有关。

在序列直觉模糊集的投票模型中，用隶属度表示赞成票所占的比例，非隶属度表示反对票所占的比例，弃权票所占比例则用 1 与前两者的差来表示。现在将序列直觉模糊集的隶属度和非隶属度用二维直角坐标系中的纵轴表示，考察的时间序列用横轴表示，如图9.4所示。

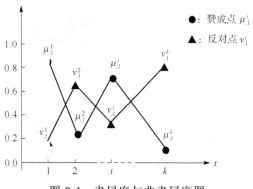

图 9.4　隶属度与非隶属度图

将代表隶属度的点 μ_A^i 称为赞成点,代表非隶属度的点 v_A^i 称为反对点. 由于在考察时间序列 $t=1,2,\cdots,k$ 中,序列隶属度的期望值更能反映考察对象 x 对属性 A 的隶属程度,于是可用下述期望值法将序列直觉模糊集转换成单列直觉模糊集。$A = \{(\mu_A^1(x),$ $v_A^1(x)),(\mu_A^2(x),v_A^2(x)),\cdots,(\mu_A^k(x),v_A^k(x)) \mid x \in X\} = \{(\mu_A(x),v_A(x)) \mid x \in A\}$,其中

$$\begin{cases} \mu_A(x) = \dfrac{1}{k}\sum_{i=1}^k \mu_A^i(x) \\ v_A(x) = \dfrac{1}{k}\sum_{i=1}^k v_A^i(x) \end{cases}$$

9.2.2　序列直觉模糊软集合的应用

在本节应用序列直觉模糊软集合解决实际问题前,首先应用 9.2.1 的隶属度与非隶属度取均值的方法将序列直觉模糊软集合转换为单区间值直觉模糊软集合,即通常意义上的直觉模糊软集合,然后再应用直觉模糊软集合中的 TOPSIS(technique for order preference by similarity to an ideal solution)方法,从而实现序列直觉模糊软集合的实际应用。

(1)序列直觉模糊软集合在医疗诊断问题中的应用。

TOPSIS 方法[69,70]是在有限方案集中求解多属性决策问题的一种方法,其基本思想是取距正理想点最近且距负理想点最远的方案为最优解。

假设多属性决策问题含 n 个方案 $A_1, A_2, \cdots, A_n$ 和 m 个属性 $C_1, C_2, \cdots, C_m$,对每个方案按 m 个属性进行评价,所得数值构成决策矩阵 $A(a_{ij})_{n \times m}$。记属性权重构成的向量为 $W = \{w_1, w_2, \cdots, w_m\}$,其中 $\sum_{j=1}^m w_j = 1$。TOPSIS 方法的步骤如下。

步骤 1:计算标准化决策矩阵。标准值 s_{ij} 为

$$s_{ij} = a_{ij} / \sqrt{\sum_{j=1}^{m} a_{ij}^2}, \quad i = 1, \cdots, n, \quad j = 1, \cdots, m$$

步骤 2：计算加权标准化决策矩阵。加权标准值 c_{ij} 为

$$c_{ij} = w_j s_{ij}, \quad i = 1, \cdots, n, \quad j = 1, \cdots, m$$

步骤 3：确定正理想点 C^+ 和负理想点 C^-

$$C^+ = \{c_1^+, c_2^+, \cdots, c_m^+\} = \{(\max c_{ij} \mid j \in I), (\min c_{ij} \mid j \in J)\}$$

$$C^- = \{c_1^-, c_2^-, \cdots, c_m^-\} = \{(\min c_{ij} \mid j \in I), (\max c_{ij} \mid j \in J)\}$$

其中，I 为收益属性构成的集合，J 为成本属性构成的集合。

步骤 4：计算各方案与正、负理想点的欧氏距离。方案 A_i 距正理想点的距离公式为

$$d_i^+ = \sqrt{\sum_{j=1}^{m} (c_{ij} - c_j^+)^2}, \quad i = 1, 2, \cdots, n$$

方案 A_i 距负理想点的距离公式为

$$d_i^- = \sqrt{\sum_{j=1}^{m} (c_{ij} - c_j^-)^2}, \quad i = 1, 2, \cdots, n$$

步骤 5：计算各方案与理想点的相对贴近度。方案 A_i 的相对贴近度 r_i 为

$$r_i = d_i^- / (d_i^- + d_i^+), \quad i = 1, 2, \cdots, n$$

步骤 6：排序。按照与理想点的相对贴近度排列各方案，r_i 越大，方案 A_i 越好。

利用改进 TOPSIS 方法[71]解决多属性决策问题。假设多属性决策问题含 n 个方案 $A_1, A_2, \cdots, A_n$ 和 m 个属性 $C_1, C_2, \cdots, C_m$，对每个方案按 m 个属性进行评价，所得数值构成决策矩阵 $A(a_{ij})_{n \times m}$，$a_{ij} = (\mu_{a_{ij}}, \nu_{a_{ij}})$。记属性权重构成的向量为 $W = \{w_1, w_2, \cdots, w_m\}$，其中 $\sum_{j=1}^{m} w_j = 1$。记 I 为收益属性构成的集合，J 为成本属性构成的集合。

步骤 1：计算标准化决策矩阵 $(s_{ij})_{n \times m}$，$s_{ij} = (\mu_{s_{ij}}, \nu_{s_{ij}})$ 为

$$\mu_{s_{ij}} = \frac{\mu_{a_{ij}}}{\sqrt{\sum_{i=1}^{n} [(\mu_{a_{ij}})^2 + (\nu_{a_{ij}})^2]}}, \quad i = 1, 2, \cdots, n, \quad j = 1, 2, \cdots, m$$

$$\nu_{s_{ij}} = \frac{\nu_{a_{ij}}}{\sqrt{\sum_{i=1}^{n} [(\mu_{a_{ij}})^2 + (\nu_{a_{ij}})^2]}}, \quad i = 1, 2, \cdots, n, \quad j = 1, 2, \cdots, m$$

步骤 2：计算加权标准化决策矩阵 $(c_{ij})_{n \times m}$，$c_{ij} = (\mu_{c_{ij}}, \nu_{c_{ij}})$ 为

$$\mu_{c_{ij}} = w_j \mu_{s_{ij}}, \quad i = 1, 2, \cdots, n, \quad j = 1, 2, \cdots, m$$

$$\nu_{c_{ij}} = w_j \nu_{s_{ij}}, \quad i = 1, 2, \cdots, n, \quad j = 1, 2, \cdots, m$$

步骤 3：确定正理想点时，对收益属性，隶属度越大越好，非隶属度越小越好；对成本属性，隶属度越小越好，非隶属度越大越好。反之即可确定负理想点。对（正/负）理想点 $A = (a_j)_m = ((\mu_1, \nu_1), (\mu_2, \nu_2), \cdots, (\mu_m, \nu_m))$，记 $\mu_A = \{\mu_1, \mu_2, \cdots, \mu_m\}$，$\nu_A = \{\nu_1, \nu_2, \cdots, \nu_m\}$，将 A 简记为 $A = (\mu_A, \nu_A)$，正理想点 $A^+ = (\mu_{A^+}, \nu_{A^+})$，其中

$$\mu_{A^+} = \{\mu_{e_1}^+, \mu_{e_2}^+, \cdots, \mu_{e_m}^+\} = \{(\max_i \mu_{c_{ij}} \mid j \in I), (\min_i \mu_{c_{ij}} \mid j \in J)\}$$

$$\nu_{A^+} = \{\nu_{e_1}^+, \nu_{e_2}^+, \cdots, \nu_{e_m}^+\} = \{(\min_i \nu_{c_{ij}} \mid j \in I), (\max_i \nu_{c_{ij}} \mid j \in J)\}$$

负理想点 $A^- = (\mu_{A^-}, \nu_{A^-})$，其中

$$\mu_{A^-} = \{\mu_{e_1}^-, \mu_{e_2}^-, \cdots, \mu_{e_m}^-\} = \{(\min_i \mu_{c_{ij}} \mid j \in I), (\max_i \mu_{c_{ij}} \mid j \in J)\}$$

$$\nu_{A^-} = \{\nu_{e_1}^-, \nu_{e_2}^-, \cdots, \nu_{e_m}^-\} = \{(\max_i \nu_{c_{ij}} \mid j \in I), (\min_i \nu_{c_{ij}} \mid j \in J)\}$$

步骤 4：TOPSIS 方法中，计算各方案与正、负理想点之间的欧氏距离。在直觉模糊环境下，有

$$D(A, B) = \sqrt{\frac{1}{2m} \sum_{j=1}^{m} [(\mu_A(x_i) - \mu_B(x_i))^2 + (\nu_A(x_i) - \nu_B(x_i))^2]}$$

其中，A、B 分别为考察方案与理想点，x_i 为考察属性。

步骤 5：有了各方案与正、负理想点之间的距离 d_i^+, d_i^- 后，便可计算相对贴近度 r_i，$r_i = d_i^- / (d_i^- + d_i^+), i = 1, 2, \cdots, n$。

步骤 6：按 r_i 从大到小排列 A_i 即可。

下面通过一个医疗诊断的实例说明利用改进 TOPSIS 方法解决多属性决策问题。

例 9.10 假设某一患者需要治疗某一种疾病，现有 5 种待决策的治疗方案 $A_i, i = 1, 2, \cdots, 5$，该患者参考了一下 4 种评估指标（属性）① e_1：身体创伤；② e_2：改善身体状况；③ e_3：治疗费用；④ e_4：方案安全。属性 $e_j (j = 1, 2, 3, 4)$ 的权重向量为 $w = (0.15, 0.3, 0.15, 0.4)$。时间序列 $t_k (k = 1, 2, \cdots, 6)$ 分别代表患者在 6 个不同年龄段的评估值。假设治疗方案 A_i 在属性 e_j 下的特征信息用序列直觉模糊集表示，如表 9.7 所示，现对治疗方案进行择优选择。

步骤 1：利用隶属度、非隶属度分别取均值的方法将序列直觉模糊软集合转换成单列直觉模糊软集合，结果如表 9.8 所示。

步骤 2：计算标准化决策矩阵 $(s_{ij})_{5\times4}$

$$\mu_{s_{ij}} = \frac{\mu_{a_{ij}}}{\sqrt{\sum_{i=1}^{n}[(\mu_{a_{ij}})^2 + (\nu_{a_{ij}})^2]}}, \quad i=1,2,\cdots,5, \quad j=1,2,3,4$$

$$\nu_{s_{ij}} = \frac{\nu_{a_{ij}}}{\sqrt{\sum_{i=1}^{n}[(\mu_{a_{ij}})^2 + (\nu_{a_{ij}})^2]}}, \quad i=1,2,\cdots,5, \quad j=1,2,3,4$$

结果如表 9.9 所示。

表 9.7 例 9.10 的序列直觉模糊软集合表

U	e_1	e_2	e_3	e_4
	(0.6, 0.1)	(0.7, 0.3)	(0.8, 0.1)	(0.5, 0.1)
	(0.5, 0.2)	(0.7, 0.1)	(0.5, 0.1)	(0.6, 0.1)
A_1	(0.8, 0.1)	(0.7, 0.1)	(0.4, 0.1)	(0.8, 0.1)
	(0.4, 0.2)	(0.7, 0.2)	(0.3, 0.1)	(0.5, 0.2)
	(0.7, 0.1)	(0.5, 0.1)	(0.5, 0.1)	(0.5, 0.4)
	(0.6, 0.1)	(0.6, 0.3)	(0.5, 0.2)	(0.8, 0.1)
	(0.5, 0.2)	(0.4, 0.0)	(0.6, 0.0)	(0.7, 0.0)
	(0.9, 0.1)	(0.8, 0.1)	(0.4, 0.4)	(0.4, 0.1)
A_2	(0.6, 0.0)	(0.6, 0.1)	(0.5, 0.4)	(0.4, 0.1)
	(0.7, 0.1)	(0.5, 0.1)	(0.7, 0.1)	(0.8, 0.1)
	(0.5, 0.0)	(0.3, 0.1)	(0.3, 0.2)	(0.7, 0.1)
	(0.6, 0.1)	(0.5, 0.1)	(0.9, 0.0)	(0.5, 0.2)
	(0.6, 0.0)	(0.7, 0.1)	(0.4, 0.3)	(0.2, 0.4)
	(0.5, 0.1)	(0.5, 0.0)	(0.4, 0.3)	(0.5, 0.3)
A_3	(0.4, 0.0)	(0.4, 0.6)	(0.8, 0.0)	(0.4, 0.5)
	(0.6, 0.1)	(0.2, 0.7)	(0.4, 0.3)	(0.7, 0.2)
	(0.4, 0.1)	(0.3, 0.3)	(0.4, 0.6)	(0.5, 0.3)
	(0.8, 0.1)	(0.5, 0.5)	(0.7, 0.1)	(0.5, 0.4)
	(0.4, 0.4)	(0.7, 0.1)	(0.2, 0.2)	(0.4, 0.4)
	(0.8, 0.0)	(0.6, 0.3)	(0.8, 0.1)	(0.3, 0.2)
A_4	(0.5, 0.4)	(0.5, 0.2)	(0.7, 0.1)	(0.5, 0.2)
	(0.9, 0.0)	(0.8, 0.1)	(0.6, 0.3)	(0.5, 0.1)
	(0.8, 0.1)	(0.7, 0.2)	(0.8, 0.0)	(0.5, 0.1)
	(0.8, 0.1)	(0.4, 0.2)	(0.9, 0.1)	(0.8, 0.1)
	(0.4, 0.2)	(0.8, 0.1)	(0.8, 0.0)	(0.8, 0.1)
	(0.5, 0.1)	(0.4, 0.2)	(0.5, 0.2)	(0.4, 0.1)
A_5	(0.4, 0.2)	(0.5, 0.1)	(0.7, 0.1)	(0.7, 0.1)
	(0.8, 0.1)	(0.5, 0.2)	(0.4, 0.4)	(0.7, 0.3)
	(0.8, 0.0)	(0.5, 0.3)	(0.5, 0.2)	(0.5, 0.1)
	(0.6, 0.2)	(0.8, 0.1)	(0.4, 0.5)	(0.7, 0.1)

表 9.8　表 9.7 的转换表

U	e_1	e_2	e_3	e_4
A_1	(0.600，0.350)	(0.650，0.183)	(0.500，0.117)	(0.617，0.167)
A_2	(0.633，0.083)	(0.517，0.083)	(0.567，0.183)	(0.583，0.100)
A_3	(0.550，0.067)	(0.433，0.367)	(0.517，0.267)	(0.467，0.350)
A_4	(0.700，0.167)	(0.617，0.183)	(0.667，0.133)	(0.500，0.183)
A_5	(0.583，0.133)	(0.583，0.167)	(0.550，0.233)	(0.633，0.133)

表 9.9　表 9.8 的标准化表

U	e_1	e_2	e_3	e_4
A_1	(0.4168，0.2431)	(0.4799，0.1351)	(0.3751，0.0878)	(0.4598，0.1244)
A_2	(0.4397，0.0577)	(0.3591，0.0577)	(0.3939，0.1373)	(0.4344，0.0745)
A_3	(0.3820，0.0465)	(0.3008，0.2549)	(0.3879，0.2003)	(0.3480，0.2608)
A_4	(0.4862，0.1160)	(0.4286，0.1271)	(0.5004，0.0998)	(0.3726，0.1364)
A_5	(0.4050，0.0924)	(0.4050，0.1160)	(0.4126，0.1748)	(0.4717，0.0991)

步骤 3：计算加权标准化决策矩阵 $(c_{ij})_{5\times 4}$

$$\mu_{c_{ij}} = w_j \mu_{s_{ij}}, \quad i=1,2,\cdots,5, \quad j=1,2,3,4$$

$$v_{c_{ij}} = w_j \mu_{s_{ij}}, \quad i=1,2,\cdots,5, \quad j=1,2,3,4$$

$$w = (0.15, 0.3, 0.15, 0.4)$$

结果如表 9.10 所示。

表 9.10　表 9.8 的加权标准化表

U	e_1	e_2	e_3	e_4
A_1	(0.0625，0.0365)	(0.1440，0.0405)	(0.0563，0.0132)	(0.1839，0.0498)
A_2	(0.0660，0.0087)	(0.1077，0.0173)	(0.0591，0.0206)	(0.1738，0.0298)
A_3	(0.0573，0.0070)	(0.0902，0.0765)	(0.0582，0.0300)	(0.1392，0.1043)
A_4	(0.0729，0.0174)	(0.1286，0.0381)	(0.0751，0.0150)	(0.1490，0.0546)
A_5	(0.0607，0.0139)	(0.1215，0.0348)	(0.0619，0.0262)	(0.1887，0.0396)

步骤 4：确定正、负理想点，如表 9.11 所示。可知，收益属性为 C_2、C_4，成本属性为 C_1、C_3，故 $I=\{2,4\}$，$J=\{1,3\}$。正理想点 $A^+=(\mu_{A^+}, v_{A^+})$，其中，$\mu_{A^+}=\{\mu_{e_1}^+,$ $\mu_{e_2}^+,\cdots,\mu_{e_m}^+\}=\{(\max_i \mu_{c_{ij}} \mid j \in I),(\min_i \mu_{c_{ij}} \mid j \in J)\}$，$v_{A^+}=\{v_{e_1}^+,v_{e_2}^+,\cdots,v_{e_m}^+\}=\{(\min_i v_{c_{ij}} \mid j \in I),$ $(\max_i v_{c_{ij}} \mid j \in J)\}$。负理想点 $A^-=(\mu_{A^-}, v_{A^-})$，其中，$\mu_{A^-}=\{\mu_{e_1}^-,\mu_{e_2}^-,\cdots,\mu_{e_m}^-\}=\{(\min_i \mu_{c_{ij}} \mid$ $j \in I), (\max_i \mu_{c_{ij}} \mid j \in J)\}$，$v_{A^-}=\{v_{e_1}^-,v_{e_2}^-,\cdots,v_{e_m}^-\}=\{(\max_i v_{c_{ij}} \mid j \in I),(\min_i v_{c_{ij}} \mid j \in J)\}$。

表 9.11　例 9.10 的正、负理想点表

U	e_1	e_2	e_3	e_4
A^+	(0.0573, 0.0365)	(0.1440, 0.0173)	(0.0563, 0.0300)	(0.1887, 0.0298)
A^-	(0.0729, 0.0070)	(0.0920, 0.0765)	(0.0751, 0.0132)	(0.1392, 0.1043)

步骤 5：计算各方案与正、负理想点之间的距离为

$$D(A,B) = \sqrt{\frac{1}{2m}\sum_{j=1}^{m}[(\mu_A(x_i) - \mu_B(x_i))^2 + (\nu_A(x_i) - \nu_B(x_i))^2]}$$

如表 9.12 所示。

表 9.12　例 9.10 的正、负理想点间距离表

U	A_1	A_2	A_3	A_4	A_5
A^+	0.0137	0.0176	0.0437	0.0225	0.0136
A^-	0.0359	0.0368	0.0101	0.0262	0.0350

步骤 6：计算相对贴近度 r_i，$r_i = d_i^- / (d_i^- + d_i^+), i = 1,2,\cdots,5$，如表 9.13 所示。

步骤 7：排序。r_i 从大到小排列，如表 9.14 所示。

表 9.13　例 9.10 的相对贴近度表

U	A_1	A_2	A_3	A_4	A_5
r_i	0.7238	0.6765	0.1877	0.5380	0.7202

表 9.14　例 9.10 的决策表

U	排序
r_i	$r_1 \succ r_5 \succ r_2 \succ r_4 \succ r_3$

于是治疗方案 1 为患者最优选择方案，方案 5 为次优方案。

(2)序列直觉模糊软集合在 PID 控制器中的应用。

例 9.11　某技术员准备选择一个最优 PID 控制器，假设有 6 个 PID 控制器，即全集 $U = \{p_1, p_2, \cdots, p_5\}$ 和参数集 $E = \{e_1, e_2, e_3, e_4\}$，其中，$e_i$ 表示相位裕量、调节时间、相对误差和截止频率，而序列直觉模糊软集合对应的二维表中的数据代表某一个 PID 控制器下考察参数的隶属度与非隶属，设属性 $C_j(j = 1,2,3,4)$ 的权重向量为 $w = (0.2, 0.3, 0.3, 0.2)$。序列直觉模糊软集合如表 9.15 所示。

表 9.15　例 9.11 的序列直觉模糊软集合表

U	e_1	e_2	e_3	e_4
p_1	(0.5, 0.5)	(0.3, 0.3)	(0.7, 0.3)	(0.6, 0.4)
	(0.6, 0.2)	(0.5, 0.4)	(0.4, 0.5)	(0.5, 0.4)
	(0.3, 0.6)	(0.3, 0.6)	(0.4, 0.6)	(0.5, 0.2)
	(0.5, 0.5)	(0.5, 0.5)	(0.5, 0.4)	(0.5, 0.1)
	(0.7, 0.3)	(0.4, 0.6)	(0.3, 0.5)	(0.6, 0.4)
	(0.7, 0.3)	(0.4, 0.3)	(0.4, 0.5)	(0.8, 0.1)
p_2	(0.4, 0.5)	(0.5, 0.1)	(0.3, 0.7)	(0.8, 0.0)
	(0.8, 0.1)	(0.7, 0.2)	(0.5, 0.4)	(0.5, 0.4)
	(0.5, 0.4)	(0.5, 0.3)	(0.6, 0.4)	(0.4, 0.4)
	(0.7, 0.3)	(0.6, 0.4)	(0.7, 0.3)	(0.7, 0.2)
	(0.6, 0.3)	(0.5, 0.3)	(0.5, 0.4)	(0.7, 0.1)
	(0.5, 0.4)	(0.5, 0.2)	(0.7, 0.3)	(0.6, 0.4)
p_3	(0.7, 0.0)	(0.6, 0.4)	(0.5, 0.3)	(0.4, 0.5)
	(0.4, 0.6)	(0.5, 0.5)	(0.4, 0.6)	(0.5, 0.3)
	(0.4, 0.6)	(0.4, 0.6)	(0.7, 0.2)	(0.5, 0.5)
	(0.6, 0.3)	(0.3, 0.5)	(0.4, 0.2)	(0.7, 0.0)
	(0.3, 0.6)	(0.4, 0.5)	(0.3, 0.6)	(0.5, 0.4)
	(0.1, 0.8)	(0.5, 0.4)	(1.0, 0.0)	(0.4, 0.5)
p_4	(0.5, 0.4)	(0.9, 0.1)	(0.8, 0.2)	(0.5, 0.4)
	(0.9, 0.0)	(0.3, 0.4)	(0.0, 1.0)	(0.6, 0.3)
	(0.5, 0.5)	(0.7, 0.2)	(0.5, 0.4)	(0.7, 0.2)
	(0.9, 0.0)	(0.8, 0.2)	(0.6, 0.4)	(0.6, 0.4)
	(0.5, 0.1)	(0.5, 0.4)	(0.9, 0.0)	(0.4, 0.5)
	(0.0, 1.0)	(0.4, 0.4)	(0.5, 0.3)	(0.6, 0.4)
p_5	(0.5, 0.4)	(0.6, 0.4)	(0.4, 0.6)	(0.5, 0.4)
	(0.5, 0.3)	(0.4, 0.5)	(0.5, 0.4)	(0.4, 0.4)
	(0.8, 0.2)	(0.8, 0.2)	(0.6, 0.4)	(0.4, 0.6)
	(0.8, 0.2)	(0.5, 0.5)	(0.4, 0.6)	(0.7, 0.2)
	(1.0, 0.0)	(0.6, 0.4)	(0.7, 0.3)	(0.6, 0.4)
	(0.6, 0.4)	(0.8, 0.2)	(0.4, 0.6)	(0.7, 0.2)

　　同样应用改进 TOPSIS 方法排序后,计算得各 PID 控制器的相对贴近度如表 9.16 所示。可选的控制器 p_i 从大到小排列,如表 9.17 所示。因此控制器 5 为最优 PID 控制器,控制器 2 为次优 PID 控制器。

表 9.16　例 9.11 的相对贴近度表

U	A_1	A_2	A_3	A_4	A_5
r_i	0.6300	0.6717	0.2784	0.5641	0.7831

表 9.17　例 9.11 的决策表

U	排序
p_i	$p_5 \succ p_2 \succ p_1 \succ p_4 \succ p_3$

9.3　本 章 小 结

　　本章将时间序列与区间模糊软集合和直觉模糊软集合结合，提出了序列区间模糊软集合和序列直觉模糊软集合两种模糊软集合，并研究了其或、且、交、并、余等代数运算和性质，然后将两种模糊软集合应用于不同的实际问题中，得到了令人满意的结果。

第 10 章　不完备软集合与模糊软集合决策方法

随着移动互联网、物联网等新兴技术的发展，社交媒体、电子商务等都在源源不断地产生数据，数据可以对人类社会的各个领域带来变革性影响。但必须通过采集和集成、建立模型、分析结果，最终对潜藏在数据内部的规律和知识进行挖掘并加以识别利用，指导企业或组织决策，才能发挥数据的真正作用。

在数据采集、数据传输及数据挖掘并加以利用的过程中，会出现非常多的问题，导致收集到的数据常常是不完备或未知的。由于这些问题的出现，很难根据这些数据做出决策。

本章主要研究利用软集合理论对含有未知数据进行决策分析时，如何有效预测未知数据，从而进行决策。

10.1　加权平均方法

在信息不完备或者数据异常的情况下进行决策，我们通常采用两种方式进行处理。

(1)删除法，即将数据集中的异常数据全部删除，得到一个完备数据集再进行分析，但删除异常信息可能造成重要信息丢失。因此，直接删除法只适用于数据中异常数据较少的情况。

(2)填充法，即将异常数据转化为特定的数据，从而得到完备数据集。大体上可以分为两大类：第一类是统计方法，基于统计学理论的填充方法非常多。常用的有利用数据集频数最高的数据进行填充，或者使用数据众数、中位数或者平均值等统计型数据进行填充，还有较为复杂的基于参数估计的方法，主要有回归和似然函数两种模型。基于回归的模型主要是通过已知数据的回归模型，确定异常数据点的概率分布，用最有可能出现的数据进行替代。基于似然函数的模型，是通过极大似然估计，用对异常数据的参数估计进行替代。此外还有其他基于统计学的填充方法，如利用马尔可夫链的原理填补异常数据、贝叶斯主成分分析法和局部最小二乘填充法。第二类是粗糙集方法，主要思想是通过研究异常数据的对象与其他对象之间的相似度，利用相似度最高的对象取值进行填充，从而较好地表现出数据集的基本特征和隐含规律。

目前利用软集合理论对含有未知数据进行决策的研究中，Zou 等[72]提出的对所有可能选择值进行加权平均的方法替换异常数据，下面介绍该方法的相关定义。

定义 10.1　定义一个四元数 $S=(U,\mathrm{AT},V,f)$ 为信息系统，其中，U 为非空的有限集，即论域，AT 为非空的有限属性集，$V=\cup v_r$，v_r 为某一属性 r 的属性值范围，函数 $f:U\times A\to V$，它指定 U 中每一对象的属性值。

定义 10.2　每一个软集合都可以看作一个信息系统。

定义 10.3　定义一个四元数 $\tilde{S}=(U,\mathrm{AT},V,f)$ 为具有不完备信息的系统，其中，$U=\{x_1,x_2,\cdots,x_n\}$ 为非空的有限集，$\mathrm{AT}=\{a_1,a_2,\cdots,a_m\}$ 为非空的有限属性集，存在 $x_i\in U$ $(i=1,2,\cdots,n)$ 和 $a_j\in A$ $(j=1,2,\cdots,m)$，使 $f(x_i,a_j)$ 不存在，则 $f(x_i,a_j)=\mathrm{null}$，null 在表格中用"＊"替代。

步骤 1：计算每一个对象的所有可能选择值。

步骤 2：计算每一个对象属于或者不属于 $F(e_i)$ 的概率 p_{e_i} 和 q_{e_i}，对于参数 e_i，如果存在不完备信息，那么 h_{ki} $(k=1,\cdots,n)$ 是不存在的，在表格中用"＊"替代。

步骤 3：计算每个对象可能选择值的权重，即

$$k=\begin{cases}\displaystyle\prod_{e\in E_0^*}q_e, & x=0\\[2mm] \displaystyle\sum_{c_d^x}\left(\left(\prod_{e_i\in E_1^*}p_{e_i}\right)\left(\prod_{e_j\in E_0^*}q_{e_j}\right)\right), & 0<x<d\\[2mm] \displaystyle\prod_{e\in E_1^*}p_e, & x=d\end{cases}$$

其中，d 为每个对象的不完备信息的数量。

步骤 4：计算判定值 $d_i=\sum_{i=1}^{m}k_ic_i$，最优的决策值为 $\max\{d_i\}$，其中，k_i 为 c_i 的权重，c_i 为对象 h_i 的所有选择值，$c_i=\sum_{j=1}^{y}h_{ij}$，y 为软集合中参数的个数。

下面用一个例子来对加权平均法进行说明。

例 10.1　软集合 (F,E) 如表 10.1 所示，按照上面给出的方法进行计算。

表 10.1　例 10.1 的软集合表

U	e_1	e_2	e_3	e_4
h_1	1	1	1	0
h_2	0	1	＊	1

续表

U	e_1	e_2	e_3	e_4
h_3	0	*	1	1
h_4	*	0	1	*

步骤 1：计算每个对象的所有可能的选择值，$c_1 = \{3\}$，$c_2 = \{2,3\}$，$c_3 = \{2,3\}$，$c_4 = \{1,2,3\}$，软集合 (F, E) 的所有对象的判定值如表 10.2 所示。

步骤 2：计算概率 p_{e_i} 和 q_{e_i}。$q_{e_1} = 2/3$，$p_{e_1} = 1/3$；$q_{e_2} = 1/3$，$p_{e_2} = 2/3$；$q_{e_3} = 0$，$p_{e_3} = 1$；$q_{e_4} = 1/3$，$p_{e_4} = 2/3$。

表 10.2　例 10.1 软集合的所有可能取值和判定值表

U	c_i	d_i
h_1	$\{3\}$	3
h_2	$\{2,3\}$	3
h_3	$\{2,3\}$	2.67
h_4	$\{1,2,3\}$	2

步骤 3：计算对象每个可能选择值的权重。对于对象 h_1，所有可能值是确定的，因此不用计算。对于对象 h_2，$k_{21} = q_{e_3} = 0$，$k_{22} = p_{e_3} = 1$。对于对象 h_3，$k_{31} = q_{e_2} = 1/3$，$k_{32} = p_{e_2} = 2/3$。对于对象 h_4，$k_{41} = q_{e_1} q_{e_4} = 2/9$，$k_{42} = q_{e_1} p_{e_4} + p_{e_1} q_{e_4} = 4/9 + 1/9 = 5/9$，$k_{43} = p_{e_1} p_{e_4} = 2/9$。

步骤 4：计算判定值。$d_1 = 3$，$d_2 = 2 \times k_{21} + 3 \times k_{22} = 2 \times 0 + 3 \times 1 = 3$，$d_3 = 2 \times k_{31} + 3 \times k_{32} = 2 \times 1/3 + 3 \times 2/3 = 2.67$，$d_4 = 1 \times k_{41} + 2 \times k_{42} + 3 \times k_{43} = 1 \times 2/9 + 2 \times 5/9 + 3 \times 2/9 = 2$，经过比较可以知道 d_1 和 d_2 是可能的选择值。

10.2　简　化　方　法

在信息不完备或者数据异常的情况下进行决策时，通常采用对所有可能取值进行加权平均的办法。然而，这种方法在数据较多的情况下会出现两个问题。

(1)数据较多时计算过程较难理解，计算量也非常大，容易出现计算错误。

(2)在采用加权平均法进行基于不完备信息的决策过程中，如果在原参数集当中添加一些参数(甚至是一个)时，那么原来的决策结果将被重置，还需要重新计算并获得新的决策结果，这无疑会浪费大量的时间。

从上面的计算过程也可以看出，加权平均方法的计算过程是很复杂的。本节在该方法的基础上进行了简化，并证明了两种方法是等价的。为了清晰地介绍简化方法，本节需要重新定义一些概念和变量。

假定 n_1 和 n_0 分别代表对象属于和不属于 $F(e_j)$ 的个数，也就是说 n_1 是数值 1 的个数，n_0 是数值 0 的个数，异常数据用 $p'_{e_j} = n_1/(n_1 + n_0)$ 替换。以表 10.1 中对象 h_4 为例，$n_1 = 1$，$n_0 = 2$，那么 $p'_{e_1} = 1/(1+2)$，用 p'_{e_1} 替代表 10.1 中异常数据 * 的位置。那么软集合 (F, E) 如表 10.3 所示。

表 10.3　表 10.1 未知数预测表

U	e_1	e_2	e_3	e_4	d_i
h_1	1	1	1	0	3
h_2	0	1	3/3	1	3
h_3	0	2/3	1	1	2.67
h_4	1/3	0	1	2/3	2

在加权平均法中，对不完备的信息我们取值 0 或者 1，而在这里 p'_{e_j} 的值是介于 0 和 1 之间的，此时软集合转换为模糊软集合。同样，用简化后的方法进行计算。

步骤 1：计算概率 $p'_{e_j} = n_1/(n_1 + n_0)$，$j = 1, \cdots, m$，用概率值替代"*"。

步骤 2：计算判定值 $d_i = \sum_{j=1}^{m} h_{ij}$。

简化后的方法仅需要上述两个步骤，非常容易理解而且易于计算。下面从数学角度证明两个方法是等价的。

首先，完成第一种方法的数学表达，假定 (F, E) 为论域 $U = \{h_1, h_2, \cdots, h_n\}$ 上具有不完备信息的软集合，参数集为 $E = \{e_1, e_2, \cdots, e_m\}$，另外 $E^* = \{e_j \mid h_{ij} = *\}$，异常数据 $h_{ij} = *$。令 s 为每行数值 1 的个数，那么 $h_{ij} = 1$，$E^1 = \{e_j \mid h_{ij} = 1\}$。令 $m - s - d$ 为每行数值 0 的个数，那么 $h_{ij} = 0$，$E^0 = \{e_j \mid h_{ij} = 0\}$。所有可能的选择值为 $c_i = \{s, s+1, \cdots, s+d\}$，对应的权重 k_i，$i = 1, 2, \cdots, d+1$（$d \geq 2$）。因此，判定值为

$$d_i = s q_{e_j} + (s+1) p_{e_j}, \quad d = 1$$

$$d_i = \sum_{i=1}^{d+1} k_i (s + i - 1), \quad d \geq 2$$

方法简化后，有

$$d'_i = s + \sum_{e_i \in E^*} p'_{e_i}$$

其中，$p'_{e_j} = n_1 / (n_1 + n_0)$。

定理 10.1 $\tilde{S} = (U, \mathrm{AT}, V, f)$ 为不完备信息系统，其中，$U = \{h_1, h_2, \cdots, h_n\}$ 为非空的有限集，即论域，$\mathrm{AT} = \{e_1, e_2, \cdots, e_m\}$ 为非空的有限属性集，对于对象 h_i，采用所有可能值加权平均算法和简化后算法的判定值是相同，即 $d'_i = d_i$。

证明：用数学归纳法。当 $d = 1$ 时，有

$$d_{1i} = sq_{e_j} + (s+1)p_{e_j} = s\frac{n_0}{n_1 + n_0} + (s+1)\frac{n_1}{n_1 + n_0} = s + \frac{n_1}{n_1 + n_0} = s + p'_{e_j} = d'_{1i}$$

当 $d = 2$ 时，有

$$
\begin{aligned}
d_{2i} &= k_1 s + k_2(s+1) + k_3(s+2) \\
&= sq_{e_i}q_{e_j} + (s+1)(p_{e_i}q_{e_j} + p_{e_j}q_{e_i}) + (s+2)p_{e_i}p_{e_j} \\
&= s\frac{n_0}{n_1+n_0}\frac{n'_0}{n'_1+n'_0} + (s+1)\left(\frac{n_1}{n_1+n_0}\frac{n'_0}{n'_1+n'_0} + \frac{n_0}{n_1+n_0}\frac{n'_1}{n'_1+n'_0}\right) + (s+2)\frac{n_1}{n_1+n_0}\frac{n'_1}{n'_1+n'_0} \\
&= s\frac{n_0}{n_1+n_0}\frac{n'_0}{n'_1+n'_0} + s\frac{n_1}{n_1+n_0}\frac{n'_0}{n'_1+n'_0} + s\frac{n_0}{n_1+n_0}\frac{n'_1}{n'_1+n'_0} + \frac{n_1}{n_1+n_0}\frac{n'_0}{n'_1+n'_0} + \frac{n_0}{n_1+n_0}\frac{n'_1}{n'_1+n'_0} \\
&\quad + s\frac{n_1}{n_1+n_0}\frac{n'_1}{n'_1+n'_0} + 2\frac{n_1}{n_1+n_0}\frac{n'_1}{n'_1+n'_0} \\
&= s\frac{n'_0}{n'_1+n'_0} + s\frac{n'_1}{n_1+n_0} + \frac{n_1}{n_1+n_0}\frac{n'_0}{n'_1+n'_0} + \frac{n_0}{n_1+n_0}\frac{n'_1}{n'_1+n'_0} + \frac{n_1}{n_1+n_0}\frac{n'_1}{n'_1+n'_0} + \frac{n_1}{n_1+n_0}\frac{n'_1}{n'_1+n'_0} \\
&= s + \frac{n_1}{n_1+n_0} + \frac{n'_1}{n'_1+n'_0} = s + p'_{e_i} + p'_{e_j} \\
&= d'_{2i}
\end{aligned}
$$

假设每行的不完备信息数量为 $d-1$ 时，即 $d'_{d-1,i} = d_{d-1,i}$。当每行的不完备信息数量为 d 时，令 $E^* = \{e_j \mid h_{ij} = *\}$，如果 $e_g \in E^*$，那么 $h_{ig} = *$，有

$$
\begin{aligned}
d_{di} &= \sum_{i=1}^{d+1} k_i(s+i-1) \\
&= sk_1 + (s+1)k_2 + \cdots + (s+d-1)k_d + (s+d)k_{d+1} \\
&= s\prod_{e_i \in E^*} q_{e_i} + (s+1)\sum_{i=1}^{d}\left(p_{e_i}\prod_{e_j \in \{E^*-e_i\}} q_{e_j}\right) + (s+2)\sum_{i=1}^{d}\left(\prod_{C_d^2, e_i, e_j \in E^*} p_{e_i}p_{e_j}\prod_{e_i \in \{E^*-e_i-e_j\}} q_{e_i}\right) \\
&\quad + \cdots + (s+d-1)\sum_{i=1}^{d}\left(\left(\prod_{C_d^{d-1}} p_{e_j}\right)q_{e_j}\right) + (s+d)\prod_{e_i \in E^*} p_{e_i}
\end{aligned}
$$

提取 p_{e_g} 和 q_{e_g}，可以得到

$$d_{di} = s \prod_{e_i \in E^*} q_{e_i} + (s+1) \sum_{i=1}^{d} \left(p_{e_i} \prod_{e_j \in \{E^* - e_i\}} q_{e_j} \right) + (s+2) \sum_{i=1}^{d} \left(\prod_{C_d^2, e_i, e_j \in E^*} p_{e_i} p_{e_j} \prod_{e_i \in \{E^* - e_i - e_j\}} q_{e_i} \right)$$

$$+ \cdots + (s+d-1) \sum_{i=1}^{d} \left(\left(\prod_{C_d^{d-1}} p_{e_j} \right) q_{e_j} \right) + (s+d) \prod_{e_i \in E^*} p_{e_i}$$

$$= q_{e_g} s \prod_{e_i \in \{E^* - e_g\}} q_{e_i} + p_{e_g}(s+1) \prod_{e_j \in \{E^* - e_g\}} q_{e_j} + q_{e_g}(s+1) \sum_{i=1, i \neq g}^{d} \left(p_{e_i} \prod_{e_j \in \{E^* - e_i - e_g\}} q_{e_j} \right)$$

$$+ p_{e_g}(s+2) \sum_{i=1}^{d} \left(p_{e_i} \prod_{e_i \in \{E^* - e_i - e_g\}} q_{e_i} \right) + q_{e_g}(s+2) \sum_{i=1}^{d} \left(\prod_{C_d^2, e_i, e_j \in \{E^* - e_g\}} p_{e_i} p_{e_j} \prod_{e_i \in \{E^* - e_i - e_j - e_g\}} q_{e_i} \right)$$

$$+ \cdots + p_{e_g}(s+d-1) \sum_{i=1, i \neq g}^{d} \left(\left(\prod_{C_{d-1}^{d-2}} p_{e_j} \right) q_{e_j} \right) + q_{e_g}(s+d-1) \sum_{i=1, i \neq g}^{d} \left(\prod_{e_j \in \{E^* - e_g\}} p_{e_j} \right)$$

$$+ p_{e_g}(s+d) \prod_{e_i \in \{E^* - e_g\}} p_{e_i}$$

$$= q_{e_g} \left(s \prod_{e_i \in \{E^* - e_g\}} q_{e_i} + (s+1) \sum_{i=1, i \neq g}^{d} \left(p_{e_i} \prod_{e_j \in \{E^* - e_i - e_g\}} q_{e_j} \right) + \cdots + (s+d-1) \sum_{i=1, i \neq g}^{d} \left(\prod_{e_j \in \{E^* - e_g\}} p_{e_j} \right) \right)$$

$$+ p_{e_g} \left((s+1) \prod_{e_j \in \{E^* - e_g\}} q_{e_j} + (s+2) \sum_{i=1}^{d} \left(p_{e_i} \prod_{e_i \in \{E^* - e_i - e_g\}} q_{e_i} \right) + \cdots + (s+d) \prod_{e_i \in \{E^* - e_g\}} p_{e_i} \right)$$

$$= q_{e_g} \breve{d}_{d-1, i} + p_{e_g} \widehat{d}_{d-1, i}$$

$$= q_{e_g} \left(s + \sum_{i=1, i \neq g}^{d-1} p_{e_i} \right) + p_{e_g} \left(s + 1 + \sum_{i=1, i \neq g}^{d-1} p_{e_i} \right)$$

$$= q_{e_g} s + q_{e_g} \sum_{i=1, i \neq g}^{d-1} p_{e_i} + p_{e_g} s + p_{e_g} + p_{e_g} \sum_{i=1, i \neq g}^{d-1} p_{e_i}$$

$$= s + \sum_{i=1}^{d} p_{e_i}$$

$$= d'_{di}$$

因此，$d'_i = d_i$。

10.3　两种方法比较分析

针对一个问题可以使用不同的方法去解决，有的复杂性低，执行速度很快；有的复杂性高，执行起来速度慢。下面我们从三个方面对简化前后的方法进行对比分析。

10.3.1　复杂度

我们假设具有不完备信息的软集合中对象个数为 n ，参数个数为 m ，不完备的信息数量为 x ，参数中含有不完备信息数量为 y ，对象中含有不完备信息的数量为 z ，按照步骤分析复杂度。

步骤 1：计算对象的所有可能选择值，计算次数为 $xm + mn$ 。

步骤 2：计算概率，计算次数为 yn 。

步骤 3：计算可能选择值的权重，计算次数为 t ， $2z \leqslant t \leqslant 2^y z$ 。

步骤 4：计算判定值 $d_i = \sum_{i=1}^{m} k_i c_i$ ，计算次数为 $xm + mn$ 。

那么总的计算次数为 $2(xm + mn) + yn + t$ ，假设 $m = n$ ，取最大值 $y = m$ ， $z = n$ ，$x = mn$ ，那么简化前总的复杂度为 $O(n \cdot 2^n)$ 。

简化后的复杂度如下。

步骤 1：计算概率 p'_{e_j} ，计算次数为 yn 。

步骤 2：计算判定值 $d_i = \sum_{j=1}^{m} h_{ij}$ ，计算次数为 mn 。

假设 $m = n$ ，取最大值 $y = m$ ，那么简化后的复杂度为 $O(n^2)$ 。以 10 个对象为例，简化前复杂度为 10240，简化后为 100，随着对象数量和参数的增加，二者差距还会增大。

10.3.2　增加参数的情况

设 (F, E_1) 是论域 $U = \{h_1, h_2, \cdots, h_n\}$ 上的软集合，而参数集 $E_1 = \{e_1, e_2, \cdots, e_m\}$ 的参数无法对目标进行有效描述，需要继续寻找参数充实参数集，从而对目标更好地描述或建模， $E_2 = \{e'_1, e'_2, \cdots, e'_r\}$ 为增加的参数集。那么增加参数对两种方法有何影响，我们用下面的例子进行说明和对比。

例 10.2　软集合 (F, E) 如表 10.1 所示，论域 $U = \{h_1, h_2, h_3, h_4\}$ ，参数集 $E = \{e_1, e_2, e_3, e_4\}$ 。新的软集合 (G, E') 如表 10.4 所示，增加的参数集为 $E' = \{e'_1, e'_2, e'_3\}$ 。增加参数后组合成软集合 $(H, E \cup E')$ ，如表 10.5 所示。

表 10.4　例 10.2 增加参数集表

U	e'_1	e'_2	e'_3
h_1	1	*	1
h_2	0	1	*
h_3	*	0	0
h_4	*	1	0

表 10.5　联合表 10.1 和表 10.4 的新表

U	e_1	e_2	e_3	e_4	e_1'	e_2'	e_3'
h_1	1	1	1	0	1	*	1
h_2	0	1	*	1	0	1	*
h_3	0	*	1	1	*	0	0
h_4	*	0	1	*	*	1	0

对增加参数后的新软集合重新计算，首先采用简化前的方法，所有概率、权重和判定值信息如表 10.6 和表 10.7 所示。简化前方法计算流程总结如下。

①计算软集合 $(H, E \cup E')$ 每个对象的可能选择值。

②计算新软集 (G, E') 的概率值 p_{e_i} 和 q_{e_i}。

③计算软集合 $(H, E \cup E')$ 的可能选择值的权重。

④计算软集合 $(H, E \cup E')$ 的判定值 $d_i = \sum_{i=1}^{m} k_i c_i$。

表 10.6　表 10.5 的所有可能选择值的权重表

U	k			
h_1	$k_1 = 1/3$	$k_2 = 2/3$		
h_2	$k_1 = 0$	$k_2 = 2/3$	$k_3 = 1/3$	
h_3	$k_1 = 1/6$	$k_2 = 3/6$	$k_3 = 2/6$	
h_4	$k_1 = 2/18$	$k_2 = 7/18$	$k_3 = 7/18$	$k_4 = 2/18$

对于简化后方法的计算过程，我们只需计算软集合 (G, E') 的概率值 p_{e_j}'，替代不确定信息，然后计算 (G, E') 的判定值 $d_i^{E_2} = \sum_{j=1}^{|E_2|} h_{ij}$，最后的判定值是两个软集合判定值的和，即 $d_i = d_i^{E_1} + d_i^{E_2}$，如表 10.8 所示。

表 10.7　表 10.5 的所有可能选择值和判定值表

U	C_i	d_i
h_1	(5,6)	$c_1 k_1 + c_2 k_2 = 5.67$
h_2	(3,4,5)	$c_1 k_1 + c_2 k_2 + c_3 k_3 = 4.33$
h_3	(2,3,4)	$c_1 k_1 + c_2 k_2 + c_3 k_3 = 3.17$
h_4	(2,3,4,5)	$c_1 k_1 + c_2 k_2 + c_3 k_3 + c_4 k_4 = 3.5$

表 10.8　表 10.5 的预测值和判定值表

U	d_i	e_1'	e_2'	e_3'	d_i'	$d_i + d_i'$
h_1	3	2/3	1		2.67	5.67
h_2	3	0	1	1/3	1.33	4.33
h_3	2.67	1/2	0	0	0.5	3.17
h_4	2	1/2	1	0	1.5	3.5

从上面的例子可以看出简化后的方法在处理增加参数的情况更加简单有效，节省了大量时间。

增加对象后，简化前的方法计算过程复杂，所有可能值、权重以及判定值均需要重新计算，而简化后的计算过程只需计算概率值就可以得到最后的决策值，计算速度快，复杂度低。

10.4　参数交互关系下的不完备软集合与模糊软集合决策方法

在现有的理论基础上进行不完备数据预测时，对不同参数间的参数值直接进行数学运算其实是默认了参数间的关系为相互独立。而在现实生活的决策问题中，参数间往往存在消极或积极的影响。消极的影响会使两个参数的共同影响小于两个参数的影响之和，而积极的影响却恰恰相反。本节将参数间的相互影响考虑到不完备软集合的预测之中，提出了参数间影响率的定义并讨论了不完备数据的预测及决策方法。

10.4.1　参数交互关系下的不完备软集合决策方法

下面提出参数间影响率的概念。

定义 10.4　在不完备软集合 (F, E) 中，$U = (h_1, h_2, \cdots, h_n)$ 为对象集，$E = (e_1, e_2, \cdots, e_m)$ 为参数集，若参数 e_i 对 e_j 有影响，则参数 e_i 与 e_j 之间的影响率为 $P(e_i, e_j)$。

考虑参数间相互影响的预测方法如下。

步骤 1：确定各参数间的影响率 $P(e_i, e_j)$，其中，$i \neq j$ 且 $P(e_i, e_j) \leqslant 1$。例如，$P(e_1, e_2)$ 表示参数 e_1 与参数 e_2 之间的影响率。

步骤 2：确定各参数下不完备数据为 0 或 1 的概率 $P(0)$ 和 $P(1)$。

$$P(0) = n_0 / (n_0 + n_1), \quad P(1) = n_1 / (n_0 + n_1)$$

其中，n_0 为某个参数所对应的一列中数据为 0 的个数，n_1 为该参数所对应的一列中数据为 1 的个数。

步骤 3：分别确定各对象中其他参数对不完备数据所对应参数的影响率。$P_0(e_i, e_j)$ 表示各对象中参数值为 0 的数据所对应的参数与不完备数据所对应的参数间的影响率；$P_1(e_i, e_j)$ 表示各对象中参数值为 1 的数据所对应的参数与不完备数据所对应的参数间的影响率。

步骤 4：计算不完备数据为 0 或 1 的概率 $T[a_{ij}(0)]$ 和 $T[a_{ij}(1)]$。

$$T[a_{ij}(0)] = P(0) \times \sum_{j=1}^{m} P_0(e_i, e_j), \quad T[a_{ij}(1)] = P(1) \times \sum_{j=1}^{m} P_1(e_i, e_j)$$

其中，$i = 1, 2, \cdots, n$，$j = 1, 2, \cdots, m$。

下面我们通过一个例子对该预测方法进行说明。

例 10.3　假设 $U = \{h_1, h_2, h_3, h_4\}$ 为对象集，分别表示同一地区不同小区的四间房子，$E = \{e_1, e_2, e_3, e_4\}$ 为参数集，分别表示四间房子的参数即交通便利、价格便宜、环境优美、购物方便，其中，"$*$"表示不完备数据。经过专家打分得到各个属性之间的影响率为 $P(e_1, e_2) = k_1$，$P(e_1, e_3) = k_2$，$P(e_1, e_4) = k_3$，$P(e_2, e_3) = k_4$，$P(e_2, e_4) = k_5$，$P(e_3, e_4) = k_6$。

四间房子所具有的特征，如表 10.9 所示。

表 10.9　例 10.3 的软集合表

U	e_1	e_2	e_3	e_4
h_1	0	1	1	0
h_2	1	$*$	1	0
h_3	0	1	$*$	1
h_4	$*$	0	0	1

计算 a_{22} 时需要考虑与其参数有相互影响的 k_1、k_4、k_5 的值，$P(0) = 1/3$，$P(1) = 2/3$，$T[a_{22}(0)] = P(0) \times k_5$，$T[a_{22}(1)] = P(1) \times (k_1 + k_4)$。

计算 a_{33} 时需要考虑与其参数有相互影响的 k_2、k_4、k_6 的值，$P(0) = 1/3$，$P(1) = 2/3$，$T[a_{33}(0)] = P(0) \times k_2$，$T[a_{33}(1)] = P(1) \times (k_4 + k_6)$。

计算 a_{41} 时需要考虑与其参数有相互影响的 k_1、k_2、k_3 的值，$P(0) = 2/3$，$P(1) = 1/3$，$T[a_{41}(0)] = P(0) \times (k_1 + k_2)$，$T[a_{41}(1)] = P(1) \times k_3$。

通过这个例子可以看出，上述不完备数据预测方法只能预测出不完备数据为 0 或 1 的概率，而不能预测出具体数值，对于决策产生一定阻碍。因此本节针对上述不完备数据预测方法给出了对应的决策方法。

在求得各不完备数据为 0 或 1 的概率之后，通过选择值方法进行决策。假设不完备数据为 0，计算该对象的分值为 $c_i(0)$，再假设不完备数据为 1，计算该对象的分值为 $c_i(1)$，则可以计算该对象的综合得分值 $d_i = c_i(0) \times T[a_{ij}(0)] + c_i(1) \times T[a_{ij}(1)]$。

下面我们通过例 10.3 对该决策方法进行说明。假设专家打分得到各个属性之间的影响率为 $P(e_1, e_2) = 0.1$，$P(e_1, e_3) = 0.2$，$P(e_1, e_4) = 0.7$，$P(e_2, e_3) = 0.7$，$P(e_2, e_4) = 0.2$，$P(e_3, e_4) = 0.1$。

对于 h_1 而言，$d_1 = 2$；

对于 h_2 而言，$d_2 = 2 \times [P(0) \times 0.2] + 3 \times [P(1) \times 0.8] = 1.73$；

对于 h_3 而言，$d_3 = 2 \times [P(0) \times 0.2] + 3 \times [P(1) \times 0.8] = 1.73$；

对于 h_4 而言，$d_4 = 1 \times [P(0) \times 0.3] + 2 \times [P(1) \times 0.7] = 0.67$。

得到决策表，如表 10.10 所示。

表 10.10　例 10.3 的决策值

U	d_i
h_1	2
h_2	1.73
h_3	1.73
h_4	0.67

由表 10.10 可以看出 h_1 的决策值最大，所以 h_1 为最优决策结果。

10.4.2　参数交互关系下的不完备模糊软集合决策方法

考虑参数间相互影响的预测方法如下。

步骤 1：确定各参数间的影响率 $P(e_i, e_j)$，其中，$i \neq j$ 且 $P(e_i, e_j) \leqslant 1$。例如，$P(e_1, e_2)$ 表示参数 e_1 与参数 e_2 之间的影响率。

步骤 2：计算不完备数据所在列的平均值 U_j（U_j 表示其他对象对不完备数据所在对象的影响）

$$U_j = (1/(n-1)) \times \sum_{i=1}^{n} a_{ij}，\quad i \neq k，\quad i = 1, 2, \cdots, n，\quad j = 1, 2, \cdots, m$$

其中，k 表示不完备数据所在的行值。

步骤 3：计算不完备数据所在行的加权值 S（S 表示其他参数对不完备数据所在参数的影响）

$$S = \sum_{j=1}^{m} a_{kj} \times P(e_k, e_j)，\quad j = 1, 2, \cdots, m$$

其中，k 表示不完备数据所在的行值。

步骤 4：计算不完备数据值 a_{ij}

$$a_{ij} = (U + S)/2$$

下面我们通过一个例子对该预测方法进行说明。

例 10.4　假设一个商户想在某地区开设一家商铺，$U = \{h_1, h_2, h_3, h_4\}$ 为对象集，分别表示该地区不同路段的四间闲置的商品店铺，$E = \{e_1, e_2, e_3, e_4\}$ 为参数集，分别表示路段的人流情况、卫生情况、价格情况、交通情况。各对象的参数值如表 10.11 所示，其中，"*" 表示不完备数据。经过专家打分得到各个属性之间的影响率为

$P(e_1,e_2)=k_1$，$P(e_1,e_3)=k_2$，$P(e_1,e_4)=k_3$，$P(e_2,e_3)=k_4$，$P(e_2,e_4)=k_5$，$P(e_3,e_4)=k_6$。

表 10.11　例 10.4 的模糊软集合表

U	e_1	e_2	e_3	e_4
h_1	0.1	0.2	*	0.4
h_2	0.3	0.1	0.5	*
h_3	*	0.2	0.4	0.6
h_4	0.1	*	0.3	0.2

计算 a_{13} 时需要考虑与其参数有相互影响的 k_2、k_4、k_6 的值，$U=1/3\times(0.5+0.4+0.3)$，$S=(0.1\times k_2)+(0.2\times k_4)+(0.4\times k_6)$，$a_{13}=(U+S)/2$。

计算 a_{24} 时需要考虑与其参数有相互影响的 k_3、k_5、k_6 的值，$U=1/3\times(0.4+0.6+0.2)$，$S=(0.3\times k_3)+(0.1\times k_5)+(0.5\times k_6)$，$a_{24}=(U+S)/2$。

计算 a_{31} 时需要考虑与其参数有相互影响的 k_1、k_2、k_3 的值，$U=1/3\times(0.1+0.3+0.1)$，$S=(0.2\times k_1)+(0.4\times k_2)+(0.6\times k_3)$，$a_{31}=(U+S)/2$。

计算 a_{42} 时需要考虑与其参数有相互影响的 k_1、k_4、k_5 的值，$U=1/3\times(0.2+0.1+0.2)$，$S=(0.1\times k_1)+(0.3\times k_4)+(0.2\times k_5)$，$a_{42}=(U+S)/2$。

假设专家打分得到各个属性之间的影响率为 $P(e_1,e_2)=0.2$，$P(e_1,e_3)=0.3$，$P(e_1,e_4)=0.7$，$P(e_2,e_3)=0.3$，$P(e_2,e_4)=0.2$，$P(e_3,e_4)=0.5$，则有 $a_{13}=0.345$，$a_{24}=0.44$，$a_{31}=0.373$，$a_{42}=0.159$。

最后通过分值法得到表 10.11 的对比表和分值表，如表 10.12 和表 10.13 所示。

表 10.12　表 10.11 的对比表

	h_1	h_2	h_3	h_4
h_1	4	1	1	4
h_2	3	4	1	3
h_3	4	3	4	4
h_4	1	1	0	4

表 10.13　表 10.11 的分值表

	行和 (r_i)	列和 (t_i)	分值 (S_i)
h_1	10	12	−2
h_2	11	9	2
h_3	15	6	9
h_4	6	15	−9

由分值表的分值可以看出 h_3 的得分最高，所以 h_3 为最优决策。

10.5　本　章　小　结

    本章针对软集合在参数独立与交互情况下的不完备数据进行预测，从而进行决策。对于不完备数据预测，加权平均法是解决此问题的好方法，但其计算复杂。为了提高其计算速度，本章从另一角度提出了一种简化方法，并证明两种方法是等价的。另外针对两种方法，从复杂度和增加参数两个方面进行了分析，从而证明简化后的方法相对原方法具有一定的优越性。对于参数交互情况下的不完备数据预测，本章提出影响率的概念，并给出了不完备软集合与模糊软集合相应的决策方法。

第 11 章　三种不完备序列软集合决策方法

在序列软集合中，由于不完备数据在序列中的位置不同，不完备数据对当前数据的影响也不同。换句话说，距离不完备数据越远的数据，影响越小，距离不完备数据越近的数据，影响越大。而不完备数据通常是用已知数据预测的，因此本章主要讨论如何预测序列中的不完备数据，从而有效地决策问题。

11.1　不完备序列软集合决策方法

本节主要考虑序列值为 0 或 1 的序列软集合的不完备数据预测问题，方法如下。

步骤 1：分析含有不完备数据的序列中不完备数据所在位置，根据所在位置将序列分为前后两个部分，并且分别考虑这两部分对不完备数据的影响（距离不完备数据越远其影响越小）。

步骤 2：根据前后两部分包含数据的个数将整个序列按比例分配权重，若前面部分的数据个数为 n，后面部分的数据个数为 m，那么前面部分所占的权重为 $W = n/(m+n)$；后面部分所占的权重为（在不同的要求下可以设置不同的权重分配方法）$Z = m/(m+n)$。

步骤 3：假设序列中各数据的权重随着与不完备数据距离的增大，以等比序列递减，则前面部分的权重和 $W = p \times (1-p^n)/(1-p)$；同样后面部分的权重和 $Z = q \times (1-q^m)/(1-q)$，由此可以计算出 p、q 的值。

步骤 4：在计算出 p、q 值的情况下，分别求出其余数据对于不完备数据的影响值，得到最后不完备数据为 0 或 1 的概率值 $\tilde{P}(0)$、$\tilde{P}(1)$。$\tilde{P}(0)$ 的值等于前面部分为 0 的数据的加权和 $W_1(0)$ 加上后面部分为 0 的数据的加权和 $Z_1(0)$，即 $\tilde{P}(0) = W_1(0) + Z_1(0)$；$\tilde{P}(1)$ 的值等于前面部分为 1 的数据的加权和 $W_1(1)$ 加上后面部分为 1 的数据的加权和 $Z_1(1)$，即 $\tilde{P}(1) = W_1(1) + Z_1(1)$。

下面我们通过一个例子对上述预测方法进行说明。

例 11.1　序列软集合 $U = \{h_1, h_2, h_3, h_4\}$ 为对象集，$E = \{e_1, e_2, e_3, e_4\}$ 为参数集，如表 11.1 所示，其中，"*"表示不完备数据。

表 11.1　例 11.1 的序列软集合表

U	e_1	e_2	e_3	e_4
h_1	$(1,1,0,1,1)$	$(1,1,0,*,1)$	$(1,1,1,1,1)$	$(1,1,1,0,*)$
h_2	$(0,1,1,0,1)$	$(1,0,0,1,0)$	$(1,1,0,1,1)$	$(1,1,1,0,0)$
h_3	$(*,0,1,0,1)$	$(1,0,*,0,0)$	$(1,*,0,1,1)$	$(1,1,0,0,0)$
h_4	$(0,1,1,0,1)$	$(1,0,0,1,1)$	$(1,1,0,0,1)$	$(1,1,1,0,1)$

以表中的序列数 $a_{12} = (1,1,0,*,1)$ 为例进行预测。

① 不完备数据前面的部分为 110，数据个数 $n=3$；不完备数据后面的部分为 1，数据个数 $m=1$；由此可得 $W=3/4$，$Z=1/4$。

② 由 $W = p \times (1-p^3)/(1-p)$ 得到 $p=0.452$；由 $Z = q \times (1-q)/(1-q) = 1/4$ 得到 $q=1/4$。

③ 最后不完备数据为 0 或 1 的概率值为 $\tilde{P}(0)=0.452$，$\tilde{P}(1)=0.548$。

通过这个例子可以看出，上述不完备数据预测方法只能预测出不完备数据为 0 或 1 的概率，而不能预测出具体数值，对于决策产生一定阻碍。因此本节针对上述不完备数据预测方法给出了对应的决策方法。

步骤 1：在得到不完备数据为 0 或 1 的概率值 $\tilde{P}(0)$、$\tilde{P}(1)$ 后，将序列数据从左到右依次排序，其序号 i 分别为 $1,2,\cdots,n$，o_i 表示序号对应下的数据，由此可得 $\omega(o_i) = i / \sum\limits_{i=1}^{n} i$（$\omega(o_i)$ 表示 o_i 的权重值）。

步骤 2：若不完备数据为 0，则序列的加权得分值为 $S(0) = \sum\limits_{i=1}^{n} o_i \omega(o_i)$，若不完备数据为 1，则序列的加权得分值为 $S(1) = \sum\limits_{i=1}^{n} o_i \omega(o_i)$，则该序列的最终加权得分值为 $S = \tilde{P}(0)S(0) + \tilde{P}(1)S(1)$。

步骤 3：计算其他完备序列的加权得分值为 $S = \sum\limits_{i=1}^{n} o_i \omega(o_i)$。

步骤 4：得到所有序列的加权得分值后，最后通过分值方法进行决策。

下面我们通过一个例子对该决策方法进行说明。

例 11.2　$U = \{h_1, h_2, h_3, h_4\}$ 为对象集，h_1、h_2、h_3、h_4 分别表示一个品牌公司里销售四种不同品牌的店铺，$E = \{e_1, e_2, e_3, e_4\}$ 为参数集，e_1、e_2、e_3、e_4 分别表示每个店铺的卫生达标情况、营业额达标情况、投诉率达标情况、质检达标情况。现对该四个店铺进行考核，如表 11.2 所示，其中，"*" 表示不完备数据。

表 11.2　例 11.2 的序列软集合表

U	e_1	e_2	e_3	e_4
h_1	(1,1,0,1,1)	(1,1,0,*,1)	(1,1,1,1,1)	(1,1,1,0,*)
h_2	(0,1,1,0,1)	(1,0,0,1,0)	(1,1,0,1,1)	(1,1,1,0,0)
h_3	(*,0,1,0,1)	(1,0,*,0,0)	(1,*,0,1,1)	(1,1,0,0,0)
h_4	(0,1,1,0,1)	(1,0,0,1,1)	(1,1,0,0,1)	(1,1,1,0,1)

依据上述不完备数据预测方法，分别计算各个对象中存在的不完备数据。

① 对于 $a_{12}=(1,1,0,*,1)$ 中的不完备数据：$m=3$，$n=1$；$W=3/4$，$Z=1/4$；$p=0.452$，$q=1/4$；$\tilde{P}(0)=0.452$，$\tilde{P}(1)=0.548$。

② 对于 $a_{14}=(1,1,1,0,*)$ 中的不完备数据：$m=0$，$n=4$；$W=1$，$Z=0$；$p=0.521$，$q=0$；$\tilde{P}(0)\approx0.52$，$\tilde{P}(1)\approx0.48$。

③ 对于 $a_{31}=(*,0,1,0,1)$ 中的不完备数据：$m=0$，$n=4$；$W=0$，$Z=1$；$p=0$，$q=0.521$；$\tilde{P}(0)\approx0.66$，$\tilde{P}(1)\approx0.34$。

④ 对于 $a_{32}=(1,0,*,0,0)$ 中的不完备数据：$m=2$，$n=2$；$W=1/2$，$Z=1/2$；$p=0.366$，$q=0.366$；$\tilde{P}(0)\approx0.5$，$\tilde{P}(1)\approx0.5$。

⑤ 对于 $a_{33}=(1,*,0,1,1)$ 中的不完备数据：$m=3$，$n=1$；$W=1/4$，$Z=3/4$；$p=1/4$，$q=0.452$；$\tilde{P}(0)\approx0.45$，$\tilde{P}(1)\approx0.55$。

对于表 11.2 中的数据而言，其序列中的权重值按照从左到右的顺序分别为 1/15、2/15、3/15、4/15、5/15。

由此可得

① $a_{12}=1\times(1/15)+1\times(2/15)+0\times(3/15)+(*)\times(4/15)+1\times(5/15)=(8/15)+(*)\times(4/15)$，当不完备数据"*"的值为 1 时，$a_{12}=4/5$；当不完备数据"*"的值为 0 时，$a_{12}=8/15$。该序列的加权得分值如下

$$a_{12}=(12/15)\times\tilde{P}(1)+(8/15)\times\tilde{P}(0)=0.68$$

其中，$\tilde{P}(0)$、$\tilde{P}(1)$ 表示 a_{12} 中不完备数据"*"为 0 或 1 的概率。

② $a_{14}=1\times(1/15)+1\times(2/15)+1\times(3/15)+(*)\times(5/15)+0\times(4/15)=(6/15)+(*)\times(5/15)$，当不完备数据"*"的值为 1 时，$a_{14}=11/15$；当不完备数据"*"的值为 0 时，$a_{14}=2/5$。该序列的加权得分值如下

$$a_{14}=(11/15)\times\tilde{P}(1)+(6/15)\times\tilde{P}(0)=0.56$$

其中，$\tilde{P}(0)$、$\tilde{P}(1)$ 表示 a_{14} 中不完备数据"*"为 0 或 1 的概率。

③ $a_{31}=1\times(3/15)+1\times(5/15)+0\times(2/15)+(*)\times(1/15)+0\times(4/15)=(8/15)+(*)\times(1/15)$，当不完备数据"*"的值为 1 时，$a_{31}=3/5$；当不完备数据"*"的值为 0 时，$a_{31}=8/15$。该序列的加权得分值如下

$$a_{31} = (9/15) \times \tilde{P}(1) + (8/15) \times \tilde{P}(0) = 0.556$$

其中，$\tilde{P}(0)$、$\tilde{P}(1)$ 表示 a_{31} 中不完备数据 "*" 为 0 或 1 的概率。

④ $a_{32}=1 \times (1/15)+0 \times (2/15)+0 \times (5/15)+(*) \times (3/15)+0 \times (4/15)=(1/15)+(*) \times (3/15)$，当不完备数据 "*" 的值为 1 时，$a_{32}=4/15$；当不完备数据 "*" 的值为 0 时，$a_{32}=1/15$。该序列的加权得分值如下

$$a_{32} = (4/15) \times \tilde{P}(1) + (1/15) \times \tilde{P}(0) \approx 0.17$$

其中，$\tilde{P}(0)$、$\tilde{P}(1)$ 表示 a_{32} 中不完备数据 "*" 为 0 或 1 的概率。

⑤ $a_{33}=1 \times (1/15)+0 \times (3/15)+1 \times (4/15)+(*) \times (2/15)+1 \times (5/15)=(10/15)+(*) \times (2/15)$，当不完备数据"*"的值为 1 时，$a_{33}=4/5$；当不完备数据"*"的值为 0 时，$a_{33}=2/3$。该序列的加权得分值如下

$$a_{33} = (12/15) \times \tilde{P}(1) + (10/15) \times \tilde{P}(0) \approx 0.74$$

其中，$\tilde{P}(0)$、$\tilde{P}(1)$ 表示 a_{33} 中不完备数据 "*" 为 0 或 1 的概率。

其他完备序列通过上述相同方法得到对应的加权得分值，如表 11.3 所示。

表 11.3　例 11.2 的加权得分表

U	e_1	e_2	e_3	e_4
h_1	0.8	0.68	1	0.56
h_2	0.67	0.33	0.8	0.4
h_3	0.556	0.17	0.74	0.2
h_4	0.67	0.67	0.53	0.73

最后通过分值法进行决策，对比表如表 11.4 所示，分值表如表 11.5 所示。

表 11.4　表 11.3 的对比表

	h_1	h_2	h_3	h_4
h_1	4	4	4	3
h_2	0	4	4	1
h_3	0	0	4	1
h_4	0	3	3	4

表 11.5　表 11.3 的分值表

	行和 (r_i)	列和 (t_i)	分值 (S_i)
h_1	15	4	12
h_2	9	11	−2
h_3	5	15	−5
h_4	10	9	1

通过分值表可以看出 h_1 的得分最高，所以 h_1 为最优决策。

11.2　不完备序列模糊软集合决策方法

上节主要考虑序列软集合序列值为 0 或 1 的情况，本节主要考虑序列模糊软集合不完备数据问题，方法如下。

步骤 1：分析含有不完备数据的序列中不完备数据所在位置，根据所在位置将序列分为前后两个部分，并且分别考虑这两部分对不完备数据的影响（距离不完备数据越远其影响越小）。

步骤 2：根据前后两部分包含数据的个数将整个序列按比例分配权重，若前面部分的数据个数为 n，后面部分的数据个数为 m，那么前面部分所占的权重为 $T = n/(m+n)$；后面部分所占的权重为 $F = m/(m+n)$（在不同的要求下可以设置不同的权重分配方法）。

步骤 3：假设序列中各数据的权重随着与不完备数据距离的增大，以等比序列递减，则前面部分的权重和 $T = p \times (1-p^n)/(1-p)$；同样后面部分的权重和 $F = q \times (1-q^m)/(1-q)$，由此可以计算出 p、q 的值。

步骤 4：在计算出 p、q 值的情况下，分别求出其余数据对于不完备数据的影响值，得到最后不完备数据值为 $G = G_1 + G_2$（G_1 表示为前面的影响值，G_2 表示后面的影响值，同时 $G_1 = \sum_{i=1}^{n}(X_i \times p^i)$，$G_2 = \sum_{j=1}^{m}(Y_j \times q^j)$）。

下面我们通过一个例子对上述预测方法进行说明。

例 11.3　序列模糊软集合 $U = \{h_1, h_2, h_3, h_4\}$ 为对象集，$E = \{e_1, e_2, e_3, e_4\}$ 为参数集，如表 11.6 所示，其中，"*"表示不完备数据。

表 11.6　例 11.3 的序列模糊软集合表

U	e_1	e_2	e_3	e_4
h_1	(0.1,0.2,0.4,0.3)	(0.1,0.4,*,0.2)	(0.5,0.2,0.4,0.1)	(0.5,0.4,0.2,0.28)
h_2	(0.3,0.1,0.2,0)	(0.7,0.6,0.5,0.1)	(0.2,0.1,0.5,0.2)	(0.7,0.2,0,0.5)
h_3	(0.33,0.2,0.2,0,5)	(0,0.1,0.4,0.3)	(0.24,0.2,0.3,0.4)	(0.2,0.4,0.6,0.8)
h_4	(0.1,0,0.5,0.2)	(0.3,0.9,0.2,0.5)	(0,0,0.1,0.1)	(0.5,0.5,0.3,0.1)

下面我们对序列模糊数 $a_{12} = (0.1, 0.4, *, 0.2)$ 进行预测。

① 不完备数据前面的部分为 0.1 和 0.4，数据个数 $n=2$；不完备数据后面的部分为 0.2，数据个数 $m=1$。由此可得 $T = 2/3$，$F = 1/3$。

② 由 $T = p \times (1-p^2)/(1-p) = 2/3$ 得到 $p = 0.457$，$F = q \times (1-q)/(1-q) = 1/3$ 得到 $q = 2/3$。

③ 由此可得 $a_{12}(*) = 0.457 \times 0.4 + (0.457^2) \times 0.1 \approx 0.2$ 。

运用 11.1 中的决策方法分别计算不完备数据与完备数据的加权得分值，如表 11.7 所示。

表 11.7　表 11.6 的加权得分表

U	e_1	e_2	e_3	e_4
h_1	0.29	0.23	0.25	0.302
h_2	0.11	0.38	0.27	0.31
h_3	0.366	0.26	0.314	0.6
h_4	0.24	0.47	0.05	0.28

最后通过分值法进行决策，得到对比表和分值表如表 11.8 和表 11.9 所示。

表 11.8　表 11.7 的对比表

	h_1	h_2	h_3	h_4
h_1	4	1	0	3
h_2	3	4	1	2
h_3	4	3	4	3
h_4	1	2	1	4

表 11.9　表 11.7 的分值表

	行和 (r_i)	列和 (t_i)	分值 (S_i)
h_1	8	12	−4
h_2	10	10	0
h_3	14	6	8
h_4	8	12	−4

通过表 11.9 可以看出 h_3 的得分值最高，所以 h_3 为最优决策。

11.3　不完备序列区间模糊软集合决策方法

本节中对序列值为区间的软集合存在不完备数据问题进行研究，方法如下。

步骤 1：分析含有不完备数据的序列区间数中不完备数据所在位置，根据所在位置将序列区间数分为上限、下限两个部分。

根据不完备数据所在位置，分为以下三种情况进行预测：

① 如果序列区间数中含有一个或多个不完备数据，并且不完备数据在其所在区间的上限，则抽取所有序列区间数的上限组成一个序列 H 。

② 如果序列区间数中含有一个或多个不完备数据，并且不完备数据在其所在区间的下限，则抽取所有序列区间数的下限组成一个序列 L。

③ 如果序列区间数中含有一个或多个不完备数据，并且不完备数据分别在其所在区间的上限、下限，则分别抽取所有序列区间数的上限、下限各组成一个序列。

步骤 2：将抽取出来的序列按照不完备数据所在的位置分为前后两部分，根据前后两部分包含数据的个数将整个序列按比例分配权重，若前面部分的数据个数为 n，后面部分的数据个数为 m，那么前部分所占的权重为 $\tilde{T} = n/(m+n)$；后面部分所占的权重为 $\tilde{F} = m/(m+n)$ (在不同的要求下可以设置不同的权重分配方法)。

步骤 3：假设序列中各数据的权重随着与不完备数据距离的增大，以等比序列递减，则前面部分的权重和 $\tilde{T} = p \times (1-p^n)/(1-p)$；同样后面部分的权重和 $\tilde{F} = q \times (1-q^m)/(1-q)$。由此可以计算出 p、q 的值。

步骤 4：在计算出 p、q 值的情况下，分别求出其余数据对于不完备数据的影响值，得到最后不完备数据值为 $G = G_1 + G_2$ (G_1 表示为前面的影响值，G_2 表示后面的影响值，同时 $G_1 = \sum_{i=1}^{n}(X_i \times p^i)$，$G_2 = \sum_{j=1}^{m}(Y_j \times q^j)$。

下面我们通过一个例子对上述预测方法进行说明。

例 11.4 序列区间软集合 $U = \{h_1, h_2, h_3, h_4\}$ 为对象集，$E = \{e_1, e_2\}$ 为参数集，如表 11.10 所示，其中，"*"表示不完备数据。

表 11.10　例 11.4 的序列区间软集合表

U	e_1	e_2
h_1	([0.1,0.5],[0.2,0.4],[0.5,0.6],[0.4,0.7])	([0.1,0.3],[*,0.5],[0.2,0.6],[0.4,0.6])
h_2	([0.1,0.3],[0.2,0.4],[0.5,*],[0.5,0.8])	([0.2,0.5],[0.2,0.4],[0.3,0.4],[0.4,0.6])
h_3	([0.4,0.6],[0.1,0.4],[0.4,0.6],[0.5,0.6])	([0.1,0.4],[0.3,0.4],[0.2,0.4],[0.4,0.8])
h_4	([0.3,0.4],[*,0.7],[0.5,*],[0.6,0.8])	([0.4,0.5],[0.1,0.3],[0.5,0.8],[0.6,0.8])

对于序列区间数 $a_{12} = ([0.1,0.3],[*,0.5],[0.2,0.6],[0.4,0.6])$，不完备数据在区间的上限，所以抽取出来的序列为 $H = (0.1,*,0.2,0.4)$。

对于 H 而言，$n=1$，$m=2$；$\tilde{T} = 0.33$，$\tilde{F} = 0.67$；由 $\tilde{T} = p \times (1-p)/(1-p) = 0.33$ 和 $\tilde{F} = q \times (1-q^2)/(1-q) = 0.67$ 得到 $p = 0.33$，$q = 0.46$。因此，该序列区间数中的不完备数据 $H(*) = 0.1 \times 0.33 + 0.2 \times 0.46 + 0.4 \times 0.46^2 \approx 0.21$。

对于序列区间数 $a_{21} = ([0.1,0.3],[0.2,0.4],[0.5,*],[0.5,0.8])$，不完备数据在区间的下限，所以抽取出来的序列为 $H = (0.3,0.4,*,0.8)$。

对于 H 而言，$n=2$，$m=1$；$\tilde{T}=0.67$，$\tilde{F}=0.33$；由 $\tilde{T}=p\times(1-p)/(1-p)=0.67$ 和 $\tilde{F}=q\times(1-q^3)/(1-q)=0.33$ 得到 $p=0.46$，$q=0.33$。因此，该序列区间数中的不完备数据 $H(*)=0.4\times0.46+0.3\times0.46^2+0.8\times0.33\approx0.51$。

对于序列区间数 $a_{41}=([0.3,0.4],[*,0.7],[0.5,*],[0.6,0.8])$，不完备数据分别在区间的上限和下限，所以抽取出来的序列为 $H_1=(0.3,*,0.5,0.6)$ 和 $H_2=(0.4,0.7,*,0.8)$。

对于 H_1 而言，$n=1$，$m=2$；$\tilde{T}=0.33$，$\tilde{F}=0.67$；由 $\tilde{T}=p\times(1-p)/(1-p)=0.33$ 和 $\tilde{F}=q\times(1-q^2)/(1-q)=0.67$ 得到 $p=0.33$，$q=0.46$。因此，该序列区间数中的不完备数据 $H_1(*)=0.3\times0.33+0.5\times0.46+0.8\times0.46^2\approx0.5$。

对于 H_2 而言，$n=2$，$m=1$；$\tilde{T}=0.67$，$\tilde{F}=0.33$；由 $\tilde{T}=p\times(1-p)/(1-p)=0.67$ 和 $\tilde{F}=q\times(1-q^3)/(1-q)=0.33$；因此，该序列区间数中的不完备数据 $H_2(*)=0.7\times0.46+0.4\times0.46^2+0.8\times0.33\approx0.67$。

求出预测结果后，对于序列区间软集合决策问题，本节给出一种方法，将序列区间值转化成单个决策值来进行决策。

步骤 1：分别抽取序列区间数的上限 x^h 和下限 x^l，得到两个序列数 $x_1^h,x_2^h,\cdots,x_\theta^h$ 和 $x_1^l,x_2^l,\cdots,x_\theta^l$。运用 11.1 节中的权重分配方法，分别求出两个序列数的加权得分值 S^h 和 S^l，$0<S^l<S^h<1$。由此将序列区间数转化成单个区间 (S^l,S^h)，$(S^l,S^h)\subseteq(0,1)$。

步骤 2：设 $0\sim1$ 之间的均匀分布函数 $g(x)$ 为

$$g(x)=\begin{cases}x,&x\in(0\sim1)\\0,&\text{其他}\end{cases}$$

将区间 (S^l,S^h) 看作一个杠杆，上限函数值 $g(S^h)$ 和下限函数值 $g(S^l)$ 分别为作用在杠杆上的两个力，则代表整个区间的单个决策值为让整个杠杆合力矩为零的一个支点所在位置，该点设为 x，则 $(x-S^l)\times g(S^l)=(S^h-x)\times g(S^h)$。由于 $S^l=g(S^l)$，$S^h=g(S^h)$，所以解得 $x=[(S^l)^2+(S^h)^2]/(S^l+S^h)$。

步骤 3：将序列区间值转化成单个决策值后，通过分值法进行决策。

下面通过例 11.4 对上述决策方法进行说明。经过不完备数据预测后，例 11.4 的完备序列区间软集合表，如表 11.11 所示。

① 分别抽取序列区间数的上限 x^h 和下限 x^l，结果如表 11.12 和表 11.13 所示。分别计算上限表和下限表中各序列的综合得分值，由此将序列区间数转化成单个区间，如表 11.14 所示。

② 求各区间的单个决策值，结果如表 11.15 所示。

③ 通过分值法进行决策得到对比表和分值表如表 11.16 和表 11.17 所示。

表 11.11　例 11.4 预测后的序列区间软集合表

U	e_1	e_2
h_1	([0.1,0.5],[0.2,0.4],[0.5,0.6],[0.4,0.7])	([0.1,0.3],[0.21,,0.5],[0.2,0.6],[0.4,0.6])
h_2	([0.1,0.3],[0.2,0.4],[0.5,0.51],[0.5,0.8])	([0.2,0.5],[0.2,0.4],[0.3,0.4],[0.4,0.6])
h_3	([0.4,0.6],[0.1,0.4],[0.4,0.6],[0.5,0.6])	([0.1,0.4],[0.3,0.4],[0.2,0.4],[0.4,0.8])
h_4	([0.3,0.4],[0.5,0.7],[0.5,0.67],[0.6,0.8])	([0.4,0.5],[0.1,0.3],[0.5,0.8],[0.6,0.8])

表 11.12　表 11.1 序列区间的上限表

U	e_1	e_2
h_1	(0.5,0.4,0.6,0.7)	(0.3,0.5,0.6,0.6)
h_2	(0.3,0.4,0.51,0.8)	(0.5,0.4,0.4,0.6)
h_3	(0.6,0.4,0.6,0.6)	(0.4,0.4,0.4,0.8)
h_4	(0.4,0.7,0.67,0.8)	(0.5,0.3,0.8,0.8)

表 11.13　表 11.11 序列区间的下限表

U	e_1	e_2
h_1	(0.1,0.2,0.5,0.4)	(0.1,0.21,0.2,0.4)
h_2	(0.1,0.2,0.5,0.5)	(0.2,0.2,0.3,0.4)
h_3	(0.4,0.1,0.4,0.5)	(0.1,0.3,0.2,0.4)
h_4	(0.3,0.5,0.5,0.6)	(0.4,0.1,0.5,0.6)

表 11.14　表 11.11 的单区间表

U	e_1	e_2
h_1	(0.36,0.59)	(0.27,0.55)
h_2	(0.4,0.58)	(0.31,0.49)
h_3	(0.38,0.56)	(0.29,0.56)
h_4	(0.52,0.70)	(0.45,0.67)

表 11.15　表 11.14 的单个决策值表

U	e_1	e_2
h_1	0.50	0.46
h_2	0.51	0.42
h_3	0.49	0.47
h_4	0.62	0.58

表 11.16　表 11.14 的对比表

	h_1	h_2	h_3	h_4
h_1	2	1	1	0
h_2	1	2	1	0
h_3	1	1	2	0
h_4	2	2	2	2

表 11.17　表 11.14 的分值表

	行和 (r_i)	列和 (t_i)	分值 (S_i)
h_1	4	6	−2
h_2	4	6	−2
h_3	4	6	−2
h_4	8	2	6

通过表 11.17 可以看出 h_4 的得分值最高，所以 h_4 为最优决策。

11.4　不完备序列软集合决策方法的应用

近年来，人们的生活水平不断提高，保健意识也不断增强。广大群众对健康也有了更深刻的理解和认识，并形成需求，健康体检离人们的日常生活越来越近。表 11.18 记录了 10 位普通居民定期体检的情况。由于数据在收集以及协调、统计中出现了问题，导致其中部分数据缺失，所以需要用不完备数据预测的方法进行处理。e_1、e_2、e_3、e_4、e_5、e_6、e_7、e_8、e_9 分别表示高血压、高血糖、高血脂、正常血蛋白、心律不齐、白细胞数正常、血黏度正常、泌乳素正常、肺活量；h_1、h_2、h_3、h_4、h_5、h_6、h_7、h_8、h_9、h_{10} 表示参加体检的 10 位普通居民，其中各对象的参数值取值为 0 或 1。

表 11.18　含有不完备数据的体检表

U	e_1	e_2	e_3	e_4	e_5	e_6	e_7	e_8	e_9
h_1	(0,1,1,1)	(0,1,*,0)	(1,0,0,0)	(1,1,0,1)	(1,1,1,1)	(1,1,0,1)	(0,0,0,0)	(1,0,0,0)	(1,0,0,1)
h_2	(1,0,0,1)	(1,0,0,0)	(1,1,0,1)	(1,1,1,1)	(1,1,0,1)	(0,1,1,1)	(0,0,*,0)	(1,1,0,0)	(0,1,0,1)
h_3	(1,1,1,1)	(1,0,0,1)	(1,0,0,1)	(1,1,1,1)	(1,0,0,1)	(0,0,0,0)	(1,1,1,1)	(1,0,0,1)	(0,1,1,1)
h_4	(0,1,0,1)	(1,1,0,0)	(0,0,0,0)	(1,*,0,1)	(1,1,0,1)	(1,0,0,1)	(1,0,0,1)	(1,1,1,1)	(0,1,0,1)
h_5	(0,0,0,0)	(0,1,1,1)	(0,1,0,1)	(1,0,0,0)	(0,0,1,*)	(0,0,0,0)	(0,1,0,1)	(0,1,0,1)	(1,1,0,0)
h_6	(0,0,0,0)	(1,0,0,0)	(1,1,0,1)	(1,1,1,1)	(0,0,0,0)	(0,1,0,1)	(*,1,1,0)	(0,1,1,1)	(1,1,0,0)
h_7	(1,0,0,0)	(1,0,0,1)	(1,0,0,1)	(0,1,0,1)	(1,1,0,1)	(1,0,0,0)	(1,*,1,1)	(1,1,0,1)	(1,0,0,0)
h_8	(1,0,0,1)	(0,1,0,1)	(0,1,0,1)	(1,1,1,1)	(1,1,1,1)	(0,0,0,0)	(0,1,0,1)	(1,1,0,*)	(0,0,0,0)
h_9	(1,1,0,0)	(1,0,0,1)	(0,1,0,1)	(0,1,0,1)	(1,0,0,0)	(1,1,0,1)	(1,1,1,1)	(1,1,0,0)	(1,*,0,0)
h_{10}	(1,1,1,1)	(1,1,0,1)	(1,1,0,*)	(0,0,0,0)	(0,1,0,1)	(0,1,1,1)	(1,1,0,0)	(0,0,0,0)	(1,0,0,1)

存在 9 个不完备数据，分别为 a_{12}、a_{28}、a_{44}、a_{55}、a_{67}、a_{77}、a_{88}、a_{99}、a_{103}；根据 11.2 节中提出的序列软集合不完备数据预测方法进行预测分析，得到了不完备数据的预测值。

$$a_{12}(0) = 0.543 \, , \quad a_{12}(1) = 0.457 \, ; \quad a_{28}(0) = 1 \, , \quad a_{28}(1) = 0 \, ;$$

$$a_{44}(0) = 0.457 \, , \quad a_{44}(1) = 0.543 \, ; \quad a_{55}(0) = 0.48 \, , \quad a_{55}(1) = 0.52 \, ;$$

$$a_{67}(0) = 0.21 \, , \quad a_{67}(1) = 0.79 \, ; \quad a_{77}(0) = 0 \, , \quad a_{77}(1) = 1 \, ;$$

$$a_{88}(0) = 0.52 \, , \quad a_{88}(1) = 0.48 \, ; \quad a_{99}(0) = 0.33 \, , \quad a_{99}(1) = 0.67 \, ;$$

$$a_{103}(0) = 0.52 \, , \quad a_{103}(1) = 0.48$$

再通过 11.2 节中提出的决策方法得到各序列的加权得分值如表 11.19 所示。

表 11.19　预测后的体检表

U	e_1	e_2	e_3	e_4	e_5	e_6	e_7	e_8	e_9
h_1	0.9	0.34	0.1	0.7	1	0.7	0	0.1	0.5
h_2	0.5	0.1	0.7	1	0.7	0.9	0.3	0	0.6
h_3	1	0.5	0.5	1	0.5	0	1	0.5	0.9
h_4	0.6	0.3	0	0.61	0.7	0.5	0.5	1	0.6
h_5	0	0.9	0.6	0.1	0.51	0	0.6	0.6	0.3
h_6	0	0.1	0.7	1	0	0.6	0.58	0.9	0.3
h_7	0.1	0.5	0.5	0.6	0.7	0.5	1	0.3	0.1
h_8	0.5	0.6	0.6	0.9	0.7	0	0.6	0.49	0
h_9	0.3	0.5	0.6	0.6	0.1	0.7	1	0.3	0.23
h_{10}	1	0.7	0.49	0	0.6	0.9	0.3	0	0.5

最后通过分值法进行决策。得到对比表和分值表如表 11.20 和表 11.21 所示。

表 11.20　表 11.19 的对比表

	h_1	h_2	h_3	h_4	h_5	h_6	h_7	h_8	h_9	h_{10}
h_1	9	4	2	6	5	5	5	4	5	4
h_2	5	9	4	5	6	7	6	6	6	7
h_3	7	6	9	6	5	6	7	6	7	6
h_4	3	6	3	9	6	5	6	5	5	5
h_5	4	3	5	3	9	5	4	6	5	5
h_6	4	5	4	4	6	9	5	5	4	4
h_7	4	4	5	5	5	4	9	4	5	5
h_8	5	5	4	5	6	4	6	9	6	4
h_9	5	3	4	4	5	5	8	4	9	4
h_{10}	6	5	4	4	4	5	4	4	5	9

表 11.21　表 11.19 的分值表

	行和 (r_i)	列和 (t_i)	分值 (S_i)
h_1	49	52	−3
h_2	57	50	7
h_3	65	44	21
h_4	53	51	2
h_5	49	57	−8
h_6	50	55	−5
h_7	50	52	−2
h_8	55	53	2
h_9	51	57	−6
h_{10}	50	54	−4

通过分值表可以看出 h_3 的得分最高，所以 h_3 为最优决策。

11.5　本 章 小 结

本章针对三种序列软集合的不完备数据预测问题进行了讨论。首先将参数之间的相互影响考虑到不完备数据预测之中。然后分别给出了序列软集合、序列模糊软集合、序列区间软集合的不完备数据预测方法，并列举了相应的例子进行说明。最后给出了一个不完备数据决策问题的实际应用。

第 12 章　基于软集合的驾驶疲劳状态度量

汽车交通事故发生的原因可以归结为人为因素、环境因素和车辆因素，其中驾驶员自身原因造成的交通事故比例高达 85%。从事故认定原因来看，疲劳驾驶、无证驾驶、超速行驶导致的事故死亡人数最多，分别占总数的 11%、7.3% 和 5.6%。随着对酒后驾驶和超速行驶等处罚力度的逐步加强，疲劳驾驶所占的比重有明显的上升趋势，疲劳驾驶已成为继酒后驾驶后的另一大安全隐患。

疲劳作为一种常见而复杂的生理现象将直接导致驾驶员的警觉性降低、反应迟缓，很容易造成交通事故，对驾驶员的生命安全造成了很大的威胁。酒后驾驶的检测已经在生活中得到广泛应用，疲劳检测还处于研究阶段。因为疲劳本身是一个模糊概念，并没有准确的定义，而疲劳和非疲劳的分界点也是难以确定，在某种程度上可以说是不确定的。从这一点来说，疲劳检测比其他的经典模式识别问题更加困难，除此之外疲劳程度也难以确定，使得疲劳状态难于分类和度量。正是由于上述困难的存在，疲劳识别的研究才极具理论意义。

12.1　实验设计和信号预处理

肌电信号是一种微弱的生物电信号，是产生肌肉力的电信号根源。在生物机理上，它是许多运动单元的动作电位序列的总和，负责传递驱使肌肉收缩的信息。我们通过电极片采集肌电信号时常常受到外界的噪音干扰，使得采集到的表面肌电信号包含一些无用信息，因此，在特征提取之前对信号进行有效的滤波处理成为了肌电信号研究的关键环节。

12.1.1　采集设备

实验采用津发科技生产的生理信号采集平台，可同时采集 16 导生理信号，通过无线的方式接收和发送信号。无线传感器和采集平台如图 12.1 所示，传感器尺寸仅为 40mm×24mm，体积小，佩戴便携；每个传感器采样频率最高可达 4kHz，总采样率达到 12kHz；可实现最高 16 个传感器 48 导数据同步采集，室外无线最远传输距离可达 500m 以上，室内数据跟踪广域性强。

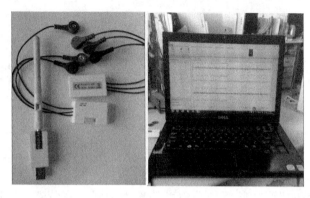

图 12.1　肌电采集设备

12.1.2　电极位置选择

实验的主要目的是检测驾驶员局部表面肌电信号（surface electromyography，SEMG），然后进行整体状态的度量，这就要求对局部肌肉的选取数量既不能过多，也不能采用单一部位的表面肌电信号，选取实验部位多一些会提高实验结果的可靠性，但是处理难度也会提高很多。因此需要从驾驶员坐姿和生物力学角度进行分析，选取受力较大、运动频繁的部位作为实验电极安放部位，这些典型的部位是造成驾驶疲劳的主要原因。

在驾驶过程中，人的头部、手臂、颈部以及上部躯干的重量都是由背部隆起、坐骨部位及其附着的肌肉承受的，如图 12.2 所示。在驾驶初期，人的腰部曲线正常，脊柱受力均匀，韧带的拉伸力较小，腰部和背部无不舒适感。但是脊柱曲线和肌肉受力在一定程度上是矛盾的。当直腰坐立时，脊柱上下部位是前凸的，中间部位呈凹型，这时椎间盘内所受压力小，但是肌肉的负荷大；当弯腰时，可以缓解背部肌肉的负荷，但是增加了椎间盘内的压力，由于椎骨前部间隙缩小，在腰部运动时会受到挤压和摩擦，时间长了会引起椎间疲劳和疼痛。

臀部肌肉及大腿区域位于坐骨下方，在驾驶时，臀部及大腿周围肌肉由于受到静态负荷压力而变形，循环系统的营养输入及代谢物的排除受到影响，随着驾驶时间的增加，乳酸集聚，导致肌肉疲劳和酸痛。

驾驶过程中，颈部的运动最为频繁，颈部的运动性及稳定性的维持主要靠肌肉和关节韧带完成，颈部关节主要起支撑作用，因此对颈部肌肉进行检测是极为必要的。三角肌位于肩部和上肢的连接处，可以使肩关节外展，其前部肌纤维收缩可使肩关节前屈并略旋内；后部肌纤维收缩可使肩关节后伸并略旋外。驾驶时，人体双臂外展控制方向盘，三角肌时刻处于工作状态，三角肌的疲劳程度对驾驶员的状态有较大影响，所以三角肌是 SEMG 采集的目标部位之一。

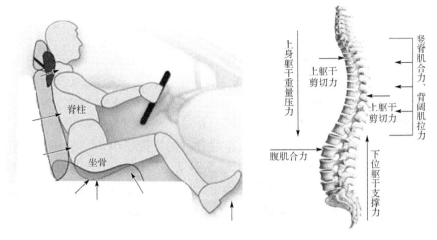

图 12.2 　驾驶状态受力分析

本实验共选取 6 个部位的肌肉用来采集表面肌电信号，分别为颈部上斜方肌、肩部三角肌、背部背阔肌、下肢股直肌、股外侧肌及腓肠肌，肌肉分布情况如图 12.3 所示。

由于人体骨骼肌的数量非常多并且连接紧密，如果肌电电极的放置位置选择不当，将会使采集到的数据失去准确性。因此，需要根据实验的测量结果有针对性地确定电极摆放位置。当将测量电极沿肌纤维方向放置在相关肌肉的肌腹处，参考电极放置在表面肌电信号比较微弱的肌腱处时，能采集到质量可靠的表面肌电信号。具体的 SEMG 采集电极安放位置如图 12.4 所示。

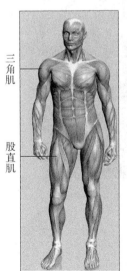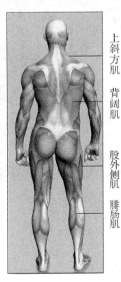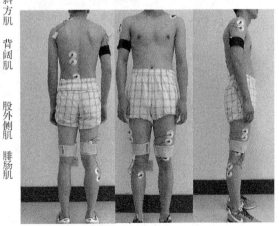

图 12.3 　主要肌肉分布　　　　　　图 12.4 　电极放置位置

12.1.3　实验过程安排

本实验包括两部分，实验一是精神运动警觉测试(psychomotor vigilance task,
PVT)，PVT 比一些认知测验以及主观评价表等更加可靠精确。因此，在对驾驶员
进行表面肌电信号采集前先经过 PVT 测试，测试结果与 SEMG 的状态结果进行
参照，当相同时刻二者结果差异较大时，将结果标记为异常结果。

实验二是驾驶员状态信息采集，即驾驶员的表面肌电信号采集。实验在模拟
驾驶环境中进行，模拟驾驶环境如图 12.5 所示。实验选择 4 位年龄在 22～27 岁
的受试者进行测试。受试者没有相关病史，实验前保证睡眠质量，没有食用任何
类型的药物、酒精、茶以及咖啡等。

受试者在汽车模拟驾驶环境中连续开车 4 小时，每隔 10 分钟保存开始的 120
秒实验数据，被测者两臂外伸握住方向盘，双脚脚踩脚踏板，在座椅上呈笔直坐
姿，根据画面环境和道路情况进行操作。由于模拟驾驶环境对操作者动作要求较
高而且操作频繁，在一定程度上可以加速疲劳特征的出现。

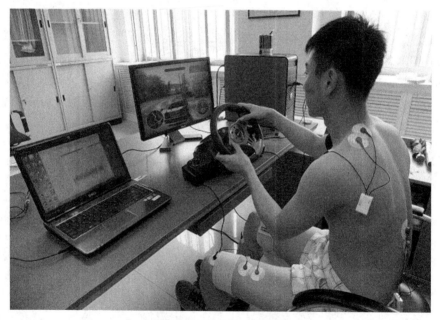

图 12.5　模拟驾驶环境

12.1.4　表面肌电信号的预处理

表面肌电信号是通过贴附在皮肤表面的电极片采集到的微弱的生物电信号，
在信号的采集、拾取、调理过程中常常受到外界的噪音干扰，使得采集到的表面

肌电信号包含一些无用信息，因此，在特征提取之前对信号进行有效的预处理成为了肌电信号研究的关键环节，预处理的目的是去除噪声，尽可能保持信号的真实性和所含信息的完整性。

（1）小波阈值去噪。

表面肌电信号是一种非线性非稳定、具有较高复杂度且自然混沌的信号，传统的低通或者带通滤波器对这种非平稳信号尖峰或突变部分的处理显得无能为力，小波去噪方法能够同时在时域频域中对信号进行分析，还能有效区分信号的突变部分和噪声，降噪效果较好，因此在生物信号处理中得到广泛的应用。

在小波变换中，小波基函数 $\psi(t)$ 是提供频率投影及窗口作用的平方可积函数，伸缩参数可以改变时频窗窗口形状，实现在不同的分辨率下分解信号，平移参数可以改变窗口位置，实现对信号不同时刻的局部分析。其包含伸缩参数 a 和平移参数 τ 的时间窗形式为

$$\psi_{a,\tau}(t) = \frac{1}{\sqrt{|a|}} \psi\left(\frac{t-\tau}{a}\right), \quad \tau \in R, \quad a \neq 0$$

小波基函数必须满足条件 $\int_{R} \frac{|\hat{\psi}(\omega)|^2}{\omega} \mathrm{d}\omega < \infty$，即函数必须满足 $\hat{\psi}(\omega)|_{\omega=0} = 0$，$\hat{\psi}(\omega)$ 是小波基函数的傅里叶变换，该条件是逆变换成立的必要条件，可以看出其具有波的性质而且不含直流趋势成分。

小波变换的表达式为

$$\mathrm{WT}_f(a,\tau) = <f, \psi_{a,\tau}> = \frac{1}{\sqrt{|a|}} \int_{-\infty}^{+\infty} f(t) \overline{\psi\left(\frac{t-\tau}{a}\right)} \mathrm{d}t$$

其中，$\overline{\psi\left(\frac{t-\tau}{a}\right)}$ 为小波基函数 $\psi(t)$ 的复共轭。

在实际生活中，采样得到的信号往往是离散的，因此需要将连续小波及连续小波变换进行离散化，小波函数的离散形式为

$$\psi_{j,k}(t) = a_0^{-\frac{j}{2}} \psi(a_0^{-j} t - k\tau_0)$$

离散小波变换及逆变换的表达式为

$$\mathrm{WT}_f(j,\tau) = \int_{-\infty}^{+\infty} f(t) \overline{\psi_{j,k}(t)} \mathrm{d}t = \int_{-\infty}^{+\infty} f(t) \overline{a_0^{-\frac{j}{2}} \psi(a_0^{-j} t - k\tau_0)} \mathrm{d}t$$

$$f(t) = \sum_{j \in Z} \sum_{k \in Z} \mathrm{WT}_f(j,k) \psi_{j,k}(t)$$

基于小波变换阈值去噪的具体处理过程如下：首先，将含有噪声的表面肌电信号进行小波分解，得到小波分解系数；对小波系数进行非线性阈值处理，保留低分辨率下的全部分解值，高分辨率下的分解值低于阈值的小波系数置零，高于阈值的保留或者做伸缩处理；最后将处理后获得的小波系数进行逆小波变换重构，恢复出有效信号。

处理时的关键是如何确定阈值。如果阈值过小，小波系数中会包含过多的噪声分量，达不到去噪效果；如果阈值过大，信号有用部分丢失，信号失真。采用软阈值法的小波去噪效果，可以较好地保持原信号的能量特征，通过阈值设定可以消除一定的高频干扰和低频干扰，但仍然存在许多毛刺，说明高频噪声有一定残留。

(2) EMD 重构去噪。

经验模态分解(empirical mode decomposition，EMD)方法利用时间序列上下包络的平均值确定瞬时平衡位置，以此提取固有模态函数(intrinsic mode function，IMF)，EMD 分解的前提假设：①信号至少要有一个极大值和一个极小值；②信号特征时间尺度是由极值间的时间间隔来确定的；③如果数据没有极值而仅有拐点，可以通过微分、分解、再积分的方法获得 IMF。

经验模式分解过程是一个筛选过程，实现振动模式的提取。

步骤 1：找出信号 $x(t)$ 的所有极值点，然后通过三次样条曲线插值的方法连接极大值、极小值点，可以得到极大值包络曲线 $e_{max}(t)$ 和极小值包络曲线 $e_{min}(t)$，然后就可以得到两包络曲线的平均曲线 $m(t)$，即

$$m(t) = \frac{e_{max}(t) + e_{min}(t)}{2}$$

步骤 2：用原始信号 $x(t)$ 减去新得到的信号 $m(t)$ 得到 $h(t) = x(t) - m(t)$，而得到的 $h(t)$ 不一定就是一个固有模态函数，需要满足固有模态函数的两个条件：在信号中，极值点和过零点数相等或相差一个；所有极大值点形成的包络和所有极小值点形成的包络的平均值是零。若不满足这两个条件，则令 $h(t)$ 为原始信号重复以上步骤。

步骤 3：如果 $h(t)$ 满足条件，提取第一个固有模态函数并将 $h(t)$ 赋值给 $c(t)$，而剩余的信号 $r(t)$ 仍然需要继续分解，重复以上步骤，当 $r(t)$ 满足单调序列或者常值序列条件时，EMD 分解结束。余项 $r(t) = x - c(t)$。

EMD 滤波是将不同时间尺度对信号进行筛分，得到不同时间特征尺度的 IMF 分量，各模态分量的频率随着分解阶数的增大而降低，而趋势项是频率最低的部分，然后把分解的 IMF 分量组合，构成低通、带通、高通滤波器，建立基于特征

尺度参数滤波器以消除噪声或进行特定的分析。EMD 多尺度滤波的优点是：EMD 是基于信号局部特征实现的，具有自适应性，滤波后的信号能够充分保留原有信号所具有的非平稳和非线性特征，对数据类型没有限制。

EMD 去噪的低通滤波、高通滤波及带通滤波可分别表示为

$$x(t) = \sum_{i=k}^{n} c_i(t) + r_n(t), \quad x(t) = \sum_{i=1}^{k} c_i(t), \quad x(t) = \sum_{i=k}^{m} c_i(t)$$

其中，$c_i(t)$ 为第 i 次筛选出来的 IMF，而 $r_n(t)$ 为最终的剩余信号。本书主要采用带通滤波的方式对信号进行滤波处理。

12.2 生理状态特征的提取

（1）时域特征分析。

时域特征分析是特征提取中最基础、最直观以及最容易计算的一种方法，将表面肌电信号看成时间的函数，让其通过设定时间窗口对数据进行计算和各种指标的统计，该方法实时性较好，可以在同一时间直观地和肌肉活动状态进行对比分析。本书采用均方根法对表面肌电信号进行时域分析。

均方根法（root mean square，RMS）计算公式为

$$\text{RMS} = \sqrt{\frac{\int_t^{t+T} \text{EMG}^2(t)\mathrm{d}t}{T}}$$

（2）频域特征分析。

频域特征分析是把幅度随时间变化的表面肌电信号信号经过傅里叶变换或者快速傅里叶变换为信号能量随频率变化的谱图，从而分析表面肌电信号的节律分布与变化规律。表面肌电信号常用两个频域指标：平均功率频率（mean power frequency，MPF）和中位频率（median frequency，MF），平均功率频率表示过频率谱曲线重心的频率，即平均功率频率与其相对应功率谱值的乘积为整个功率谱上的频率值与相应频谱值乘积的平均值。中位频率是指将功率谱分为两个面积相等区域的频率。二者的计算公式分别为

$$\text{MPF} = \frac{\int_0^\infty f P(f)\mathrm{d}f}{\int_0^\infty P(f)\mathrm{d}f}, \quad \int_0^{\text{MF}} P(f)\mathrm{d}f = \int_{\text{MF}}^\infty P(f)\mathrm{d}f = \frac{1}{2}\int_0^\infty P(f)\mathrm{d}f$$

其中，$P(f)$ 为肌电功率谱。本书采用 MF 法对表面肌电信号进行频域分析。

（3）非线性动力学分析。

长期以来，通过表面肌电信号度量局部肌肉疲劳的研究主要集中在时域分析和频谱分析两个方面，也获得了一些研究成果，如随着肌肉疲劳度增加表面肌电信号频谱曲线向低频方向移动、MF 和 MPF 的曲线下降斜率与肌肉的功能水平呈高度正相关。这些研究结果初步表明，表面肌电信号能够在一定程度上揭示肌肉活动状态与电信号的关系变化，从而为实践中的各种局部肌肉功能评价提供一种重要的研究方式。然而，由于肌电信号的微弱性及非平稳性的特点，使得表面肌电信号的分析结果易受被测者肌肉长度变化、肌肉收缩力变化及人体运动信息等因素的影响，时频域分析结果的适用性和可靠性还远未达到应用要求。因此，如何更有效、敏感和可靠地分析并提取出反映肌肉状态变化的表面肌电信号特征，成为该领域研究所急需解决的关键问题。

经过研究表明，对于不同状态的肌肉在产生收缩运动时，肌肉过程中参加的神经运动单元的数量、动作电位的神经传导速度、每个运动单元放电的频率都会有所不同，这样就会导致运动神经系统的动力学运动复杂性的程度出现差异。本书主要运用非线性动力学理论，探讨非线性动力学参数在量化肌肉疲劳状态时的有效性和实用价值，对非平稳信号进行非线性分析。

驾驶过程中，人体针对各种路况和行车状况做出各种驾驶反应，采用非线性动力学原理对数据段进行处理时，各种随机的动作信息可能会对处理结果产生一定的影响，因此在对各时间段的数据进行选取时，应尽可能保持表面肌电信号的节律和动作周期的一致性，即每段数据都尽可能包含相对一致的肌肉收缩和肌肉舒张状态。

本书采用单门限多阈值活动段提取技术，首先对采样序列进行时间窗和移动窗划分，将采样序列划分为若干个时间片段，采样频率 1024Hz，时间窗选择100/1024s，移动窗选择 50/1024s，每一个时间窗是有重叠的，这样每个当前时间窗保留上一次部分信息。然后归一化样本，计算时间片内的样本绝对均值为 $\mu = \dfrac{1}{N}\sum\limits_{i=1}^{N}|x(i)|$。

在近似熵的定义中，向量的相似性是基于阶跃函数给出的，这就导致计算熵值时，函数出现"中断"。然而在现实世界中，类之间的界限可能是模棱两可的，很难确定一个输入模式是否完全属于某一类。基于此，Xie[73]等引入了隶属度和模糊函数改进了近似熵算法，提出了新的模糊近似熵算法，在模糊近似熵中，我们采用模糊隶属函数，在两个矢量的形状基础上获得它们相似性的模糊度量。作为基于模糊隶属函数的新的相似性指数，其结果是阶跃函数的硬边界软化，各点彼此靠近，同时变得更加类似。

相似度函数也可通过 $u(d_{ij}^m,r)=\exp(-d_{ij}^2/r)$ 计算，熵值的计算同样采用平均值的形式，得到的 6 个部位不同时间点的模糊近似熵值如图 12.6 所示。

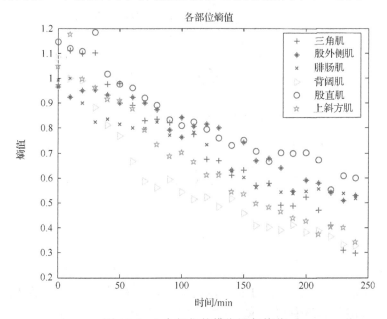

图 12.6　6 个部位的模糊近似熵值

12.3　基于软集合的驾驶疲劳度量

首先，对受试者 6 个部位的表面肌电信号进行了采集和处理，然后，采用非线性动力学分析等方法对各部位的肌肉状态特征进行分析和提取。然而，人体表面肌电信号是神经肌肉活动时各肌肉纤维产生的微弱复杂的生物电信号，是许多肌纤维的电场在空间和时间分布上的综合叠加，其状态特征也具有随机性、复杂性和易受干扰的特点。因此本节建立了基于软集合的疲劳量化模型将人体多个信息进行融合，对出现的异常信息进行处理，然后进行综合评判。为了验证模型的有效性，本节还建立了 RBF 神经网络模型与软集合模型进行对比分析，发现决策思想的引入比主流的分类思想更适合生物信号识别领域。

12.3.1　RBF 神经网络

20 世纪 80 年代 Moody 等提出径向基函数(radial basis function，RBF)[74]。它是一种性能良好的局部逼近前馈网络，可以较高精度逼近连续函数，同时还具有收敛速度快等优点。最基本的 RBF 神经网络由三层构成，如图 12.7 所示。

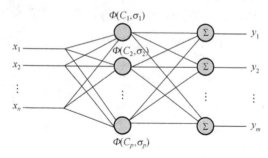

图 12.7　　RBF 神经网络结构

RBF 神经网络的输出为

$$y_i = \sum_{i=1}^{p} w_{ij} \exp\left(-\frac{1}{2\sigma_i^2}\|X-C_i\|^2\right), \quad j=1,2,\cdots,m$$

$$\sigma_i = \frac{C_{\max}}{\sqrt{2n}}, \quad i=1,2,\cdots,n$$

其中，n 为输入层节点数，p 为隐层节点数，m 为输出层节点数，$\|\cdot\|$ 为欧几里得范数，C_i 和 σ_i 为隐层节点中的中心和宽度，σ_i 值越小，径向基函数的宽度就越小，基函数就越具有选择性。w_{ij} 为第 i 个隐层节点到第 j 个输出层节点的连结权值。这里径向基函数采用高斯函数。

　　RBF 神经网络的学习算法一般包括两个不同的阶段：隐层径向基函数的中心的确定和径向基函数权值学习调整。目前最常用确定 RBF 中心向量的算法是中心的自组织选择法，它是一种无监督学习。

　　本节采用 6 个部位 3 种非线性特征作为输入，然后对样本进行训练测试，RBF 神经网络中的 goal 值取为 0.001，spread 值取为 1，隐含层节点数最值为 200。实验的样本只选取了初始时刻、两小时时刻和四小时时刻的表面肌电信号，依次代表正常、中度疲劳状态和非常疲劳状态，150 组样本进行训练，51 组样本进行测试。

12.3.2　软集合疲劳量化模型

　　(1)问题描述。

　　论域 U 是受试者不同时刻肌肉状态的集合，即 $U=\{h_1,h_2,h_3,h_4,\cdots,h_{25}\}$，$E$ 是参数集，分别为三角肌、背阔肌、上斜方肌、股直肌、股外侧肌和腓肠肌的模糊近似熵值，即 $E=\{e_1,e_2,e_3,e_4,e_5,e_6\}$，用各部位不同时刻的特征参数值来近似描述受试者

的身体疲劳状态变化。现在设定模糊软集合 (F,E) 表征受试者的疲劳状态，可得到

$(F,E)=\{(e_1,\{h_1/0.8772,h_2/1,h_3/0.9908,h_4/0.9931,\cdots,h_{25}/0.2687\}),$
$(e_2,\{h_1/1,h_2/0.9230,h_3/0.9136,h_4/0.8144,\cdots,h_{25}/0.3031\}),$
$(e_3,\{h_1/0.8902,h_2/1,h_3/8498,h_4/0.8197,\cdots,h_{25}/0.2917\}),$
$(e_4,\{h_1/0.9678,h_2/0.9465,h_3/0.9379,h_4/1,\cdots,h_{25}/0.5071\})$
$(e_5,\{h_1/0.9634,h_2/0.9241,h_3/0.9501,h_4/0.9526,\cdots,h_{25}/0.5283\}),$
$(e_6,\{h_1/0.9930,h_2/1,h_3/0.8998,h_4/0.8244,\cdots,h_{25}/0.5171\})\}$

为了使特征参数值满足模糊软集合的应用条件，我们需要将计算得到的各部位模糊近似熵值进行归一化处理，处理后特征值的范围在 0～1 之间。将软集合进行描述，如表 12.1 所示。

表 12.1　疲劳状态软集合表

U	e_1	e_2	e_3	e_4	e_5	e_6
h_1	0.8772	1.0000	0.8902	0.9678	0.9634	0.9930
h_2	1.0000	0.9230	1.0000	0.9465	0.9241	1.0000
h_3	0.9908	0.9136	0.8498	0.9379	0.9501	0.8998
h_4	0.9931	0.8144	0.8197	1.0000	0.9526	0.8244
h_5	0.8806	0.7506	0.7787	0.8606	0.9332	0.8351
h_6	0.8827	0.7106	0.7750	0.8249	0.9015	0.8139
h_7	0.8039	0.6144	0.7476	0.8139	0.9237	0.8021
h_8	0.7468	0.5412	0.6738	0.7789	0.8992	0.7990
h_9	0.7520	0.5167	0.6256	0.7545	0.8749	0.8247
h_{10}	0.7398	0.5480	0.5861	0.7032	0.7914	0.7712
h_{11}	0.6864	0.5022	0.5973	0.6848	0.8421	0.7619
h_{12}	0.6968	0.4735	0.5647	0.6964	0.8077	0.7835
h_{13}	0.6073	0.4838	0.5194	0.6720	0.8143	0.7341
h_{14}	0.6033	0.4473	0.5206	0.6423	0.7998	0.6196
h_{15}	0.5505	0.4777	0.4634	0.6182	0.6312	0.6270
h_{16}	0.5695	0.4222	0.4545	0.6360	0.7423	0.6021
h_{17}	0.5133	0.3768	0.4236	0.5989	0.6699	0.5598
h_{18}	0.5216	0.3732	0.4114	0.5645	0.6791	0.5729
h_{19}	0.4414	0.3602	0.3962	0.5923	0.6409	0.5420
h_{20}	0.4386	0.3793	0.3728	0.5916	0.5470	0.5368
h_{21}	0.4699	0.3530	0.3633	0.5922	0.5917	0.5475
h_{22}	0.4231	0.3591	0.3191	0.5693	0.5798	0.5552
h_{23}	0.3715	0.3361	0.3439	0.4673	0.5421	0.5429
h_{24}	0.2780	0.3070	0.3397	0.5142	0.5087	0.5381
h_{25}	0.2687	0.3031	0.2917	0.5071	0.5283	0.5171

(2)参数权重的确定。

从表 11.1 中可以看出，腿部肌肉的模糊近似熵值容易波动，而且随着时间的增加，熵值下降的速度较慢，而三角肌和背阔肌下降速度较快幅度较大。由于这种生理上的差异，需要对不同参数进行调整，根据参数与人体状态的相关度设置参数的权重，从而尽可能消除参数间的差异对决策结果造成的干扰。

相关度的计算采用直线拟合方法，计算三角肌、股外侧肌、腓肠肌、背阔肌、股直肌和上斜方肌的直线斜率绝对值分别为：0.0325、0.0205、0.0198、0.0283、0.0237、0.0317。设斜率为 k，各参数权重为 w，则权重按 $w_i = \dfrac{k_i}{\max(k)}$ 计算，得出的权重分别为 $w_i = [1.000, 0.871, 0.975, 0.729, 0.631, 0.609]$。权重设置后软集合如表 12.2 所示。

表 12.2　表 12.1 的加权软集合表

U	e_1w_1	e_2w_2	e_3w_3	e_4w_4	e_5w_5	e_6w_6
h_1	0.8772	0.8710	0.8679	0.7055	0.6079	0.6047
h_2	1.0000	0.8039	0.9750	0.6900	0.5831	0.6090
h_3	0.9908	0.7957	0.8286	0.6837	0.5995	0.5480
h_4	0.9931	0.7093	0.7992	0.7290	0.6011	0.5021
h_5	0.8806	0.6538	0.7592	0.6274	0.5888	0.5086
h_6	0.8827	0.6189	0.7556	0.6014	0.5688	0.4957
h_7	0.8039	0.5351	0.7289	0.5933	0.5829	0.4885
h_8	0.7468	0.4714	0.6570	0.5678	0.5674	0.4866
h_9	0.7520	0.4500	0.6100	0.5500	0.5521	0.5022
h_{10}	0.7398	0.4773	0.5714	0.5126	0.4994	0.4697
h_{11}	0.6864	0.4374	0.5824	0.4992	0.5314	0.4640
h_{12}	0.6968	0.4124	0.5506	0.5077	0.5097	0.4772
h_{13}	0.6073	0.4214	0.5064	0.4899	0.5138	0.4471
h_{14}	0.6033	0.3896	0.5076	0.4682	0.5047	0.3773
h_{15}	0.5505	0.4161	0.4518	0.4507	0.3983	0.3818
h_{16}	0.5695	0.3677	0.4431	0.4636	0.4684	0.3667
h_{17}	0.5133	0.3282	0.4130	0.4366	0.4227	0.3409
h_{18}	0.5216	0.3251	0.4011	0.4115	0.4285	0.3489
h_{19}	0.4414	0.3137	0.3863	0.4318	0.4044	0.3301
h_{20}	0.4386	0.3304	0.3635	0.4313	0.3452	0.3269
h_{21}	0.4699	0.3075	0.3542	0.4317	0.3734	0.3334
h_{22}	0.4231	0.3128	0.3111	0.4150	0.3659	0.3381
h_{23}	0.3715	0.2927	0.3353	0.3407	0.3421	0.3306
h_{24}	0.2780	0.2674	0.3312	0.3749	0.3210	0.3277
h_{25}	0.2687	0.2640	0.2844	0.3697	0.3334	0.3149

(3)异常数据的处理。

在实验采集过程中，往往会受到各种干扰，导致数据处理后的结果超出正常值的范围，如果直接使用这些异常数据去进行分析和决策，可能会得到与实际状态不相符的结果，导致决策失误或者应用错误等后果。

首先，我们需要确定一个数据是否为异常数据，由于生理信息的采集在时间上是连续的，因此，数据随着时间变化有一定规律。如果一个数据与其前后两个数据的差距过大，我们就将其看成异常数据，由于前 30 分钟人体处于兴奋状态，数据波动较大属于正常生理现象，因此前三组信号不予考虑。异常数据的确定依据为

$$h_{ij} = \begin{cases} = *, & [h_{ij} - h_{(i+1)j}] < 0.03 \\ = *, & [h_{ij} - h_{(i-1)j}] > 0.03 \end{cases}$$

通过计算可以将表 12.2 中加粗数据看作是异常数据，令异常数据 $h_{ij} = *$，得出有不完备信息的软集合 (G, E')，如表 12.3 所示。

异常数据的填充采用前后两组数据的平均值，因为前后两组数据时间间隔相同，而且数据呈单调下降的趋势，所以，只需要计算平均值就可以更好地表现出数据集的基本特征和隐含规律。这种方法同样采用了简化算法的思想，即尽可能使用较少的数据得出期望的替换值，而不是将所有数据全部考虑。

表 12.3 表 12.2 的异常数据标准表

U	e_1'	e_2'	e_3'	e_4'	e_5'	e_6'
h_1	0.8772	0.8710	0.8679	0.7055	0.6079	0.6047
h_2	1.0000	0.8039	0.9750	0.6900	0.5831	0.6090
h_3	0.9908	0.7957	0.8286	0.6837	0.5995	0.5480
h_4	0.9931	0.7093	0.7992	0.7290	0.6011	0.5021
h_5	0.8806	0.6538	0.7592	0.6274	0.5888	0.5086
h_6	0.8827	0.6189	0.7556	0.6014	0.5688	0.4957
h_7	0.8039	0.5351	0.7289	0.5933	0.5829	0.4885
h_8	0.7468	0.4714	0.6570	0.5678	0.5674	0.4866
h_9	0.7520	0.4500	0.6100	0.5500	0.5521	0.5022
h_{10}	0.7398	0.4773	0.5714	0.5126	0.4994	0.4697
h_{11}	0.6864	0.4374	0.5824	0.4992	0.5314	0.4640
h_{12}	0.6968	0.4124	0.5506	0.5077	0.5097	0.4772
h_{13}	0.6073	0.4214	0.5064	0.4899	0.5138	0.4471
h_{14}	0.6033	0.3896	0.5076	0.4682	0.5047	0.3773
h_{15}	0.5505	0.4161	0.4518	0.4507	*	0.3818
h_{16}	0.5695	0.3677	0.4431	0.4636	0.4684	0.3667
h_{17}	0.5133	0.3282	0.4130	0.4366	0.4227	0.3409
h_{18}	0.5216	0.3251	0.4011	0.4115	0.4285	0.3489
h_{19}	0.4414	0.3137	0.3863	0.4318	0.4044	0.3301

续表

U	$e_1{}'$	$e_2{}'$	$e_3{}'$	$e_4{}'$	$e_5{}'$	$e_6{}'$
h_{20}	0.4386	0.3304	0.3635	0.4313	0.3452	0.3269
h_{21}	*	0.3075	0.3542	0.4317	0.3734	0.3334
h_{22}	0.4231	0.3128	0.3111	0.4150	0.3659	0.3381
h_{23}	0.3715	0.2927	0.3353	0.3407	0.3421	0.3306
h_{24}	0.2780	0.2674	0.3312	*	0.3210	0.3277
h_{25}	0.2687	0.2640	0.2844	0.3697	0.3334	0.3149

(4)模型结构和结果分析。

在以往的疲劳状态研究中，多数研究者采用基于视觉的检测方法，主要目标是通过人外部特征来评价人的疲劳程度，该方法的缺点是容易受光线和拍摄角度的影响，而且对疲劳度量的精确度不高。也有部分研究者采用基于多种生理参数的检测方法，但是多种信息会受参数的非普遍适用性、类间相似以及类内变化、信号异常等因素的影响。除此之外，采用该方法的研究者在多种信息有效融合、异常数据的处理等方面没有提出系统有效的方法，而是将数据特征以神经网络、支持向量机等分类器的形式出现，得出疲劳状态的识别结果，在特征差异较小时分类结果不高。

基于上述原因，本书将软集合理论应用到疲劳量化中，采集多个部位的人体肌电信号，经过前期预处理后，使用两层特征融合模型对多信息进行处理。在特征层，针对各信号在负担不同时状态变化不一致的特点，设定不同的权重，而且当某一信号误差超过阈值时，采取软集合理论在数据异常时的决策机制，对异常数据进行有效替换，从而提高疲劳状态度量的合理性和准确性。最后，对各对象进行决策层综合评判，根据判定值的不同，量化人体疲劳状态。整个模型的结构如图 12.8 所示。

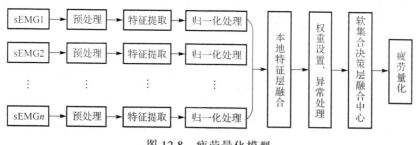

图 12.8　疲劳量化模型

将软集合 $\{G, E'\}$ 的异常数据进行替换，然后得出最终的判定结果，如表 12.4 所示。评判值呈单调下降趋势，表征受试者身体疲劳状态的变化，越疲劳，判定值越小。为了更形象地表征人体状态变化趋势，将综合评判值用曲线的形式表示出来，如图 12.9 所示。

表 12.4　表 12.3 的异常数据处理表

U	e_1'	e_2'	e_3'	e_4'	e_5'	e_6'	d_i
h_1	0.8772	0.8710	0.8679	0.7055	0.6079	0.6047	4.5342
h_2	1.0000	0.8039	0.9750	0.6900	0.5831	0.6090	4.6610
h_3	0.9908	0.7957	0.8286	0.6837	0.5995	0.5480	4.4463
h_4	0.9931	0.7093	0.7992	0.7290	0.6011	0.5021	4.3338
h_5	0.8806	0.6538	0.7592	0.6274	0.5888	0.5086	4.0184
h_6	0.8827	0.6189	0.7556	0.6014	0.5688	0.4957	3.9231
h_7	0.8039	0.5351	0.7289	0.5933	0.5829	0.4885	3.7326
h_8	0.7468	0.4714	0.6570	0.5678	0.5674	0.4866	3.4970
h_9	0.7520	0.4500	0.6100	0.5500	0.5521	0.5022	3.4163
h_{10}	0.7398	0.4773	0.5714	0.5126	0.4994	0.4697	3.2702
h_{11}	0.6864	0.4374	0.5824	0.4992	0.5314	0.4640	3.2008
h_{12}	0.6968	0.4124	0.5506	0.5077	0.5097	0.4772	3.1544
h_{13}	0.6073	0.4214	0.5064	0.4899	0.5138	0.4471	2.9859
h_{14}	0.6033	0.3896	0.5076	0.4682	0.5047	0.3773	2.8507
h_{15}	0.5505	0.4161	0.4518	0.4507	0.4866	0.3818	2.7375
h_{16}	0.5695	0.3677	0.4431	0.4636	0.4684	0.3667	2.6790
h_{17}	0.5133	0.3282	0.4130	0.4366	0.4227	0.3409	2.4547
h_{18}	0.5216	0.3251	0.4011	0.4115	0.4285	0.3489	2.4367
h_{19}	0.4414	0.3137	0.3863	0.4318	0.4044	0.3301	2.3077
h_{20}	0.4386	0.3304	0.3635	0.4313	0.3452	0.3269	2.2359
h_{21}	0.4309	0.3075	0.3542	0.4317	0.3734	0.3334	2.2311
h_{22}	0.4231	0.3128	0.3111	0.4150	0.3659	0.3381	2.1660
h_{23}	0.3715	0.2927	0.3353	0.3407	0.3421	0.3306	2.0129
h_{24}	0.2780	0.2674	0.3312	0.3552	0.3210	0.3277	1.8805
h_{25}	0.2687	0.2640	0.2844	0.3697	0.3334	0.3149	1.8351

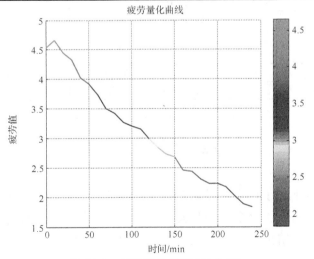

图 12.9　疲劳量化模型(见彩图)

12.3.3　软集合与神经网络的对比

神经网络是通过神经元的结构模型不断学习与调整来实现输入空间与输出空间的映射关系，并行处理以及可以自我学习是神经网络模型的特点。

软集合理论是在保证关键信息保留的情况下，对数据进行分析、简化和决策，能够大大降低对象的知识表达空间维数。对参数的选择无限制性，可以是自身属性也可以是相关的外界属性，规则易于理解是软集合理论的特点。软集合理论模拟人类的抽象逻辑思维，而神经网络是模拟人类的形象直觉思维。软集合与神经网络的对比表，如表 12.5 所示。

以本节为例进行对比，发现当采用神经网络模型分类时，随着时间间隔的缩短，训练时间增加，而且分类效果越来越差，特征间差异越来越小。但是软集合模型不需要考虑权值和特征等参数问题，只需要对各时间点上的特征值进行整体分析得出决策值，计算速度快，如图 12.9 显示的一样，疲劳状态变化形象直观，即使是未采样时刻的状态特征也能通过曲线进行预测，与神经网络模型相比，状态信息更加细化，可读性增强。

除此之外，软集合对多种信息进行融合的方式更加简洁有效，而且知识表达的规则容易理解和设置。

表 12.5　软集合与神经网络的对比

对比角度	软集合	神经网络
数据集	定性、定量、混合信息	定量信息，缺乏语义
可解读性	透明	知识获取和推理具有黑箱性
先验知识	无需任何先验知识	设计需要经验和试探
冗余处理	冗余处理工具和理论丰富	输入数据冗余难处理
知识表达	易理解	隐藏在权值等参数中
自学习	自学习方法较少	很强的自学习能力
大数据	大数据处理简捷，维护困难	训练时间长易陷入局部最小
规则发现	数据间确定、不确定关系	非线性映射
集成性	几乎所有软计算均可集成	模糊集、粗糙集、遗传算法

12.4　本　章　小　结

软集合是一种很好的处理不确定问题的数学工具，本章将采集到的检测信号进行有效处理，利用软集合方法对疲劳状态进行决策，并将该方法与神经网络方法进行对比，分析结果表明，软集合方法具有一定的优势。

参 考 文 献

[1] Molodtsov D. Soft set theory-first results[J]. Computers & Mathematics with Applications, 1999, 37(4/5): 19-31.

[2] Maji P K, Biswas R, Roy A R. Soft set theory[J]. Computers & Mathematics with Applications, 2003, 45(4/5): 555-562.

[3] Maji P K, Biswas R, Roy A R. Fuzzy soft sets[J]. Journal of Fuzzy Math, 2001, 9(3): 589-602.

[4] Yang X B, Lin T Y, Yang J Y, et al. Combination of interval-valued fuzzy set and soft set[J]. Computers & Mathematics with Applications, 2009, 58(3): 521-527.

[5] Maji P K. More on intuitionistic fuzzy soft sets[C]//International Conference on Rough Sets, Fuzzy Sets, Data Mining and Granular Computing, 2009: 231-240.

[6] Maji P K, Biswas R, Roy A R. Intuitionistic fuzzy soft sets[J]. Journal of Fuzzy Mathematics, 2001, 9(3): 677-691.

[7] Gong K, Xiao Z, Zhang X. The bijective soft set with its operations[J]. Computers & Mathematics with Applications, 2010, 60(8): 2270-2278.

[8] Xiao Z, Gong K, Xia S S, et al. Exclusive disjunctive soft sets[J]. Computers & Mathematics with Applications, 2010, 59(6): 2128-2137.

[9] 王金艳. 软集理论及其在决策中的应用研究[D]. 长春: 东北师范大学, 2011.

[10] 肖智, 牛庆, 张杰. 我国房地产上市公司绩效评价——基于 D-S 广义模糊软集合理论[J]. 技术经济, 2013, 32(6): 98-103.

[11] 孟丛丛. 区间值模糊软集扩展模型的理论研究及其应用[D]. 兰州: 西北师范大学, 2014.

[12] Faruk K. Possibility neutrosophic soft sets and PNS-decision making method[J]. Applied Soft Computing, 2017, 54(5): 403-414.

[13] Alcantud J C R. Some formal relationships among soft sets, fuzzy set, and their extensions[J]. International Journal of Approximate Reasoning, 2016, 68(1): 45-53.

[14] Ali M I, Mahmood T, Muti U R M, et al. On lattice ordered soft sets[J]. Applied Soft Computing, 2015, 36(11): 499-505.

[15] Roy S K, Bera S. Approximation of rough soft set and its application to Lattice[J]. Fuzzy Information and Engineering, 2015, 7(3): 379-397.

[16] Deli I, Cagman N. Intuitionistic fuzzy parameterized soft set theory and its decision

making[J]. Applied Soft Computing, 2015, 28(3): 109-113.

[17] Haci A. Some algebraic applications of soft sets[J]. Applied Soft Computing, 2015, 28(3): 327-331.

[18] 刘用麟, 黄秀珠. 软商空间及其运算性质[J]. 武夷学院学报, 2017, 36(9): 1-5.

[19] Jun Y B, Park C H. Applications of soft sets in ideal theory of BCK/BCI-algebras[J]. Information Sciences, 2008, 178(11): 2466-2475.

[20] Jun Y B, Lee K J, Park C H. Soft set theory applied to ideals in d-algebras[J]. Computers & Mathematics with Applications, 2009, 57(3): 367-378.

[21] Jun Y B, Song S Z, Ahn S S. Union soft sets applied to commutative BCI-ideals[J]. Journal of Computational Analysis and Applications, 2014, 16(3): 468-477.

[22] Li Z W, Chen H Y, Gao N H. The topological structure on soft sets[J]. Journal of Computational Analysis and Applications, 2013, 15(4): 746-752.

[23] Han J S, Sun S A. Applications of soft sets to q-ideals and a-ideals in BCI-algebras[J]. Journal of Computational Analysis and Applications, 2014, 17(1): 10-21.

[24] Tao Z F, Chen H Y, Song X, et al. Uncertain linguistic fuzzy soft sets and their applications in group decision making[J]. Applied Soft Computing, 2015, 34(9): 587-605.

[25] 鲍俊颖. 关于模糊软环的一点讨论[J]. 西南师范大学学报, 2016, 41(10):7-12.

[26] Maji P K, Roy A R. An application of soft sets in a decision making problem[J]. Computers & Mathematics with Applications, 2002, 44(8/9): 1077-1083.

[27] Roy A R, Maji P K. A fuzzy soft set theoretic approach to decision making problems[J]. Journal of Computational and Applied Mathematics, 2007, 203(2): 412-418.

[28] Kong Z, Gao L Q, Wang L F. Comment on "A fuzzy soft set theoretic approach to decision making problems"[J]. Journal of Computational and Applied Mathematics, 2009, 223(2): 540-542.

[29] Feng F, Li Y M, Cagman N. Generalized uni-int decision making schemes based on choice value soft sets[J]. European Journal of Operational Research, 2012, 220(1): 162-170.

[30] Han B H, Geng S L. Pruning method for optimal solutions of intm-intn decision making scheme[J]. European Journal of Operational Research, 2013, 231(3): 779-783.

[31] Liu Y Y, Qin K Y, Martinez L. Improving decision making approaches based on fuzzy soft sets and rough soft sets[J]. Applied Soft Computing, 2018, 65(4): 320-332.

[32] Li M Y, Fan Z P, You T H. Screening alternatives considering different evaluation index sets: A method based on soft set theory[J]. Applied Soft Computing, 2018, 64(3): 614-626.

[33] Zhao Q W, Guan H J. Fuzzy-valued linguistic soft set theory and multi-attribute decision-making application[J]. Chaos, Solitons & Fractals, 2016, 89(8): 2-7.

[34] Peng X D, Yang Y. Algorithms for interval-valued fuzzy soft sets in stochastic multi-criteria decision making based on regret theory and prospect theory with combined weight[J]. Applied Soft Computing, 2017, 54(5): 415-430.

[35] Gong K, Wang P P, Peng Y. Fault-tolerant enhanced bijective soft set with applications[J]. Applied Soft Computing, 2017, 54(5): 431-439.

[36] Alcantud R J C. A novel algorithm for fuzzy soft set based on decision making multiobserver input parameter data set[J]. Information Fusion, 2016, 29(5): 142-148.

[37] Wang J W, Hu Y, Xiao F Y, et al. A novel method to use fuzzy soft sets in decision making based on ambiguity measure and Dempster-Shafer theory of evidence: An application in medical diagnosis[J]. Artificial Intelligence in Medicine, 2016, 69(5): 1-11.

[38] Li Z W, Wen G Q, Xie N X. An approach to fuzzy soft sets in decision making based on grey relational analysis and Dempster-Shafer theory of evidence: An application in medical diagnosis[J]. Artificial Intelligence in Medicine, 2015, 64(3): 161-171.

[39] Tang H X. A novel fuzzy soft set approach in decision making based on grey relational analysis and Dempster-Shafer theory of evidence[J]. Applied Soft Computing, 2015, 31(6): 317-325.

[40] 龚科, 王盼盼, 王勇. 基于模糊双射软集合的内河岸线资源KDD模型. 运筹与管理, 2014, 25(4): 215-220.

[41] 常峰, 杨莎莎, 路云. 基于双射软集合的医药物流企业绩效评价体系研究[J]. 管理现代化, 2016, 36(2): 84-86.

[42] 张芮. 基于 DEA 和软集合的绿色供应商选择方法研究[J]. 物流工程与管理, 2016, 38(4): 85-86.

[43] 舒服华. 基于模糊软集的高摩擦因数合成闸瓦性能评价[J]. 润滑与密封, 2016, 41(6): 82-87.

[44] 罗序良. 基于模糊软集理论的反窃电分析方法[J]. 机电信息, 2017, 20(3): 1-2.

[45] 刘阳帆. 基于模糊软集的决策方法研究[D]. 兰州: 兰州理工大学, 2018.

[46] 周丽, 康帅, 李群. 一种运用软集方法构建的技术创新评价模型研究[J]. 数学的实践与认识, 2017, 47(21): 145-154.

[47] Chen D G, Tsang E C C, Yeung D S. Some notes on the parameterization reduction of soft sets[C]// International Conference on Machine Learning and Cybernetics, 2003: 1442-1445.

[48] Chen D G, Tsang E C C, Yeung D S, et al. The parameterization reduction of soft sets and its applications[J]. Computers & Mathematics with Applications, 2005, 49(5/6): 757-763.

[49] Kong Z, Gao L Q, Wang L F, et al. The normal parameter reduction of soft sets and its algorithm[J]. Computers & Mathematics with Applications, 2008, 56(12): 3029-3037.

[50] Ma X Q, Sulaiman N, Qin H W, et al. A new efficient normal parameter reduction algorithm of soft sets[J]. Computers & Mathematics with Application, 2011, 62(2): 588-598.

[51] Kong Z, Jia W H, Zhang G D, et al. Normal parameter reduction in soft set based on particle swarm optimization algorithm[J]. Applied Mathematical Modelling, 2015, 39(16): 4808-4820.

[52] Han B H. Comments on "Normal parameter reduction in soft set based on particle swarm optimization algorithm"[J]. Applied Mathematical Modelling, 2016, 40(23/24): 10828-10834.

[53] Han B H, Li Y M, Geng S L. 0-1 linear programming methods for optimal normal and pseudo parameter reductions of soft sets[J]. Applied Soft Computing, 2017, 54(5): 467-484.

[54] 巩丽媛. 基于乘客满意度模型的城市公交服务评价与改进系统研究[D]. 济南: 山东大学, 2011.

[55] 马荣国. 城市公共交通系统发展问题研究[D]. 西安: 长安大学, 2003.

[56] 程丽. 基于AHP与模糊综合评判的毕业生就业质量评价[J]. 重庆交通大学学报(社会科学版), 2001, 11(1): 117-120.

[57] 马琰. 模糊综合评价模型在既有居住建筑节能改造方案评价与优选中的应用研究[J]. 河南工程学院学报(自然科学版), 2016, 28(1): 47-52.

[58] 张文修, 吴伟志, 梁吉业, 等. 粗糙集理论与方法[M]. 北京: 科学出版社, 2001.

[59] Maji P K, Roy A R, Biswas R. An application of soft sets in a decision making problem [J]. Computer and Mathematics with Applied, 2002, 44(8/9): 1077-1083.

[60] Chen D, Tsang E C C, Yeung D S, et al. The parameterization reduction of soft sets and its applications [J]. Computer and Mathematics with Applied, 2005, 49(5/6): 757-763.

[61] Geem Z W, Kim J H, Loganathan G V. A new heuristic optimization algorithm: Harmony search[J]. Simulation, 2001, 76(12): 60-68.

[62] Mahdavi M, Fesanghary M, Damangir E. An improved harmony search algorithm for solving optimization problem [J]. Applied Mathematics and Computation, 2007, 188(2): 1567-1579.

[63] Deng J L. The introduction of grey system[J]. The Journal of Grey System Archive, 1989, 1(1): 1-24.

[64] Kung C Y, Wen K L. Applying grey relational analysis and grey decision-making to evaluate the relationship between company attributes and its financial performance: A case study of venture capital enterprises in Taiwan[J]. Decision Support Systems, 2007, 43(3): 842-852.

[65] Naim C, Serdae E. Soft set theory and uni-int decision making[J]. European Journal of Operational Research, 2010, 207(2): 848-855.

[66] 张军, 曾波. 区间灰数序列的白化方法及其性质研究[J]. 统计与信息论坛, 2012, 27(8): 32-36.

[67] 任建锋. 区间值模糊软集的排序和粒度分析[D]. 临汾: 山西师范大学, 2014.

[68] 张全, 樊治平, 潘德惠. 不确定性多属性决策中区间数的一种排序方法[J]. 系统工程理论与实践, 1999, 19(5): 129-133.

[69] Chen S J, Hwang C L. Fuzzy Multiple Attribute Decision Making: Methods and Applications [M]. New York: Springer, 1992.

[70] Hwang C L, Yoon K. Multiple Attribute Decision Making: Methods and Applications, A State of the Art Survey[M]. New York: Springer, 1981.

[71] 刘天华. 直觉模糊推理与决策的几种方法研究[D]. 济南: 山东大学, 2010.

[72] Zou Y, Xiao Z. Data analysis approaches of soft sets under incomplete information[J]. Knowledge-Based Systems, 2008, 21(8): 941-945.

[73] Xie H B, Guo J Y, Zheng Y P. Fuzzy approximate entropy analysis of chaotic and natural complex systems: Detecting muscle fatigue using electromyography signals[J]. Annals of Biomedical Engineering, 2010, 38(4): 1483-1496.

[74] Moody J, Darken C J. Fast learning in networks of locally-tuned processing units[J]. Neural Computation, 1989, 1(2): 281-294.

彩　　图

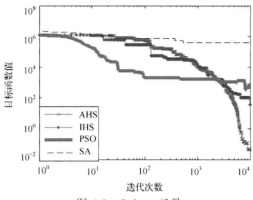

图 4.8　Sphere 函数

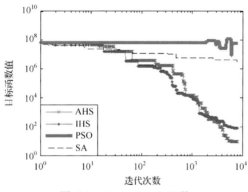

图 4.9　Rosenbrock 函数

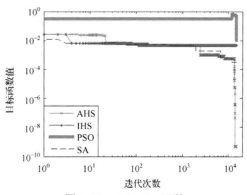

图 4.10　Schaffer 函数

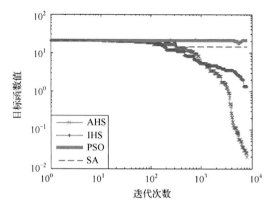

图 4.11 Ackley 函数

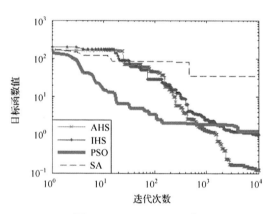

图 4.12 Griewank 函数

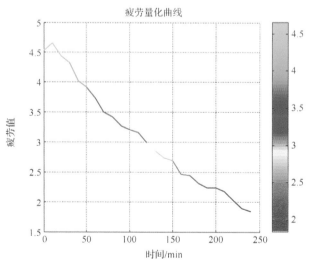

图 12.9 疲劳量化模型